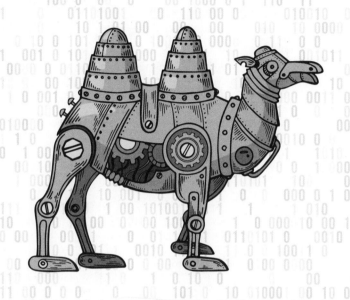

Spring 5

项目开发实践

（微视频版）

朱元涛　江冬勤　黄毅◎编著

清华大学出版社
北京

内 容 简 介

Spring Boot 是一个用于构建 Java 应用程序的开发框架，它通过简化配置和提供一揽子解决方案，极大地简化了 Java 应用程序的开发过程。本书共分 9 章，内容包括在线留言簿系统、微信商城系统的具体实现流程、外卖点餐系统、CMS 新闻资讯系统的具体实现流程、蘑菇博客系统、企业 SCRM 系统、进销存管理系统、人力资源管理系统、思通数科舆情监控系统。本书通过这 9 个综合实例的实现过程，详细讲解了 Spring Boot 在实践项目中的综合运用，这些项目在现实应用中具有极强的代表性。在具体讲解每个实例时，都遵循项目的进度来讲解，从接到项目到具体开发，直到最后的调试和发布。讲解循序渐进，并穿插了这样做的原因，深入讲解了每个重点内容的具体细节，引领读者全面掌握 Spring Boot。

本书不仅适用于 Spring Boot 的初学者，也适于有一定 Java 和 Spring Boot 基础的读者，同时还可以作为有一定经验程序员的参考书。

本书封面贴有清华大学出版社防伪标签，无标签者不得销售。
版权所有，侵权必究。举报：010-62782989，beiqinquan@tup.tsinghua.edu.cn。

图书在版编目(CIP)数据

Spring Boot 项目开发实践：微视频版／朱元涛，江冬勤，黄毅编著.
北京：清华大学出版社，2024.11. -- ISBN 978-7-302-67476-4
Ⅰ.TP312.8
中国国家版本馆 CIP 数据核字第 2024UN9260 号

责任编辑：魏　莹
封面设计：李　坤
责任校对：马素伟
责任印制：宋　林

出版发行：清华大学出版社
网　　址：https://www.tup.com.cn, https://www.wqxuetang.com
地　　址：北京清华大学学研大厦 A 座　　邮　编：100084
社 总 机：010-83470000　　邮　购：010-62786544
投稿与读者服务：010-62776969, c-service@tup.tsinghua.edu.cn
质量反馈：010-62772015, zhiliang@tup.tsinghua.edu.cn

印 装 者：定州启航印刷有限公司
经　　销：全国新华书店
开　　本：185mm×230mm　　印　张：24　　字　数：569 千字
版　　次：2024 年 11 月第 1 版　　印　次：2024 年 11 月第 1 次印刷
定　　价：99.00 元

产品编号：102093-01

前　　言

项目实践的重要性

在竞争日益激烈的软件开发就业市场中，拥有良好的理论基础是非常重要的。然而，仅仅掌握理论知识是不够的。实践能力是将理论知识转化为实际应用的体现，它不仅体现在能够更好地理解和记忆所学的知识，还能够培养解决问题和创新的能力。

虽然课堂教学和理论学习是基础，但只有通过项目实践，才能真正理解和掌握所学的知识，并将其运用到实际场景中。本书不仅提供了将理论知识应用于实际问题的平台，还能够培养读者解决问题和创新思维的能力。项目实践主要有以下几个优势：

(1) 实践锻炼：通过参与项目实践，面临真实的编码挑战，读者可以从中学习解决问题的能力和技巧。实践锻炼有助于个人逐步理解编程语言、开发工具和常用框架，提高编码技术和代码质量。

(2) 综合能力培养：项目实践要求综合运用各个知识点和技术，从需求分析、设计到实现及测试等环节，全方位地培养读者的综合能力。

(3) 团队协作经验：项目实践通常需要与团队成员合作完成，这对培养团队协作和沟通能力至关重要。通过与他人合作，读者将学会协调工作、共同解决问题，并加深对团队合作的理解和体验。

(4) 独立思考能力：项目实践要求人们在遇到问题时能够独立思考和解决。通过克服困难和挑战，培养出自信和勇气，提高独立思考和解决问题的能力。

(5) 实践经验加分：在未来求职过程中，项目实践经验将成为亮点。用人单位更看重具有实践经验的候选人，他们更倾向于选择那些能够快速适应工作环境并提供实际解决方案的人才。

为了帮助广大读者从一名学习编程初学者快速成长为有实践经验的开发高手，我们精心编写了本书。本书以实战项目为素材，从项目背景和规划开始讲解，直到项目的调试运行和维护，完整展示了大型商业项目的运作和开发流程。

本书的特色

(1) 以实践为导向

本书的核心理念是通过实际项目的完成来学习和掌握 Spring Boot 编程。每个项目都是实用的，涵盖了不同领域和应用场景，帮助读者将所学的知识直接应用到实际项目中。

(2) 渐进式学习

本书按照难度逐渐增加的顺序组织项目，从简单到复杂，让读者能够循序渐进地学习和提高。每个项目都有清晰的目标和步骤，引导读者逐步实现功能。

(3) 综合性项目

本书包含多个综合性项目，涉及不同的编程概念和技术。通过完成这些项目，读者将能够综合运用所学知识，培养解决问题的能力和系统设计的思维。

(4) 提供解决方案和提示

每个项目都提供了详细的解决方案和提示，帮助读者理解项目的实现细节和关键技术。这些解决方案和提示旨在启发读者的思考，并提供参考，同时鼓励读者根据自己的理解和创意进行探索和实现。

(5) 实用的案例应用

本书的项目涉及多个实际应用领域，这些案例应用不仅有助于读者理解 Spring Boot 的应用范围，而且还能够培养读者解决实际问题的能力。

(6) 强调编程实践和创造力

本书鼓励读者在学习和实践过程中发挥创造力，尝试不同的方法和解决方案。通过实践和创造，读者能够深入理解编程原理，提高解决问题的能力，并培养独立开发和创新的能力。

(7) 结合图表，通俗易懂

在本书写作过程中，给出了相应的例子和表格进行说明，以使读者领会其含义；对于复杂的程序，均结合程序流程图进行讲解，以方便读者理解程序的执行过程；在语言的叙述上，普遍采用短句子及易于理解的语言。

(8) 配书资源丰富

本书的附配资源不仅有书中实例的源代码和 PPT 课件(可扫描右侧二维码获取)，还有书中实例的全程视频讲解，视频讲解可扫描书中的二维码来获取。

扫码获取源代码　　扫码获取 PPT 课件

本书在编写过程中，我们始终本着科学、严谨的态度，力求精益求精，但疏漏之处在所难免，敬请广大读者批评指正。

最后感谢您购买本书，希望本书能成为您编程路上的领航者，祝您阅读快乐！

编　者

目 录

第1章 在线留言簿系统 ... 1
1.1 项目开发流程分析 ... 2
1.1.1 了解使用流程 ... 2
1.1.2 规划开发流程 ... 2
1.2 系统分析 ... 3
1.2.1 功能分析 ... 3
1.2.2 模块结构规划 ... 4
1.2.3 功能模块架构 ... 4
1.3 系统配置 ... 5
1.3.1 新建工程 ... 5
1.3.2 系统配置文件 ... 7
1.3.3 系统配置类 ... 8
1.4 搭建数据库平台 ... 9
1.4.1 数据库设计 ... 9
1.4.2 数据库访问层设计 ... 9
1.5 设置样式文件 ... 11
1.5.1 留言板样式 ... 11
1.5.2 Bootstrap 样式 ... 12
1.6 会员注册模块 ... 13
1.6.1 会员注册页面 ... 14
1.6.2 注册信息处理 ... 14
1.7 登录验证模块 ... 15
1.7.1 会员登录页面 ... 15
1.7.2 登录验证处理 ... 16
1.8 留言列表模块 ... 17
1.8.1 留言列表页面 ... 17
1.8.2 获取留言信息 ... 17
1.9 发布留言模块 ... 18
1.9.1 发布留言页面 ... 18
1.9.2 发布留言信息 ... 18
1.10 发布评论模块 ... 19
1.10.1 发布评论页面 ... 19
1.10.2 发布评论信息 ... 19
1.11 系统管理模块 ... 20
1.11.1 留言管理页面 ... 20
1.11.2 删除留言和评论 ... 21
1.11.3 添加管理员 ... 22
1.12 测试运行 ... 22

第2章 微信商城系统 ... 25
2.1 微商系统简介 ... 26
2.2 系统需求分析 ... 26
2.3 系统架构 ... 27
2.3.1 第三方开源库 ... 27
2.3.2 系统架构介绍 ... 27
2.3.3 开发技术栈 ... 28
2.4 管理后台模块 ... 28
2.4.1 用户登录验证 ... 28
2.4.2 用户管理 ... 32
2.4.3 订单管理 ... 33
2.4.4 商品管理 ... 38
2.5 小商城系统模块 ... 43
2.5.1 系统主页 ... 43
2.5.2 会员注册登录 ... 45
2.5.3 商品分类 ... 53
2.5.4 商品搜索 ... 56

		2.5.5 商品团购	58
		2.5.6 购物车	68
	2.6	本地测试	72
		2.6.1 创建数据库	72
		2.6.2 运行后台管理系统	73
		2.6.3 运行微信小商城子系统	75
	2.7	线上发布和部署	77
		2.7.1 微信登录配置	77
		2.7.2 微信支付配置	78
		2.7.3 配置邮件通知	78
		2.7.4 短信通知配置	79
		2.7.5 系统部署	79
		2.7.6 技术支持	80
		2.7.7 项目参考	80

第3章 外卖点餐系统 81

	3.1	背景介绍	82
	3.2	系统分析	82
		3.2.1 开发流程分析	82
		3.2.2 需求分析	83
		3.2.3 功能模块架构图	83
	3.3	系统配置	84
		3.3.1 新建工程	84
		3.3.2 系统配置文件	85
		3.3.3 系统配置类	86
	3.4	搭建数据库平台	87
		3.4.1 数据库设计	87
		3.4.2 实体类	93
		3.4.3 数据持久化层	95
	3.5	后台管理模块	95
		3.5.1 登录验证	95
		3.5.2 后台主页	98
		3.5.3 员工管理页面	100

		3.5.4 分类管理页面	105
		3.5.5 菜品管理页面	106
		3.5.6 套餐管理页面	110
		3.5.7 订单明细管理页面	112
	3.6	前端点餐模块	113
		3.6.1 登录验证	113
		3.6.2 前端主页	114
		3.6.3 购物车处理	115
		3.6.4 设置收货信息	117
		3.6.5 订单处理	118
		3.6.6 订单完成页面	119
	3.7	测试运行	119

第4章 CMS 新闻资讯系统 121

	4.1	背景介绍	122
	4.2	系统分析	122
		4.2.1 需求分析	122
		4.2.2 技术分析	123
		4.2.3 功能分析	123
		4.2.4 功能模块架构图	123
	4.3	搭建数据库平台	124
		4.3.1 数据库设计	124
		4.3.2 数据库链接	127
		4.3.3 实体类	127
		4.3.4 数据持久化层	130
	4.4	前台模块	131
		4.4.1 会员注册	131
		4.4.2 登录验证	136
		4.4.3 系统主页	138
		4.4.4 分类新闻页面	142
		4.4.5 新闻详情页面	145
		4.4.6 评论页面	147
		4.4.7 用户中心页面	148

	4.4.8 发布/编辑个人新闻	152
4.5	后台模块	152
	4.5.1 新闻分类管理	152
	4.5.2 新闻审核管理	154
4.6	测试运行	156

第 5 章 蘑菇博客系统 159

5.1	背景介绍	160
5.2	系统分析	160
	5.2.1 需求分析	160
	5.2.2 项目介绍	161
	5.2.3 技术架构分析	161
	5.2.4 功能架构分析	162
	5.2.5 技术支持	162
5.3	搭建数据库平台	162
	5.3.1 数据库设计	163
	5.3.2 实体类设计	163
	5.3.3 数据持久化	166
	5.3.4 VO 层	167
5.4	后台管理模块	172
	5.4.1 登录验证	173
	5.4.2 后台主页	177
	5.4.3 博客管理	181
5.5	Web 前端模块	189
	5.5.1 Web 前端主页	190
	5.5.2 博客详情页面	195
5.6	移动端模块	200
	5.6.1 移动端主页	200
	5.6.2 博客详情页面	201
5.7	测试运行	204

第 6 章 企业 SCRM 系统 207

6.1	背景介绍	208
6.2	系统分析	208

	6.2.1 需求分析	208
	6.2.2 功能分析	209
6.3	LinkWeChat 系统介绍	210
	6.3.1 项目介绍	210
	6.3.2 功能模块	211
	6.3.3 技术分析	211
6.4	搭建数据库平台	211
	6.4.1 数据库设计	211
	6.4.2 Service 层	213
6.5	后台管理模块	219
	6.5.1 登录验证	219
	6.5.2 后台主页——运营中心	221
	6.5.3 引流获客	223
	6.5.4 客户中心	226
	6.5.5 内容中心	229
	6.5.6 管理中心	234
6.6	前端模块	237
	6.6.1 Web 前端	237
	6.6.2 移动端前端	241
6.7	测试运行	243
6.8	技术支持	244

第 7 章 进销存管理系统 245

7.1	背景介绍	246
7.2	系统分析	246
	7.2.1 需求分析	246
	7.2.2 模块架构分析	247
7.3	搭建数据库平台	248
	7.3.1 数据库设计	248
	7.3.2 数据库链接	250
	7.3.3 实体类	251
7.4	登录验证模块	252
	7.4.1 登录表单页面	252
	7.4.2 登录验证	253

7.5 客户管理模块	254
7.5.1 客户列表页面	254
7.5.2 处理客户数据	257
7.6 商品管理模块	258
7.6.1 商品列表页面	258
7.6.2 处理商品数据	260
7.7 进货管理模块	262
7.7.1 进货列表页面	262
7.7.2 处理进货数据	263
7.8 订单管理模块	265
7.8.1 订单列表页面	265
7.8.2 处理商品订单数据	267
7.9 退货单管理模块	269
7.9.1 退货单列表页面	269
7.9.2 处理退货单数据	270
7.10 测试运行	272

第8章 人力资源管理系统 275

8.1 系统介绍	276
8.1.1 背景介绍	276
8.1.2 应用的目的与意义	276
8.1.3 人力资源管理系统发展趋势	277
8.2 系统分析和设计	278
8.2.1 需求分析	278
8.2.2 目标设计	278
8.2.3 功能设计	278
8.3 搭建数据库平台	279
8.3.1 数据库分析	279
8.3.2 数据库设计	280
8.3.3 数据库链接	283
8.4 工具类	283
8.4.1 全局配置	283

8.4.2 用户常量信息	285
8.5 核心框架类	287
8.5.1 多数据源	287
8.5.2 拦截器	288
8.6 登录验证模块	291
8.6.1 登录表单页面	291
8.6.2 登录验证	293
8.7 系统主页	294
8.7.1 数据可视化页面	294
8.7.2 绘制折线图	295
8.8 部门管理模块	297
8.8.1 部门列表页面	297
8.8.2 部门信息处理	301
8.9 岗位管理模块	303
8.9.1 岗位列表页面	304
8.9.2 岗位信息处理	307
8.10 系统监控模块	309
8.10.1 在线用户	310
8.10.2 服务监控	311
8.11 测试运行	313
8.12 技术支持	314

第9章 思通数科舆情监控系统 315

9.1 系统介绍	316
9.1.1 舆情数据分析的意义	316
9.1.2 舆情热度分析	316
9.2 架构设计	317
9.2.1 模块分析	317
9.2.2 模块结构	319
9.3 搭建数据库平台	320
9.3.1 数据库设计	320
9.3.2 数据库链接	323
9.3.3 实体类	323

9.3.4 Service 层 326	9.6.2 Controller 层 345
9.4 登录验证模块 331	9.7 数据监测模块 349
9.4.1 用户登录表单页面 331	9.7.1 前台页面 349
9.4.2 验证登录信息 332	9.7.2 Controller 层 355
9.5 今日热点模块 334	9.8 事件分析模块 358
9.5.1 前台页面 334	9.8.1 任务列表页面 359
9.5.2 Controller 层 335	9.8.2 Controller 层 360
9.5.3 定时任务 338	9.9 测试运行 372
9.6 监测分析模块 342	9.10 技术支持 374
9.6.1 前台页面 343	

第1章 在线留言簿系统

随着Internet的普及和发展，互联网应用越来越广。在线留言簿系统作为网络交流方式，深受人们的青睐。通过在线留言簿系统，可以实现用户间信息的在线交流。本章将介绍在线留言簿系统的开发过程，实例讲解的具体流程由Spring Boot+MyBatis+Thymeleaf+MySQL来实现。

1.1 项目开发流程分析

本章讲解的在线留言簿系统的客户是一家小型 IT 产品零售店,在讲解本项目的具体实现过程之前,首先讲解本项目的具体开发流程。

1.1.1 了解使用流程

扫码看视频

当程序员开发一个应用系统之前,需要彻底弄清这个应用系统的使用过程和具体必备功能。市场变化万千,一夜之间就有可能涌现出许多充满创意的新应用。因此在开发这个留言簿系统之前,需要先在网上浏览相关的最新版本的留言簿系统,了解在线留言簿系统的运作流程。典型在线留言簿系统的界面如图 1-1 所示。

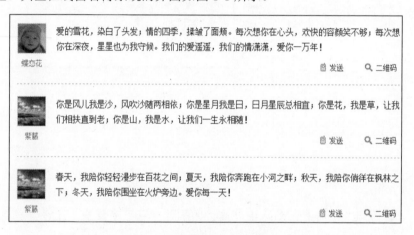

图 1-1 在线留言簿系统界面

大体了解在线留言簿系统的运作流程和基本功能模块后,可以尝试做出一个简单的项目规划书,整个规划书分为如下两个部分:
- 在线留言簿系统功能原理;
- 在线留言簿系统构成模块。

1.1.2 规划开发流程

系统规划是一个项目的基础,它是任何项目的第一步工作。在线留言簿系统能够实现发布在线留言的功能,注册用户可以为了某一主题、某一事件发表自己的观点。在线留言簿系统的实现原理很简单，是一个添加、删除、修改和显示数据库的过程。整个项目的开发流程如图1-2所示。

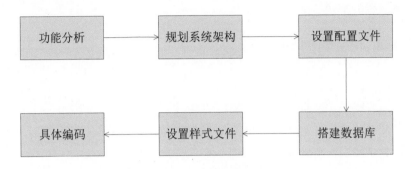

图1-2 开发流程图

- 功能分析：分析整个系统所需要的功能；
- 规划系统架构：规划系统中所需要的功能模块；
- 设置配置文件：分析系统处理流程，探索系统核心模块的运作；
- 搭建数据库：设计系统中需要的数据结构；
- 设置样式文件：预先规划系统中需要的功能类和方法；
- 具体编码：编写系统的具体实现代码。

1.2 系统分析

前面对在线留言簿系统进行初步了解和功能分析，接下来根据规划的开发流程进行系统分析工作。

扫码看视频

1.2.1 功能分析

Web站点的在线留言簿系统主要实现对数据库数据进行添加和删除操作。在其实现过程中，根据系统的需求进行不同功能模块的设置。在线留言簿系统的必备功能如下：

- 新用户可以注册成为系统会员；
- 验证登录信息的合法性；
- 提供信息发布表单供用户发布新的留言；
- 将用户发布的留言添加到系统库中；

❑ 在页面内显示系统库中的留言数据；
❑ 对某条留言进行在线回复；
❑ 删除系统内不需要的留言。

1.2.2 模块结构规划

一个典型在线留言簿系统的构成模块如下。

❑ 会员注册模块：验证注册信息的合法性。
❑ 用户登录验证：验证用户登录信息的合法性。
❑ 信息发布模块：用户可以在系统上发布新的留言信息。
❑ 信息显示模块：在系统上显示用户发布的留言信息。
❑ 留言回复模块：可以对用户发布的留言进行回复，以实现相互间的交互。
❑ 系统管理模块：站点管理员能够对发布的信息进行管理控制。

上述应用模块的具体运行流程如图1-3所示。

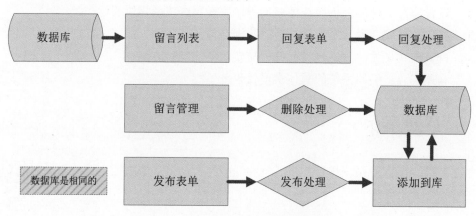

图1-3 在线留言簿系统运行流程图

1.2.3 功能模块架构

本项目功能模块的架构如图1-4所示。

第 1 章　在线留言簿系统

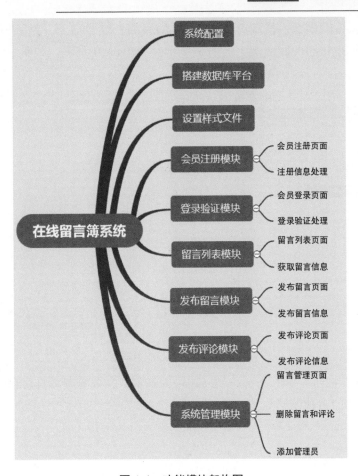

图 1-4　功能模块架构图

1.3　系统配置

接下来将根据规划出的各功能模块进行模块的开发工作。本将主要完成如下所示的两项工作：
- 新建工程；
- 配置系统文件。

扫码看视频

1.3.1　新建工程

使用 IntelliJ IDEA 新建工程，具体流程如下。

(1) 打开 IntelliJ IDEA，依次选择 File | New | Project 菜单命令，弹出 New Project 对话框，在左侧选择 Spring Initializr 选项，在右侧选择 Default 单选项，如图 1-5 所示。

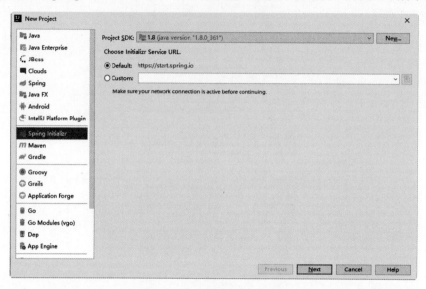

图 1-5　New Project 对话框

(2) 单击 Next 按钮，弹出 Project Metadata 对话框，在此设置项目名和使用的编程语言及版本信息，如图 1-6 所示。

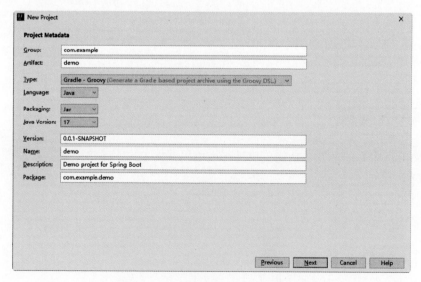

图 1-6　Project Metadata 对话框

(3) 单击 Next 按钮，弹出 Dependencies 对话框，在此设置项目需要引用的库，本项目需要选中 Spring Web、MyBatis Framework、MySQL Driver 等，如图 1-7 所示。

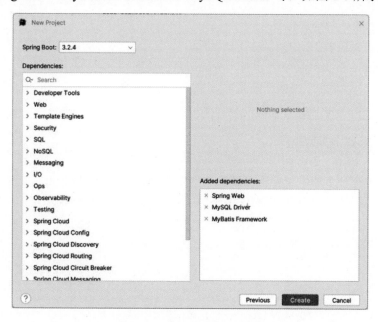

图 1-7　Dependencies 对话框

(4) 后面的步骤按照默认选项进行，最后成功创建 Spring Boot 项目。

1.3.2　系统配置文件

在使用 IntelliJ IDEA 开发 Spring Boot 程序时，系统配置文件是 application.yaml。本项目通过文件 application.yaml 设置数据库的链接参数和 Spring Boot 服务器的端口，实现代码如下所示。

```yaml
spring:
  datasource:
    username: root
    password: 66688888
    url: jdbc:mysql://localhost:3306/day14?useUnicode=true&characterEncoding=utf-8&useSSL=false
    driver-class-name: com.mysql.jdbc.Driver
  thymeleaf:
    cache:false
mybatis:
  type-aliases-package: com.example.spingbootmybatis.pojo
```

```
mapper-locations: classpath:mybatis/*.xml
server:
  port: 8089
```

上述代码的具体说明如下：

- url：表示链接 MySQL 数据库的参数。
- username 和 password：分别表示链接数据库的用户名和密码。
- day14：表示链接数据库的名称。
- port：表示 Spring Boot 服务器的端口。

1.3.3 系统配置类

在本项目中有一个非常重要的系统配置类文件 MyMvcConfig.java，实现配置系统各个 Controller 控制器文件和前端模板文件的映射，具体实现代码如下所示。

```
@Configuration  //表明是一个配置类
public class MyMvcConfig implements WebMvcConfigurer {
    @Override  //复写方法
    public void addViewControllers(ViewControllerRegistry registry) {
        registry.addViewController("/").setViewName("index");
        registry.addViewController("/index.html").setViewName("index");
        registry.addViewController("/main.html").setViewName("dashboard");
        registry.addViewController("/register.html").setViewName("register");
        registry.addViewController("/404").setViewName("404");
        registry.addViewController("/zhuye").setViewName("dashboard");
    }

    @Override
    public void addInterceptors(InterceptorRegistry registry) {
        registry.addInterceptor(new com.example.demo3web.config.
            LoginHandlerInterceptor()).addPathPatterns("/**").excludePathPatterns(
                "/index.html",
                "/register.html",
                "/",
                "/login",
                "/css/*",
                "/img/**",
                "/js/**",
                "/toregister"
        );
    }
}
```

1.4 搭建数据库平台

本项目系统的开发主要包括后台数据库的建立、维护,以及前端应用程序的开发两个方面。数据库设计是开发本留言簿系统的一个重要组成部分。

扫码看视频

1.4.1 数据库设计

开发数据库管理信息系统需要选择后台数据库和相应的数据库访问接口。后台数据库的选择需要考虑用户需求、系统功能和性能要求等因素。考虑到系统所要管理的数据量比较大,且需要多用户同时运行访问,本项目将使用 MySQL 作为后台数据库管理平台。

在 MySQL 中创建一个名为 "day14" 的数据库,并新建两个表:admin 和 user。

(1) 表 admin 用于保存管理员信息,具体设计结构如图 1-8 所示。

名字	类型	排序规则	属性	空	默认	注释	额外
adminid	int(11)			否	无		AUTO_INCREMENT
adminname	varchar(255)	utf8_unicode_ci		否	无		
adminpwd	varchar(255)	utf8_unicode_ci		否	无		

图 1-8 表 admin 的设计结构

(2) 表 user 用于保存用户的详细信息,包括用户名、密码、留言信息和回复信息,具体设计结构如图 1-9 所示。

名字	类型	排序规则	属性	空	默认	注释	额外
id	int(11)			否	无		AUTO_INCREMENT
username	varchar(32)	utf8_unicode_ci		否	无		
password	varchar(32)	utf8_unicode_ci		否	无		
message	varchar(255)	utf8_unicode_ci		是	NULL		
comment	varchar(255)	utf8_unicode_ci		是	NULL		

图 1-9 表 user 的设计结构

1.4.2 数据库访问层设计

数据库的核心内容是查询数据、添加数据、修改数据、删除数据。为了更好地实现对数据的处理,本项目将使用数据库访问层实现数据处理功能。在本项目中,和数据库访问层相关的工作如下:

- 编写包 mapper 实现应用程序和数据库表的映射。
- 编写包 pojo 实现和数据库表相关的 Java 对象。

1. mapper

编写文件 AdminMapper.java 实现和数据库表 admin 的映射，代码如下所示。

```
@Data
@AllArgsConstructor
@NoArgsConstructor
public class admin {
    private int adminid;
    private String adminname;
    private String adminpwd;
}
```

编写文件 UserMapper.java 实现和数据库表 user 的映射，代码如下所示。

```
@Data
@AllArgsConstructor
@NoArgsConstructor
public class user {
    private int id;
    private String username;
    private String password;
    private String message;
    private String comment;
}
```

2. pojo

在 Java 项目中，pojo 是普通的 Java 对象，其实就是简单的 JavaBean 实体类。pojo 对应数据库中的某一张表，pojo 中的每一个属性都和该表中的字段一一对应。

(1) 编写文件 admin.java 实现和数据库表 admin 的对应，代码如下所示。

```
public class admin {
    private int adminid;
    private String adminname;
    private String adminpwd;
}
```

(2) 编写文件 user.java 实现和数据库表 user 的对应，代码如下所示。

```
@Data
@AllArgsConstructor
@NoArgsConstructor
public class user {
```

```
    private int id;
    private String username;
    private String password;
    private String message;
    private String comment;
}
```

1.5 设置样式文件

在 Java 项目中，样式文件也称为皮肤，它对系统页面元素进行修饰，使各页面以指定的样式效果显示。

扫码看视频

1.5.1 留言板样式

文件 signin.css 实现对留言板模块页面内的各元素进行修饰，使各元素以指定样式显示。文件 signin.css 的主要代码如下所示：

```css
html,
body {
  height: 100%;
}

body {
  display: -ms-flexbox;
  display: -webkit-box;
  display: flex;
  -ms-flex-align: center;
  -ms-flex-pack: center;
  -webkit-box-align: center;
  align-items: center;
  -webkit-box-pack: center;
  justify-content: center;
  padding-top: 40px;
  padding-bottom: 40px;
  /*background-color: #f5f5f5;*/
}

.form-signin {
  width: 100%;
  max-width: 330px;
  padding: 15px;
  margin: 0 auto;
}
```

```css
.form-signin .checkbox {
  font-weight: 400;
}
.form-signin .form-control {
  position: relative;
  box-sizing: border-box;
  height: auto;
  padding: 10px;
  font-size: 16px;
}
.form-signin .form-control:focus {
  z-index: 2;
}
.form-signin input[type="email"] {
  margin-bottom: -1px;
  border-bottom-right-radius: 0;
  border-bottom-left-radius: 0;
}
.form-signin input[type="password"] {
  margin-bottom: 10px;
  border-top-left-radius: 0;
  border-top-right-radius: 0;
}
```

1.5.2 Bootstrap 样式

本项目集成了 Bootstrap 功能模块，通过文件 dashboard.css 修饰 Bootstrap 功能模块，主要代码如下所示：

```css
body {
  font-size: .875rem;
}

.feather {
  width: 16px;
  height: 16px;
  vertical-align: text-bottom;
}

/*
 * Sidebar
 */

.sidebar {
  position: fixed;
  top: 0;
```

```css
  bottom: 0;
  left: 0;
  z-index: 100; /* Behind the navbar */
  padding: 0;
  box-shadow: inset -1px 0 0 rgba(0, 0, 0, .1);
}

.sidebar-sticky {
  position: -webkit-sticky;
  position: sticky;
  top: 48px; /* Height of navbar */
  height: calc(100vh - 48px);
  padding-top: .5rem;
  overflow-x: hidden;
  overflow-y: auto; /* Scrollable contents if viewport is shorter than content. */
}

.sidebar .nav-link {
  font-weight: 500;
  color: #333;
}

.sidebar .nav-link .feather {
  margin-right: 4px;
  color: #999;
}

.sidebar .nav-link.active {
  color: #007bff;
}

.sidebar .nav-link:hover .feather,
.sidebar .nav-link.active .feather {
  color: inherit;
}

.sidebar-heading {
  font-size: .75rem;
  text-transform: uppercase;
}
```

1.6 会员注册模块

会员注册模块能够获取用户输入的注册信息，如果注册信息合法则将信息添加到数据库，会员注册成功，否则返回注册页面让用户重新注册。

扫码看视频

1.6.1 会员注册页面

会员注册页面 register.html 提供注册表单,实现用户在表单中输入用户名、密码和再次输入密码信息的功能,主要代码如下所示。

```html
<body class="text-center">
<form class="form-signin" th:action="@{/toregister}">
   <img class="mb-4" src="asserts/img/bootstrap-solid.svg" alt="" width="72"
            height="72">
   <h1 class="h3 mb-3 font-weight-normal">请注册</h1>
<!--             设置消息回显 msg 不为空才回显-->
   <p style="color: red" th:text="${registermsg}" th:if=
           "${not #strings.isEmpty(registermsg)}"></p>
   <label class="sr-only">Username</label>
   <input type="text" name="username" class="form-control" placeholder="请输入
           用户名" required="" autofocus="">
   <label class="sr-only">Password</label>
   <input type="password" name="password" class="form-control" placeholder=
           "请输入密码" required="">
   <label class="sr-only">Password</label>
   <input type="password" name="password1" class="form-control" placeholder=
           "请再次输入密码" required="">
   <button class="btn btn-lg btn-primary btn-block" type="submit">提交注册信息</button>
   <p>------------------------------------</p>
   <p><a href="/index.html"><button class="btn btn-lg btn-primary btn-block"
           type="button">返回登录页面</button></a></p>
   <p class="mt-5 mb-3 text-muted">© 2017-2018</p>
   <a class="btn btn-sm">中文</a>
   <a class="btn btn-sm">English</a>
</form>
```

1.6.2 注册信息处理

在文件 RegisterController.java 中编写方法 register(),获取 register.html 表单中的信息,验证信息的合法性。如果注册信息合法,则将表单信息添加到数据库,会员注册成功;如果注册信息不合法,则返回注册页面重新注册。方法 register()的主要实现代码如下所示。

```java
@RequestMapping("/toregister")
public String register(user user, @RequestParam("password") String password,
           @RequestParam("password1") String password1, Model model){
   System.out.println(user + " is register");
   if (password.equals(password1)){
       int i = userMapper.addUser(user);
```

```
            System.out.println(i);
            model.addAttribute("registermsg","你已经注册成功,请登录");
            return "register";
        }
        else {
            model.addAttribute("registermsg","两次注册密码不一致,请重新注册");
            return "register";
        }
    }
}
```

1.7 登录验证模块

登录验证模块能够获取用户输入的登录信息。如果登录信息合法,则登录系统,否则返回登录页面重新登录。

扫码看视频

1.7.1 会员登录页面

会员登录页面 index.html 提供登录表单,实现用户在表单中输入用户名和密码信息的功能,主要代码如下所示。

```
<body class="text-center">
    <form class="form-signin" th:action="@{/login}">
        <img class="mb-4" src="asserts/img/bootstrap-solid.svg" alt="" width=
                "72" height="72">
        <h1 class="h3 mb-3 font-weight-normal">Please sign in</h1>

        <!--        登录错误的提醒-->
        <p style="color: red" th:text="${loginerror}" th:if=
                "${not #strings.isEmpty(loginerror)}"></p>
<!--     没有登录的提醒-->
        <p style="color: red" th:text="${msg}" th:if="${not #strings.isEmpty(msg)}"></p>


        <label class="sr-only">Username</label>
        <input type="text" name="username" class="form-control"
                placeholder="Username" required="" autofocus="">
        <label class="sr-only">Password</label>
        <input type="password" name="password" class="form-control"
                placeholder="Password" required="">
        <div class="checkbox mb-3">
        </div>
            <button class="btn btn-lg btn-primary btn-block" type="submit">登录</button>
        <p>-----------------------------------</p>
```

```html
            <p><a href="register.html"><button class="btn btn-lg btn-primary btn-block"
                    type="button">注册</button></a></p>
            <p class="mt-5 mb-3 text-muted">© 2017-2018</p>
            <a class="btn btn-sm">中文</a>
            <a class="btn btn-sm">English</a>
</form>
```

1.7.2 登录验证处理

编写文件 LoginController.java，获取 index.html 表单中的信息，验证信息的合法性。如果登录信息合法，则登录系统，否则返回登录页面重新登录。文件 LoginController.java 的主要实现代码如下所示。

```java
public class LoginController {
    @Autowired
    private UserMapper userMapper;
    
    @RequestMapping("/login")
    public String Login(@RequestParam("username") String username,
                    @RequestParam("password") String password,
                    Model model, HttpSession session){
        //具体的业务
        System.out.println(username);
        System.out.println(password);
        user user = userMapper.queryUserByNP(username, password);
        System.out.println(user);
        if (user!=null)
        {
            session.setAttribute("userwho",user.getUsername());
            session.setAttribute("userpwd",user.getPassword());
            //return "list1";
            return "redirect:/main.html";    //登录成功后重定向到第一页
        }
        else {
            model.addAttribute("loginerror","用户名或者密码错误");
            return "index";
        }
    }
    
    @RequestMapping("/logout")
    public String logout(HttpSession session){
        session.invalidate();
        System.out.println("logout");
        return "redirect:/index.html";
    }
}
```

1.8 留言列表模块

留言列表模块可以将系统库内的留言信息以列表的形式显示出来,并提供发布评论的按钮,浏览者可针对某条留言发布评论信息。

扫码看视频

1.8.1 留言列表页面

留言列表页面 chakan.html 可能实现列表展示系统数据库中留言信息的功能,主要实现代码如下所示。

```html
<h2><a class="btn btn-sm btn-success" th:href="@{/jumptoliuyan}">自己留言</a></h2>
<div class="table-responsive">
    <table class="table table-striped table-sm">
        <thead>
        <tr>
            <th>用户ID</th>
            <th>用户姓名</th>
            <th>留言内容</th>
            <th>评论区</th>
        </tr>
        </thead>
        <tbody>
        <tr th:each="user:${UserList}">
            <td th:text="${user.getId()}"></td>
            <td th:text="${user.getUsername()}"></td>
            <td th:text="${user.getMessage()}"></td>
            <td th:text="${user.getComment()}" style="white-space: pre-line;"></td>
            <td>
                <a class="btn btn-sm btn-primary" th:href=
                    "@{/jumptocomment(id=${user.getId()})}">评论</a>
```

1.8.2 获取留言信息

在文件 JumpController.java 中编写方法 touserlist(),获取数据库中的留言信息和对应的评论信息。方法 touserlist()的具体实现代码如下所示。

```java
@RequestMapping("/jumptouserlist")
public String touserlist(Model model, HttpSession session){

    List<user> users = userMapper.queryUserList();
    System.out.println(users);
    String userwho = (String) session.getAttribute("userwho");
```

```
String userpwd = (String) session.getAttribute("userpwd");

admin admin = adminMapper.queryAdminByNP(userwho, userpwd);

if (admin!=null) {
    model.addAttribute("UserList", users);
    model.addAttribute("mespermission","你是管理员，为你展示全部权限");
    return "operate/userlist";
}
else {
    model.addAttribute("error1","不是管理员，权限不足");
    //return "redirect:/jumptochakanliuyan";    //不是管理员转到查看
    return "operate/chakan";
}
}
```

1.9 发布留言模块

在发布留言模块中，可以通过表单在系统中发布新的留言信息。单击"自己留言"按钮或"直接留言"链接，打开发布留言表单页面，在表单中输入留言信息并单击"提交留言内容"按钮后完成发布留言功能。

扫码看视频

1.9.1 发布留言页面

发布留言页面 liuyan.html 提供一个表单，实现用户输入留言信息的功能，主要实现代码如下所示。

```
<form class="form-signin" th:action="@{/liuyan}">
    <h1 class="h3 mb-3 font-weight-normal">请输入你想发表的言论</h1>
    <textarea name="message" rows="10" cols="25"></textarea>
    <p><a href="/main.html"><button class="btn btn-lg btn-primary btn-block"
           type="button">返回主页</button></a></p>
    <p>------------------------------------</p>
    <button class="btn btn-lg btn-primary btn-block" type="submit">提交留言内容</button>
    <p class="mt-5 mb-3 text-muted">© 2017-2018</p>
</form>
```

1.9.2 发布留言信息

编写文件 MessageController.java，获取表单中的留言信息，并将这些信息添加到数据库中。文件 MessageController.java 的主要实现代码如下所示。

```
public class MessageController {
    @Autowired
    UserMapper userMapper;
    @RequestMapping("/liuyan")
    public String liuyan(HttpSession session, @RequestParam("message") String message){
        String username = (String) session.getAttribute("userwho");
        System.out.println(message);
        userMapper.updateMessage(username,message);
        return "dashboard";
    }
}
```

1.10 发布评论模块

在发布评论模块中,可通过表单对系统中的某条留言发布评论信息。单击"评论"按钮,打开发布评论表单页面,在表单中输入评论信息,单击"提交你的评价"按钮,完成发布评论功能。

扫码看视频

1.10.1 发布评论页面

发布评论页面 comment.html 提供一个表单,用户可以输入评论信息,主要实现代码如下所示。

```
<form class="form-signin" th:action="@{/comment}">
    <h1 class="h3 mb-3 font-weight-normal">请输入你的评价</h1>
    <!--    <label class="sr-only"></label>-->
    <input type="hidden" name="id" th:value="${user.getId()}">
    <textarea name="comment" rows="10" cols="25"></textarea>
    <p>-------------------------------------</p>
    <button class="btn btn-lg btn-primary btn-block" type="submit">提交你的评价</button>
    <p class="mt-5 mb-3 text-muted">© 2017-2018</p>
</form>
```

1.10.2 发布评论信息

编写文件 CommentController.java,获取表单中的评论信息,并将这些信息添加到数据库中。文件 CommentController.java 的主要实现代码如下所示。

```
public class CommentController {
    @Autowired
    UserMapper mapper;
```

```
@RequestMapping("/comment")
public String comment(@RequestParam("id") Integer id,
    @RequestParam("comment") String comment,
    HttpSession session){
    //使用Date获取当前时间
    Date now = new Date();
    SimpleDateFormat dateFormat = new SimpleDateFormat("yyyy-MM-dd HH:mm:ss");
    //设置日期格式(年-月-日-时-分-秒)
    String createTime = dateFormat.format(now);//格式化然后放入字符串中
    //这条评论来自哪个用户
    String userwho = (String) session.getAttribute("userwho");
    String commentwho = "这条评论来自: " + userwho +" " + createTime;
    //获取过去的评论内容
    user user = mapper.queryUserById(id);
    String passcomment = user.getComment();

    //将这次评论的内容和过去别人评论的内容相加
    String sum = passcomment +"\n" + comment +"->" +commentwho;
    //进行更新数据库操作
    int i = mapper.updateComment(id,sum);
    System.out.println(i);
    return "dashboard";
    }
}
```

1.11 系统管理模块

没有规矩不成方圆,作为舆论大平台的在线留言簿系统,一定要抵制违法言论的出现。本项目提供留言管理模块,可以随时删除不需要的留言数据,更重要的是删除违法的留言信息。

扫码看视频

1.11.1 留言管理页面

留言管理页面 userlist.html 列表展示系统内的留言信息和评论信息,在每一条留言信息后面都有两个和系统管理有关的按钮:"删除留言和评论" 按钮和"删除用户"按钮。文件 userlist.html 的主要实现代码如下所示。

```
<main role="main" class="col-md-9 ml-sm-auto col-lg-10 pt-3 px-4">
    <p style="color: red" th:text="${mespermission}" th:if=
        "${not #strings.isEmpty(mespermission)}"></p>
    <h2><a class="btn btn-sm btn-success" th:href="@{/jumptoliuyan}">自己留言</a></h2>
```

```html
            <h2><a class="btn btn-sm btn-success" th:href="@{/jumptoadminregister}">
                    进行其他管理员注册</a></h2>
            <div class="table-responsive">
                <table class="table table-striped table-sm">
                    <thead>
                    <tr>
                        <th>用户 ID</th>
                        <th>用户姓名</th>
                        <th>用户密码</th>
                        <th>该用户留言内容</th>
                        <th>评论区</th>
                    </tr>
                    </thead>
                    <tbody>
                    <tr th:each="user:${UserList}">
                        <td th:text="${user.getId()}"></td>
                        <td th:text="${user.getUsername()}"></td>
                        <td th:text="${user.getPassword()}"></td>
                        <td th:text="${user.getMessage()}"></td>
                        <td th:text="${user.getComment()}" style="white-space: pre-line;"></td>
                        <td>
                            <a class="btn btn-sm btn-primary" th:href=
                                "@{/jumptocomment(id=${user.getId()})}">评论</a>
                            <a class="btn btn-sm btn-danger" th:href=
                                "@{/delete1(id=${user.getId()})}">删除留言和评论</a>
                            <a class="btn btn-sm btn-danger" th:href=
                                "@{/delete2(id=${user.getId()})}">删除用户</a>
                        </td>
                    </tr>
                    </tbody>
                </table>
            </div>
</main>
```

1.11.2 删除留言和评论

单击"删除留言和评论"按钮，调用文件 deleteController.java 中的方法 deletemescom()，可以删除当前指定编号的留言信息和对应的评论信息。方法 deletemescom()的主要实现代码如下所示。

```java
public String deletemescom(@RequestParam("id") Integer id){
    int i = mapper.deleteComMes(id);
    System.out.println(i);
    return "dashboard";
}
```

单击"删除用户"按钮，调用文件 deleteController.java 中的方法 deleteuser()，可以删除当前指定编号的用户信息。方法 deleteuser()的主要实现代码如下所示。

```java
@RequestMapping("/delete2")
//删除用户
public String deleteuser(@RequestParam("id") Integer id){
    int i = mapper.deleteUser(id);
    System.out.println(i);
    return "dashboard";
}
```

1.11.3 添加管理员

单击"进行其他管理员注册"按钮，返回注册表单页面，填写注册信息，调用文件 RegisterController.java 中的方法 register2()，可以获取注册表单中的信息并验证信息的合法性。如果注册信息合法，则将表单信息添加到数据库，添加新管理员成功；如果注册信息不合法，返回注册页面重新注册。方法 register2()的主要实现代码如下所示。

```java
@RequestMapping("/toregisteradmin")
public String register2(user user, admin admin, @RequestParam("adminpwd") String
        password, @RequestParam("adminpwd1") String password1, Model model){
    System.out.println(user + " is register");
    if (password.equals(password1)){
        System.out.println(admin);
        int a = adminMapper.addAdmin(admin);
        int y = userMapper.addUser1(admin.getAdminname(),admin.getAdminpwd());
        model.addAttribute("registermsg","新管理员已经注册成功");
        return "dashboard";
    }
    else {
        model.addAttribute("registermsg","两次注册密码不一致，请重新注册");
        return "operate/adminregister";
    }
}
```

1.12 测试运行

- 会员注册页面执行结果如图 1-10 所示。
- 留言列表页面执行结果如图 1-11 所示。
- 发布留言页面执行结果如图 1-12 所示。
- 留言管理页面执行结果如图 1-13 所示。

扫码看视频

第 1 章　在线留言簿系统

图 1-10　会员注册页面

图 1-11　留言列表页面

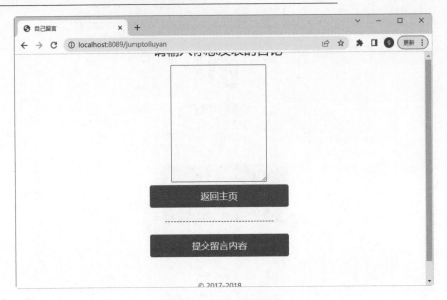

图 1-12　发布留言页面

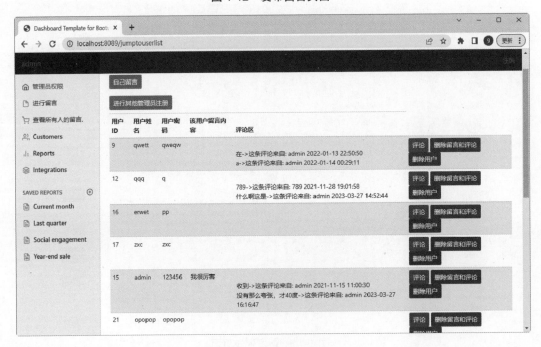

图 1-13　留言管理页面

第 2 章 微信商城系统

本章将通过一个综合实例，讲解使用 Java 语言开发在线商城系统的过程。在线商城管理系统的后端使用 Spring Boot 技术实现，管理系统的前端使用 Vue 实现。购物商城系统的前端通过微信小程序实现，购物商城系统的后端通过 Spring Boot 实现。

2.1 微商系统简介

在线商城通过互联网平台使消费者能够在线购买商品,对商家而言,它降低了实体店铺的运营成本,而对消费者来说,它提供了即时购买的便利。随着移动互联网的发展,尤其是微信用户的激增,微信商城凭借其低成本、广泛的用户覆盖和社交属性,成为中小企业进入移动电商市场的有效途径。

扫码看视频

微信商城不仅在功能上接近一个完整的电商 App,还能通过微信的社交网络实现快速推广和口碑营销,成为中小企业在移动互联网时代竞争的重要平台。此外,它还能支持多种电商功能,如产品展示、库存管理、会员系统、分佣系统等,助力中小企业快速适应互联网商业模式。

2.2 系统需求分析

在现实应用中,一个典型的微信商城系统的构成模块如下。

1. 会员处理模块

扫码看视频

为了方便用户购买,提高商城的人气,设立了会员功能。成为商城会员后,用户可以对自己的资料进行管理,并且还可以集中管理自己的订单。微信商城系统的会员处理模块具有以下功能。

(1) 会员注册:通过注册表单成为系统会员,也可以通过微信直接注册登录。

(2) 会员管理:不仅可以管理个人的基本信息,还能够管理自己的订单信息。

2. 购物车处理模块

微信商城系统必不可少的功能就是购物车。用户可以把需要的商品放到购物车保存,提交在线订单后即可完成商品的购买。

3. 商品查询模块

为了方便用户购买,系统设立了商品快速查询模块,用户可以根据商品的信息快速找到自己需要的商品。

4. 订单处理模块

为方便商家处理用户的购买信息,系统设立了订单处理功能。通过该功能可以实现对用户购物车信息的及时处理,使用户尽快地拿到购买的商品。

5. 商品分类模块

为了便于用户对系统商品的浏览，将系统的商品划分为不同的类别，方便用户迅速地找到自己需要的商品。

6. 商品管理模块

为方便对系统的升级和维护，建立专用的商品管理模块实现对商品的添加、删除和修改等功能，以满足对系统更新的需要。

2.3 系统架构

本系统是一个开源项目，在 GitHub 托管，名字为"litemall"。开发团队一直在维护这个项目，具体的新功能和优化读者可登录到 GitHub 进行查看。本节将详细讲解本项目的具体架构。

扫码看视频

2.3.1 第三方开源库

为了提高系统的开发效率，本系统用到了几款有名的第三方开源库，具体说明如下。

(1) nideshop-mini-program：基于 Node.js+MySQL 开发的开源微信小程序商城(微信小程序)。

(2) vue-element-admin：一个基于 Vue 和 Element 的后台集成方案。

(3) mall-admin-web：一个电商后台管理系统的前端项目，基于 Vue+Element 实现。

(4) biu：管理后台项目开发脚手架，基于 vue-element-admin 和 Spring Boot 搭建，使用前后端分离方式开发和部署。

2.3.2 系统架构介绍

本系统是一个完整的前后端项目，包含 3 大部分 8 个模块，具体架构如图 2-1 所示。本系统各个模块的具体说明如下。

(1) 基础系统子系统(platform)：由 litemall-core 模块、litemall-db 模块和 litemall-all 模块组成。

(2) 小商城子系统(wxmall)：由 litemall-wx-api 模块、litemall-wx 模块和 renard-wx 模块组成。

(3) 管理后台子系统(admin)：由 litemall-admin-api 模块和 litemall-admin 模块组成。

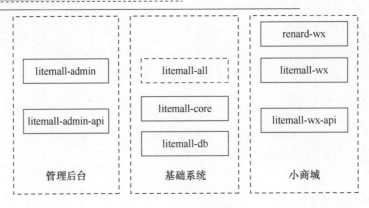

图 2-1 系统架构图

2.3.3 开发技术栈

在开发本项目各个模块的功能时，可以使用如下 3 种技术栈。

(1) Spring Boot 技术栈：采用 IntelliJ IDEA 开发工具，分别实现了 litemall-core、litemall-db、litemall-admin-api、litemall-wx-api 和 litemall-all 共计 5 个模块的功能。

(2) miniprogram(微信小程序)技术栈：采用微信小程序开发工具，分别实现了 litemall-wx 模块和 renard-wx 模块的功能。

(3) Vue 技术栈：采用 VSC 开发工具，实现了 litemall-admin 模块的功能。

2.4 管理后台模块

本项目的管理后台模块由前端和后端两部分实现，其中前端实现模块是 litemall-admin，基于 Vue 技术实现；后端实现模块是 litemall-admin-api，基于 Spring Boot 技术实现。本节将详细讲解实现管理后台模块的具体过程。

扫码看视频

2.4.1 用户登录验证

(1) 在后台用户登录验证模块中，前端登录表单页面功能通过文件 itemall\litemall-admin\src\views\login\index.vue 实现，此文件提供了一个简单的输入用户名和密码的表单，主要实现代码如下所示。

```
<el-form ref="loginForm" :model="loginForm" :rules="loginRules" class=
    "login-form" auto-complete="on" label-position="left">
    <div class="title-container">
        <h3 class="title">管理员登录</h3>
```

```html
      </div>
      <el-form-item prop="username">
        <span class="svg-container svg-container_login">
          <svg-icon icon-class="user" />
        </span>
        <el-input v-model="loginForm.username" name="username" type="text" auto-
            complete="on" placeholder="username" />
      </el-form-item>
      <el-form-item prop="password">
        <span class="svg-container">
          <svg-icon icon-class="password" />
        </span>
        <el-input :type="passwordType" v-model="loginForm.password" name=
            "password" auto-complete="on" placeholder="password"
            @keyup.enter.native="handleLogin" />
        <span class="show-pwd" @click="showPwd">
        <svg-icon icon-class="eye" />
          </span>
      </el-form-item>

      <el-button :loading="loading" type="primary" style=
          "width:100%;margin-bottom:30px;"
          @click.native.prevent="handleLogin">登录</el-button>
    <el-button :loading="loading" type="primary" style= "width:100%;
        margin-bottom:30px;" @click.native.prevent="handleLogin">登录</el-button>
      <div style="position:relative">
        <div class="tips">
          <span> 超级管理员用户名：admin123</span>
        </div>
        <div class="tips">
          <span> 商城管理员用户名：mall123</span>
        </div>
        <div class="tips">
          <span> 推广管理员用户名：promotion123</span>
        </div>
      </div>
    </el-form>
  </div>
</template>

<script>
export default {
  name: 'Login',
  data() {
    const validateUsername = (rule, value, callback) => {
```

```js
      if (validateUsername == null) {
        callback(new Error('请输入正确的管理员用户名'))
      } else {
        callback()
      }
    }
    const validatePassword = (rule, value, callback) => {
      if (value.length < 6) {
        callback(new Error('管理员密码长度应大于6'))
      } else {
        callback()
      }
    }
    return {
      loginForm: {
        username: 'admin123',
        password: 'admin123'
      },
      loginRules: {
        username: [{ required: true, trigger: 'blur', validator: validateUsername }],
        password: [{ required: true, trigger: 'blur', validator: validatePassword }]
      },
      passwordType: 'password',
      loading: false
    }
  },
  watch: {
    $route: {
      handler: function(route) {
        this.redirect = route.query && route.query.redirect
      },
      immediate: true
    }
  },
  methods: {
    showPwd() {
      if (this.passwordType === 'password') {
        this.passwordType = ''
      } else {
        this.passwordType = 'password'
      }
    },
    handleLogin() {
      this.$refs.loginForm.validate(valid => {
        if (valid && !this.loading) {
          this.loading = true
```

```
        this.$store.dispatch('LoginByUsername', this.loginForm).then(() => {
          this.loading = false
          this.$router.push({ path: this.redirect || '/' })
        }).catch(response => {
          this.$notify.error({
            title: '失败',
            message: response.data.errmsg
          })
          this.loading = false
        })
      } else {
        return false
      }
      })
    }
  }
}
</script>
```

(2) 在后台用户登录验证模块中，后端登录验证功能通过视图文件 litemall-admin-api\src\main\java\org\linlinjava\litemall\admin\web\AdminCollectController.java 实现，主要是获取用户在表单中输入的信息，然后与数据库中存储的数据进行比较。文件 AdminCollectController.java 的主要实现代码如下所示。

```
@PostMapping("/login")
public Object login(@RequestBody String body) {
    String username = JacksonUtil.parseString(body, "username");
    String password = JacksonUtil.parseString(body, "password");

    if (StringUtils.isEmpty(username) || StringUtils.isEmpty(password)) {
        return ResponseUtil.badArgument();
    }

    Subject currentUser = SecurityUtils.getSubject();
    try {
        currentUser.login(new UsernamePasswordToken(username, password));
    } catch (UnknownAccountException uae) {
        return ResponseUtil.fail(ADMIN_INVALID_ACCOUNT, "用户账号或密码不正确");
    } catch (LockedAccountException lae) {
        return ResponseUtil.fail(ADMIN_INVALID_ACCOUNT, "用户账号已锁定不可用");
    } catch (AuthenticationException ae) {
        return ResponseUtil.fail(ADMIN_INVALID_ACCOUNT, "认证失败");
    }
    return ResponseUtil.ok(currentUser.getSession().getId());
}
```

2.4.2 用户管理

在后台用户管理模块中,用户管理包含会员管理、收货地址、会员收藏、会员足迹、搜索历史和意见反馈 6 个子选项。下面将简要讲解"会员管理"子选项功能的实现过程。

(1) 在后台用户管理模块中,前端会员管理页面功能通过文件 litemall\litemall-admin\src\views\user\user.vue 实现,在此文件顶部显示用户搜索表单和按钮,在下方分页列表显示系统内的所有会员信息。文件 user.vue 的主要实现代码如下所示。

```html
<!-- 查询和其他操作 -->
<div class="filter-container">
  <el-input v-model="listQuery.username" clearable class="filter-item" style=
      "width: 200px;" placeholder="请输入用户名"/>
  <el-input v-model="listQuery.mobile" clearable class="filter-item" style=
      "width: 200px;" placeholder="请输入手机号"/>
  <el-button class="filter-item" type="primary" icon="el-icon-search"
      @click="handleFilter">查找</el-button>
  <el-button :loading="downloadLoading" class="filter-item" type="primary"
      icon="el-icon-download" @click="handleDownload">导出</el-button>
</div>
<!-- 查询结果 -->
<el-table v-loading="listLoading" :data="list" size="small" element-loading-text=
    "正在查询中…" border fit highlight-current-row>
  <el-table-column align="center" width="100px" label="用户 ID" prop="id" sortable/>
  <el-table-column align="center" label="用户名" prop="username"/>
  <el-table-column align="center" label="手机号码" prop="mobile"/>
  <el-table-column align="center" label="性别" prop="gender">
    <template slot-scope="scope">
      <el-tag >{{ genderDic[scope.row.gender] }}</el-tag>
    </template>
  </el-table-column>
  <el-table-column align="center" label="生日" prop="birthday"/>
  <el-table-column align="center" label="用户等级" prop="userLevel">
    <template slot-scope="scope">
      <el-tag >{{ levelDic[scope.row.userLevel] }}</el-tag>
    </template>
  </el-table-column>
  <el-table-column align="center" label="状态" prop="status">
    <template slot-scope="scope">
      <el-tag>{{ statusDic[scope.row.status] }}</el-tag>
    </template>
  </el-table-column>
</el-table>
```

(2) 在后台用户管理模块中，后端会员管理功能通过视图文件 litemall-admin-api\src\main\java\org\linlinjava\litemall\admin\web\AdminUserController.java 实现。首先获取系统数据库中的会员信息，并且将获取的信息列表显示在页面中；然后通过 total 计算数据库中会员的数量，并且根据这个数量进行分页显示。文件 AdminUserController.java 的主要实现代码如下所示。

```java
public class AdminUserController {
    private final Log logger = LogFactory.getLog(AdminUserController.class);
    @Autowired
    private LitemallUserService userService;
    @RequiresPermissions("admin:user:list")
    @RequiresPermissionsDesc(menu={"用户管理" , "会员管理"}, button="查询")
    @GetMapping("/list")
    public Object list(String username, String mobile,
        @RequestParam(defaultValue = "1") Integer page,
        @RequestParam(defaultValue = "10") Integer limit,
        @Sort @RequestParam(defaultValue = "add_time") String sort,
        @Order @RequestParam(defaultValue = "desc") String order) {
        List<LitemallUser> userList = userService.querySelective(username, mobile,
            page, limit, sort, order);
        long total = PageInfo.of(userList).getTotal();
        Map<String, Object> data = new HashMap<>();
        data.put("total", total);
        data.put("items", userList);
        return ResponseUtil.ok(data);
    }
}
```

2.4.3 订单管理

"订单管理"是后台商场管理的一个子选项，下面将详细讲解"订单管理"功能的实现过程。

(1) 在后台订单管理模块中，前端订单管理页面功能通过文件 litemall\litemall-admin\src\views\mall\order.vue 实现，在此文件顶部显示订单搜索表单和按钮，在下方分页列表显示系统内的所有订单信息和订单详情按钮。文件 order.vue 的主要实现代码如下所示。

```
<el-table-column align="center" min-width="100" label="订单编号" prop="orderSn"/>
<el-table-column align="center" label="用户 ID" prop="userId"/>
<el-table-column align="center" label="订单状态" prop="orderStatus">
    <template slot-scope="scope">
        <el-tag>{{ scope.row.orderStatus | orderStatusFilter }}</el-tag>
    </template>
</el-table-column>
```

```html
<el-table-column align="center" label="订单金额" prop="orderPrice"/>
<el-table-column align="center" label="支付金额" prop="actualPrice"/>
<el-table-column align="center" label="支付时间" prop="payTime"/>
<el-table-column align="center" label="物流单号" prop="shipSn"/>
<el-table-column align="center" label="物流渠道" prop="shipChannel"/>
<el-table-column align="center" label="操作" width="200" class-name="small-padding
            fixed-width">
<template slot-scope="scope">
    <el-button v-permission="['GET /admin/order/detail']" type="primary" size="mini"
        @click="handleDetail(scope.row)">详情 </el-button>
    <el-button v-permission="['POST /admin/order/ship']" v-if="scope.row.orderStatus==201"
        type="primary" size="mini" @click="handleShip(scope.row)">发货</el-button>
    <el-button v-permission="['POST /admin/order/refund']" v-if="scope.row. orderStatus==
        202" type="primary" size="mini" @click="handleRefund(scope.row)">
        退款</el-button>
   </template>
</el-table-column>
</el-table>
<pagination v-show="total>0" :total="total" :page.sync="listQuery.page" :
        limit.sync="listQuery.limit" @pagination="getList" />

<!-- 订单详情对话框 -->
<el-dialog :visible.sync="orderDialogVisible" title="订单详情" width="800">
    <el-form :data="orderDetail" label-position="left">
      <el-form-item label="订单编号">
        <span>{{ orderDetail.order.orderSn }}</span>
      </el-form-item>
      <el-form-item label="订单状态">
         <template slot-scope="scope">
          <el-tag>{{ scope.order.orderStatus | orderStatusFilter }}</el-tag>
         </template>
      </el-form-item>
      <el-form-item label="订单用户">
        <span>{{ orderDetail.user.nickname }}</span>
      </el-form-item>
      <el-form-item label="用户留言">
        <span>{{ orderDetail.order.message }}</span>
      </el-form-item>
      <el-form-item label="收货信息">
        <span>(收货人){{ orderDetail.order.consignee }}</span>
        <span>(手机号){{ orderDetail.order.mobile }}</span>
        <span>(地址){{ orderDetail.order.address }}</span>
      </el-form-item>
      <el-form-item label="商品信息">
        <el-table :data="orderDetail.orderGoods" size="small" border fit
            highlight-current-row>
          <el-table-column align="center" label="商品名称" prop="goodsName" />
```

```html
        <el-table-column align="center" label="商品编号" prop="goodsSn" />
        <el-table-column align="center" label="货品规格" prop="specifications" />
        <el-table-column align="center" label="货品价格" prop="price" />
        <el-table-column align="center" label="货品数量" prop="number" />
        <el-table-column align="center" label="货品图片" prop="picUrl">
          <template slot-scope="scope">
            <img :src="scope.row.picUrl" width="40">
          </template>
        </el-table-column>
      </el-table>
    </el-form-item>
    <el-form-item label="费用信息">
      <span>
        (实际费用){{ orderDetail.order.actualPrice }}元 =
        (商品总价){{ orderDetail.order.goodsPrice }}元 +
        (快递费用){{ orderDetail.order.freightPrice }}元 -
        (优惠减免){{ orderDetail.order.couponPrice }}元 -
        (积分减免){{ orderDetail.order.integralPrice }}元
      </span>
    </el-form-item>
    <el-form-item label="支付信息">
      <span>(支付渠道) 微信支付</span>
      <span>(支付时间){{ orderDetail.order.payTime }}</span>
    </el-form-item>
    <el-form-item label="快递信息">
      <span>(快递公司){{ orderDetail.order.shipChannel }}</span>
      <span>(快递单号){{ orderDetail.order.shipSn }}</span>
      <span>(发货时间){{ orderDetail.order.shipTime }}</span>
    </el-form-item>
    <el-form-item label="收货信息">
      <span>(确认收货时间){{ orderDetail.order.confirmTime }}</span>
    </el-form-item>
  </el-form>
</el-dialog>

<!-- 发货对话框 -->
<el-dialog :visible.sync="shipDialogVisible" title="发货">
  <el-form ref="shipForm" :model="shipForm" status-icon label-position="left"
    label-width="100px" style="width: 400px;margin-left:50px;">
    <el-form-item label="快递公司" prop="shipChannel">
      <el-input v-model="shipForm.shipChannel"/>
    </el-form-item>
    <el-form-item label="快递编号" prop="shipSn">
      <el-input v-model="shipForm.shipSn"/>
    </el-form-item>
  </el-form>
  <div slot="footer" class="dialog-footer">
```

```
            <el-button @click="shipDialogVisible = false">取消</el-button>
            <el-button type="primary" @click="confirmShip">确定</el-button>
        </div>
    </el-dialog>

    <!-- 退款对话框 -->
    <el-dialog :visible.sync="refundDialogVisible" title="退款">
        <el-form ref="refundForm" :model="refundForm" status-icon label-position="left"
            label-width="100px" style="width: 400px; margin-left:50px;">
            <el-form-item label="退款金额" prop="refundMoney">
                <el-input v-model="refundForm.refundMoney" :disabled="true"/>
            </el-form-item>
        </el-form>`
        <div slot="footer" class="dialog-footer">
            <el-button @click="refundDialogVisible = false">取消</el-button>
            <el-button type="primary" @click="confirmRefund">确定</el-button>
        </div>
    </el-dialog>
  </div>
</template>
```

(2) 在后台订单管理模块中，后端订单管理功能通过视图文件 litemall-admin-api\src\main\java\org\linlinjava\litemall\admin\web\AdminOrderController.java 实现。首先获取系统数据库中的订单信息，并且将获取的订单信息列表显示在页面中；然后实现对某条订单进行操作处理的功能，例如订单详情、订单退款、发货、订单操作结果和回复订单商品。文件 AdminOrderController.java 的主要实现代码如下所示。

```
public class AdminOrderController {
    private final Log logger = LogFactory.getLog(AdminOrderController.class);
    @Autowired
    private AdminOrderService adminOrderService;
    /**
     * 查询订单
     */
    @RequiresPermissions("admin:order:list")
    @RequiresPermissionsDesc(menu = {"商场管理", "订单管理"}, button = "查询")
    @GetMapping("/list")
    public Object list(Integer userId, String orderSn,
                       @RequestParam(required = false) List<Short> orderStatusArray,
                       @RequestParam(defaultValue = "1") Integer page,
                       @RequestParam(defaultValue = "10") Integer limit,
                       @Sort @RequestParam(defaultValue = "add_time") String sort,
                       @Order @RequestParam(defaultValue = "desc") String order) {
        return adminOrderService.list(userId, orderSn, orderStatusArray,
            page, limit, sort, order);
    }
```

```java
/**
 * 订单详情
 */
@RequiresPermissions("admin:order:read")
@RequiresPermissionsDesc(menu = {"商场管理", "订单管理"}, button = "详情")
@GetMapping("/detail")
public Object detail(@NotNull Integer id) {
    return adminOrderService.detail(id);
}
/**
 * 订单退款
 * @param body 订单信息,{ orderId: xxx }
 * @return 订单退款操作结果
 */
@RequiresPermissions("admin:order:refund")
@RequiresPermissionsDesc(menu = {"商场管理", "订单管理"}, button = "订单退款")
@PostMapping("/refund")
public Object refund(@RequestBody String body) {
    return adminOrderService.refund(body);
}
/**
 * 发货
 *
 * @param body 订单信息,{ orderId: xxx, shipSn: xxx, shipChannel: xxx }
 * @return 订单操作结果
 */
@RequiresPermissions("admin:order:ship")
@RequiresPermissionsDesc(menu = {"商场管理", "订单管理"}, button = "订单发货")
@PostMapping("/ship")
public Object ship(@RequestBody String body) {
    return adminOrderService.ship(body);
}


/**
 * 回复订单商品
 *
 * @param body 订单信息,{ orderId: xxx }
 * @return 订单操作结果
 */
@RequiresPermissions("admin:order:reply")
@RequiresPermissionsDesc(menu = {"商场管理", "订单管理"}, button = "订单商品回复")
@PostMapping("/reply")
public Object reply(@RequestBody String body) {
    return adminOrderService.reply(body);
}
}
```

2.4.4 商品管理

后台商品管理模块包含商品列表、商品上架和商品评论 3 个子选项。下面将详细讲解商品管理模块功能的实现过程。

(1) 在后台商品管理模块中，前端商品列表页面功能通过文件 litemall\litemall-admin\src\views\goods\list.vue 实现，在此文件顶部显示商品搜索表单和按钮，在下方分页列表显示系统内的所有商品信息和对应的操作按钮。文件 list.vue 的主要实现代码如下所示。

```html
<el-table-column type="expand">
  <template slot-scope="props">
    <el-form label-position="left" class="table-expand">
      <el-form-item label="宣传画廊">
        <img v-for="pic in props.row.gallery" :key="pic" :src="pic" class="gallery">
      </el-form-item>
      <el-form-item label="商品介绍">
        <span>{{ props.row.brief }}</span>
      </el-form-item>
      <el-form-item label="商品单位">
        <span>{{ props.row.unit }}</span>
      </el-form-item>
      <el-form-item label="关键字">
        <span>{{ props.row.keywords }}</span>
      </el-form-item>
      <el-form-item label="类目 ID">
        <span>{{ props.row.categoryId }}</span>
      </el-form-item>
      <el-form-item label="品牌商 ID">
        <span>{{ props.row.brandId }}</span>
      </el-form-item>
    </el-form>
  </template>
</el-table-column>
<el-table-column align="center" label="商品编号" prop="goodsSn"/>
<el-table-column align="center" min-width="100" label="名称" prop="name"/>
<el-table-column align="center" property="iconUrl" label="图片">
  <template slot-scope="scope">
    <img :src="scope.row.picUrl" width="40">
  </template>
</el-table-column>
<el-table-column align="center" property="iconUrl" label="分享图">
  <template slot-scope="scope">
    <img :src="scope.row.shareUrl" width="40">
  </template>
</el-table-column>
```

```html
<el-table-column align="center" label="详情" prop="detail">
  <template slot-scope="scope">
    <el-dialog :visible.sync="detailDialogVisible" title="商品详情">
     <div v-html="goodsDetail"/>
    </el-dialog>
    <el-button type="primary" size="mini" @click="showDetail(scope.row.detail)">
        查看</el-button>
  </template>
</el-table-column>
<el-table-column align="center" label="专柜价格" prop="counterPrice"/>
<el-table-column align="center" label="当前价格" prop="retailPrice"/>
<el-table-column align="center" label="是否新品" prop="isNew">
  <template slot-scope="scope">
    <el-tag :type="scope.row.isNew ? 'success' : 'error' ">{{ scope.row.isNew ? '
        新品' : '非新品' }}</el-tag>
  </template>
</el-table-column>

<el-table-column align="center" label="是否热品" prop="isHot">
  <template slot-scope="scope">
    <el-tag :type="scope.row.isHot ? 'success' : 'error' ">{{ scope.row.isHot ?
        '热品' : '非热品' }}</el-tag>
  </template>
</el-table-column>
<el-table-column align="center" label="是否在售" prop="isOnSale">
  <template slot-scope="scope">
    <el-tag :type="scope.row.isOnSale ? 'success' : 'error' ">{{ scope.row.isOnSale ?
        '在售' : '未售' }}</el-tag>
  </template>
</el-table-column>

<el-table-column align="center" label="操作" width="200" class-name="small-padding
    fixed-width">
  <template slot-scope="scope">
    <el-button type="primary" size="mini" @click="handleUpdate(scope.row)">编辑
        </el-button>
    <el-button type="danger" size="mini" @click="handleDelete(scope.row)">删除
        </el-button>
  </template>
 </el-table-column>
</el-table>
<pagination v-show="total>0" :total="total" :page.sync="listQuery.page" :
    limit.sync="listQuery.limit" @pagination="getList" />
<el-tooltip placement="top" content="返回顶部">
  <back-to-top :visibility-height="100" />
</el-tooltip>
```

```
      </div>
</template>
```

(2) 在后台商品管理模块中，前端商品上架页面功能通过文件 litemall\litemall-admin\src\views\goods\create.vue 实现，在此页面将显示添加新商品表单信息。

(3) 在后台商品管理模块中，前端商品评论页面功能通过文件 litemall\litemall-admin\src\views\goods\comment.vue 实现，在此页面中将显示用户对系统内商品的所有评价信息。

(4) 在后台商品管理模块中，当单击商品列表中某个商品后面的"编辑"按钮时，会弹出一个修改商品页面，这个页面功能通过文件 litemall\litemall-admin\src\views\goods\edit.vue 实现，主要实现代码如下所示。

```
<template>
  <div class="app-container">
    <el-card class="box-card">
      <h3>商品介绍</h3>
      <el-form ref="goods" :rules="rules" :model="goods" label-width="150px">
        <el-form-item label="商品编号" prop="goodsSn">
          <el-input v-model="goods.goodsSn"/>
        </el-form-item>
        <el-form-item label="商品名称" prop="name">
          <el-input v-model="goods.name"/>
        </el-form-item>
        <el-form-item label="专柜价格" prop="counterPrice">
         <el-input v-model="goods.counterPrice" placeholder="0.00">
           <template slot="append">元</template>
         </el-input>
        </el-form-item>
        <el-form-item label="当前价格" prop="retailPrice">
          <el-input v-model="goods.retailPrice" placeholder="0.00">
           <template slot="append">元</template>
          </el-input>
        </el-form-item>
        <el-form-item label="是否新品" prop="isNew">
         <el-radio-group v-model="goods.isNew">
          <el-radio :label="true">新品</el-radio>
          <el-radio :label="false">非新品</el-radio>
         </el-radio-group>
        </el-form-item>
        <el-form-item label="是否热卖" prop="isHot">
         <el-radio-group v-model="goods.isHot">
           <el-radio :label="false">普通</el-radio>
           <el-radio :label="true">热卖</el-radio>
          </el-radio-group>
        </el-form-item>
        <el-form-item label="是否在售" prop="isOnSale">
```

```html
        <el-radio-group v-model="goods.isOnSale">
          <el-radio :label="true">在售</el-radio>
          <el-radio :label="false">未售</el-radio>
        </el-radio-group>
      </el-form-item>

      <el-form-item label="商品图片">
        <el-upload
          :headers="headers"
          :action="uploadPath"
          :show-file-list="false"
          :on-success="uploadPicUrl"
          class="avatar-uploader"
          accept=".jpg,.jpeg,.png,.gif">
          <img v-if="goods.picUrl" :src="goods.picUrl" class="avatar">
          <i v-else class="el-icon-plus avatar-uploader-icon"/>
        </el-upload>
      </el-form-item>

      <el-form-item label="宣传画廊">
        <el-upload
          :action="uploadPath"
          :headers="headers"
          :limit="5"
          :file-list="galleryFileList"
          :on-exceed="uploadOverrun"
          :on-success="handleGalleryUrl"
          :on-remove="handleRemove"
          multiple
          accept=".jpg,.jpeg,.png,.gif"
          list-type="picture-card">
          <i class="el-icon-plus"/>
        </el-upload>
      </el-form-item>
```

(5) 在后台商品管理模块中，后端商品列表功能通过视图文件 litemall-admin-api\src\main\java\org\linlinjava\litemall\admin\web\AdminGoodsController.java 实现。首先获取系统数据库中的商品信息，然后分别实现商品列表显示、添加新商品、修改商品和删除商品功能。文件 AdminGoodsController.java 的主要实现代码如下所示。

```java
@RequestMapping("/admin/goods")
@Validated
public class AdminGoodsController {
    private final Log logger = LogFactory.getLog(AdminGoodsController.class);
    @Autowired
    private AdminGoodsService adminGoodsService;
```

```java
/**
 * 查询商品
 */
@RequiresPermissions("admin:goods:list")
@RequiresPermissionsDesc(menu = {"商品管理", "商品管理"}, button = "查询")
@GetMapping("/list")
public Object list(String goodsSn, String name,
                   @RequestParam(defaultValue = "1") Integer page,
                   @RequestParam(defaultValue = "10") Integer limit,
                   @Sort @RequestParam(defaultValue = "add_time") String sort,
                   @Order @RequestParam(defaultValue = "desc") String order) {
    return adminGoodsService.list(goodsSn, name, page, limit, sort, order);
}
@GetMapping("/catAndBrand")
public Object list2() {
    return adminGoodsService.list2();
}
/**
 * 编辑商品
 */
@RequiresPermissions("admin:goods:update")
@RequiresPermissionsDesc(menu = {"商品管理", "商品管理"}, button = "编辑")
@PostMapping("/update")
public Object update(@RequestBody GoodsAllinone goodsAllinone) {
    return adminGoodsService.update(goodsAllinone);
}
/**
 * 删除商品
 */
@RequiresPermissions("admin:goods:delete")
@RequiresPermissionsDesc(menu = {"商品管理", "商品管理"}, button = "删除")
@PostMapping("/delete")
public Object delete(@RequestBody LitemallGoods goods) {
    return adminGoodsService.delete(goods);
}
/**
 * 添加商品
 */
@RequiresPermissions("admin:goods:create")
@RequiresPermissionsDesc(menu = {"商品管理", "商品管理"}, button = "上架")
@PostMapping("/create")
public Object create(@RequestBody GoodsAllinone goodsAllinone) {
    return adminGoodsService.create(goodsAllinone);
}

/**
 * 商品详情
```

```
    */
    @RequiresPermissions("admin:goods:read")
    @RequiresPermissionsDesc(menu = {"商品管理", "商品管理"}, button = "详情")
    @GetMapping("/detail")
    public Object detail(@NotNull Integer id) {
        return adminGoodsService.detail(id);
    }
}
```

2.5 小商城系统模块

本项目的小商城系统模块由前端和后端两部分实现,其中前端实现模块是 litemall-wx,基于微信小程序技术实现;后端实现模块是 litemall-wx-api,基于 Spring Boot 技术实现。本节将详细讲解小商城系统中主要功能的实现过程。

扫码看视频

2.5.1 系统主页

小商城系统模块的系统主页前端通过文件 litemall\litemall-wx\pages\index\index.wxml,实现展示微信商城的主页信息的功能,主要实现代码如下所示。

```
<view class="container">
<swiper class="goodsimgs" indicator-dots="true" autoplay="true" interval="3000"
        duration="1000">
  <swiper-item wx:for="{{goods.gallery}}" wx:key="*this">
    <image src="{{item}}" background-size="cover"></image>
  </swiper-item>
</swiper>
<!-- 分享 -->
<view class='goods_name'>
  <view class='goods_name_left'>{{goods.name}}</view>
  <view class="goods_name_right" bindtap="shareFriendOrCircle">分享</view>
</view>
<view class="share-pop-box" hidden="{{!openShare}}">
  <view class="share-pop">
    <view class="close" bindtap="closeShare">
      <image class="icon" src="/static/images/icon_close.png"></image>
    </view>
    <view class='share-info'>
      <button class="sharebtn" open-type="share" wx:if="{{!isGroupon}}">
        <image class='sharebtn_image' src='/static/images/wechat.png'></image>
        <view class='sharebtn_text'>分享给好友</view>
      </button>
```

```
          <button class="savesharebtn" open-type="openSetting" bindopensetting=
            "handleSetting" wx:if="{{(!isGroupon) && (!canWrite)}}" >
            <image class='sharebtn_image' src='/static/images/friend.png'></image>
            <view class='sharebtn_text'>发朋友圈</view>
          </button>
          <button class="savesharebtn" bindtap="saveShare" wx:if="{{!isGroupon &&
                    canWrite}}">
            <image class='sharebtn_image' src='/static/images/friend.png'></image>
            <view class='sharebtn_text'>发朋友圈</view>
          </button>
        </view>
      </view>
    </view>

    <view class="goods-info">
      <view class="c">
      <text class="desc">{{goods.goodsBrief}}</text>
      <view class="price">
        <view class="counterPrice">原价:￥{{goods.counterPrice}}</view>
        <view class="retailPrice">现价:￥{{checkedSpecPrice}}</view>
      </view>

      <view class="brand" wx:if="{{brand.name}}">
        <navigator url="../brandDetail/brandDetail?id={{brand.id}}">
          <text>{{brand.name}}</text>
        </navigator>
      </view>
     </view>
    </view>
    <view class="section-nav section-attr" bindtap="switchAttrPop">
      <view class="t">{{checkedSpecText}}</view>
      <image class="i" src="/static/images/address_right.png"
                background-size="cover"></image>
    </view>
    <view class="comments" wx:if="{{comment.count > 0}}">
      <view class="h">
        <navigator url="/pages/comment/comment?valueId={{goods.id}}&type=0">
          <text class="t">评价({{comment.count > 999 ? '999+' :
                    comment.count}})</text>
          <text class="i">查看全部</text>
        </navigator>
      </view>
      <view class="b">
        <view class="item" wx:for="{{comment.data}}" wx:key="id">
          <view class="info">
            <view class="user">
              <image src="{{item.avatar}}"></image>
```

```
            <text>{{item.nickname}}</text>
          </view>
          <view class="time">{{item.addTime}}</view>
        </view>
        <view class="content">
          {{item.content}}
        </view>
        <view class="imgs" wx:if="{{item.picList.length > 0}}">
          <image class="img" wx:for="{{item.picList}}" wx:key="*this"
            wx:for-item="iitem" src="{{iitem}} "></image>
        </view>
      </view>
    </view>
```

2.5.2 会员注册登录

（1）小商城系统模块的会员注册前端通过文件 litemall\litemall-wx\pages\auth\register.wxml，实现新用户的注册功能，注册成功后将注册信息添加到系统中，主要实现代码如下所示。

```
<view class="container">
 <view class="form-box">
  <view class="form-item">
   <input class="username" value="{{username}}" bindinput="bindUsernameInput"
          placeholder="用户名" auto-focus/>
   <image wx:if="{{ username.length > 0 }}" id="clear-username" class="clear"
       src="/static/images/clear_input.png" catchtap="clearInput"></image>
  </view>
  <view class="form-item">
   <input class="password" value="{{password}}" password bindinput=
       "bindPasswordInput" placeholder="密码" />
   <image class="clear" id="clear-password" wx:if="{{ password.length > 0 }}"
       src="/static/images/clear_input.png" catchtap="clearInput"></image>
  </view>

  <view class="form-item">
   <input class="password" value="{{confirmPassword}}" password
          bindinput="bindConfirmPasswordInput" placeholder="确认密码" />
   <image class="clear" id="clear-confirm-password" wx:if=
     "{{ confirmPassword.length > 0 }}" src="/static/images/clear_input.png"
     catchtap="clearInput"></image>
  </view>

  <view class="form-item">
   <input class="mobile" value="{{mobile}}" bindinput="bindMobileInput"
          placeholder="手机号" />
```

```
    <image wx:if="{{ mobile.length > 0 }}" id="clear-mobile" class="clear"
        src="/static/images/clear_input.png" catchtap="clearInput"></image>
  </view>

  <view class="form-item-code">
    <view class="form-item code-item">
      <input class="code" value="{{code}}" bindinput="bindCodeInput" placeholder=
          "验证码" />
      <image class="clear" id="clear-code" wx:if="{{ code.length > 0 }}"
          src="/static/images/clear_input.png" catchtap="clearInput"></image>
    </view>
    <view class="code-btn" bindtap="sendCode">获取验证码</view>
  </view>

  <button type="primary" class="register-btn" bindtap="startRegister">注册</button>

 </view>
</view>
```

(2) 小商城系统模块的会员登录前端通过文件 litemall\litemall-wx\pages\auth\login.wxml 实现会员用户的登录验证功能，主要实现代码如下所示。

```
<view class="container">
  <view class="login-box">
    <button type="primary" open-type="getUserInfo" class="wx-login-btn"
bindgetuserinfo="wxLogin">微信直接登录</button>
    <button type="primary" class="account-login-btn" bindtap="accountLogin">账号
登录</button>
  </view>
</view>
```

(3) 小商城系统模块的会员注册和登录验证的后端功能通过文件 litemall\litemall-wx-api\src\main\java\org\linlinjava\litemall\wx\web\WxAuthController.java 实现，具体实现流程如下。

- 实现注册功能：获取注册信息，并将合法的注册信息保存到系统，主要实现代码如下所示。

```
@PostMapping("register")
public Object register(@RequestBody String body, HttpServletRequest request) {
    String username = JacksonUtil.parseString(body, "username");
    String password = JacksonUtil.parseString(body, "password");
    String mobile = JacksonUtil.parseString(body, "mobile");
    String code = JacksonUtil.parseString(body, "code");
    String wxCode = JacksonUtil.parseString(body, "wxCode");

    if (StringUtils.isEmpty(username) || StringUtils.isEmpty(password) ||
        StringUtils.isEmpty(mobile) || StringUtils.isEmpty(wxCode) ||
        StringUtils.isEmpty(code)) {
```

```java
            return ResponseUtil.badArgument();
        }

        List<LitemallUser> userList = userService.queryByUsername(username);
        if (userList.size() > 0) {
            return ResponseUtil.fail(AUTH_NAME_REGISTERED, "用户名已注册");
        }

        userList = userService.queryByMobile(mobile);
        if (userList.size() > 0) {
            return ResponseUtil.fail(AUTH_MOBILE_REGISTERED, "手机号已注册");
        }
        if (!RegexUtil.isMobileExact(mobile)) {
            return ResponseUtil.fail(AUTH_INVALID_MOBILE, "手机号格式不正确");
        }
        //判断验证码是否正确
        String cacheCode = CaptchaCodeManager.getCachedCaptcha(mobile);
        if (cacheCode == null || cacheCode.isEmpty() || !cacheCode.equals(code)) {
            return ResponseUtil.fail(AUTH_CAPTCHA_UNMATCH, "验证码错误");
        }

        String openId = null;
        try {
            WxMaJscode2SessionResult result =
                    this.wxService.getUserService().getSessionInfo(wxCode);
            openId = result.getOpenid();
        } catch (Exception e) {
            e.printStackTrace();
            return ResponseUtil.fail(AUTH_OPENID_UNACCESS, "openid 获取失败");
        }
        userList = userService.queryByOpenid(openId);
        if (userList.size() > 1) {
            return ResponseUtil.serious();
        }
        if (userList.size() == 1) {
            LitemallUser checkUser = userList.get(0);
            String checkUsername = checkUser.getUsername();
            String checkPassword = checkUser.getPassword();
            if (!checkUsername.equals(openId) || !checkPassword.equals(openId)) {
                return ResponseUtil.fail(AUTH_OPENID_BINDED, "openid已绑定账号");
            }
        }

        LitemallUser user = null;
        BCryptPasswordEncoder encoder = new BCryptPasswordEncoder();
        String encodedPassword = encoder.encode(password);
        user = new LitemallUser();
```

```java
        user.setUsername(username);
        user.setPassword(encodedPassword);
        user.setMobile(mobile);
        user.setWeixinOpenid(openId);
        user.setAvatar("https://yanxuan.nosdn.127.net/
80841d741d7fa3073e0ae27bf487339f.jpg?imageView&quality=90&thumbnail=64x64");
        user.setNickname(username);
        user.setGender((byte) 0);
        user.setUserLevel((byte) 0);
        user.setStatus((byte) 0);
        user.setLastLoginTime(LocalDateTime.now());
        user.setLastLoginIp(IpUtil.client(request));
        userService.add(user);

        // 给新用户发送注册优惠券
        couponAssignService.assignForRegister(user.getId());

        // userInfo
        UserInfo userInfo = new UserInfo();
        userInfo.setNickName(username);
        userInfo.setAvatarUrl(user.getAvatar());

        // token
        UserToken userToken = UserTokenManager.generateToken(user.getId());

        Map<Object, Object> result = new HashMap<Object, Object>();
        result.put("token", userToken.getToken());
        result.put("tokenExpire", userToken.getExpireTime().toString());
        result.put("userInfo", userInfo);
        return ResponseUtil.ok(result);
    }
```

- 实现登录验证功能：获取登录表单中的信息，验证登录信息的合法性。本系统支持微信登录和手机发送验证码登录，主要实现代码如下所示。

```java
/**
 * 鉴权服务
 */
@RestController
@RequestMapping("/wx/auth")
@Validated
public class WxAuthController {
    private final Log logger = LogFactory.getLog(WxAuthController.class);

    @Autowired
    private LitemallUserService userService;
```

```java
@Autowired
private WxMaService wxService;

@Autowired
private NotifyService notifyService;

@Autowired
private CouponAssignService couponAssignService;

/**
 * 账号登录
 *
 * @param body    请求内容,{ username: xxx, password: xxx }
 * @param request 请求对象
 * @return 登录结果
 */
@PostMapping("login")
public Object login(@RequestBody String body, HttpServletRequest request) {
    String username = JacksonUtil.parseString(body, "username");
    String password = JacksonUtil.parseString(body, "password");
    if (username == null || password == null) {
        return ResponseUtil.badArgument();
    }

    List<LitemallUser> userList = userService.queryByUsername(username);
    LitemallUser user = null;
    if (userList.size() > 1) {
        return ResponseUtil.serious();
    } else if (userList.size() == 0) {
        return ResponseUtil.badArgumentValue();
    } else {
        user = userList.get(0);
    }

    BCryptPasswordEncoder encoder = new BCryptPasswordEncoder();
    if (!encoder.matches(password, user.getPassword())) {
        return ResponseUtil.fail(AUTH_INVALID_ACCOUNT, "账号密码不对");
    }

    // userInfo
    UserInfo userInfo = new UserInfo();
    userInfo.setNickName(username);
    userInfo.setAvatarUrl(user.getAvatar());

    // token
    UserToken userToken = UserTokenManager.generateToken(user.getId());
```

```java
        Map<Object, Object> result = new HashMap<Object, Object>();
        result.put("token", userToken.getToken());
        result.put("tokenExpire", userToken.getExpireTime().toString());
        result.put("userInfo", userInfo);
        return ResponseUtil.ok(result);
}

/**
 * 微信登录
 *
 * @param wxLoginInfo 请求内容, { code: xxx, userInfo: xxx }
 * @param request     请求对象
 * @return 登录结果
 */
@PostMapping("login_by_weixin")
public Object loginByWeixin(@RequestBody WxLoginInfo wxLoginInfo,
        HttpServletRequest request) {
    String code = wxLoginInfo.getCode();
    UserInfo userInfo = wxLoginInfo.getUserInfo();
    if (code == null || userInfo == null) {
        return ResponseUtil.badArgument();
    }

    String sessionKey = null;
    String openId = null;
    try {
        WxMaJscode2SessionResult result =
                this.wxService.getUserService().getSessionInfo(code);
        sessionKey = result.getSessionKey();
        openId = result.getOpenid();
    } catch (Exception e) {
        e.printStackTrace();
    }

    if (sessionKey == null || openId == null) {
        return ResponseUtil.fail();
    }

    LitemallUser user = userService.queryByOid(openId);
    if (user == null) {
        user = new LitemallUser();
        user.setUsername(openId);
        user.setPassword(openId);
        user.setWeixinOpenid(openId);
        user.setAvatar(userInfo.getAvatarUrl());
        user.setNickname(userInfo.getNickName());
        user.setGender(userInfo.getGender());
```

```java
            user.setUserLevel((byte) 0);
            user.setStatus((byte) 0);
            user.setLastLoginTime(LocalDateTime.now());
            user.setLastLoginIp(IpUtil.client(request));

            userService.add(user);

            // 新用户发送注册优惠券
            couponAssignService.assignForRegister(user.getId());
        } else {
            user.setLastLoginTime(LocalDateTime.now());
            user.setLastLoginIp(IpUtil.client(request));
            if (userService.updateById(user) == 0) {
                return ResponseUtil.updatedDataFailed();
            }
        }

        // token
        UserToken userToken = UserTokenManager.generateToken(user.getId());
        userToken.setSessionKey(sessionKey);

        Map<Object, Object> result = new HashMap<Object, Object>();
        result.put("token", userToken.getToken());
        result.put("tokenExpire", userToken.getExpireTime().toString());
        result.put("userInfo", userInfo);
        return ResponseUtil.ok(result);
}
/**
 * 请求验证码
 *
 * @param body 手机号码{mobile}
 * @return
 */
@PostMapping("regCaptcha")
public Object registerCaptcha(@RequestBody String body) {
    String phoneNumber = JacksonUtil.parseString(body, "mobile");
    if (StringUtils.isEmpty(phoneNumber)) {
        return ResponseUtil.badArgument();
    }
    if (!RegexUtil.isMobileExact(phoneNumber)) {
        return ResponseUtil.badArgumentValue();
    }

    if (!notifyService.isSmsEnable()) {
        return ResponseUtil.fail(AUTH_CAPTCHA_UNSUPPORT, "小程序后台验证码服务不支持");
    }
    String code = CharUtil.getRandomNum(6);
```

```java
    notifyService.notifySmsTemplate(phoneNumber, NotifyType.CAPTCHA,
        new String[]{code});

    boolean successful = CaptchaCodeManager.addToCache(phoneNumber, code);
    if (!successful) {
        return ResponseUtil.fail(AUTH_CAPTCHA_FREQUENCY, "验证码未超时1分钟,不能发送");
    }

    return ResponseUtil.ok();
}
```

- 实现密码重置功能:在重置密码时需要用到手机验证码,主要实现代码如下所示。

```java
@PostMapping("reset")
public Object reset(@RequestBody String body, HttpServletRequest request) {
    String password = JacksonUtil.parseString(body, "password");
    String mobile = JacksonUtil.parseString(body, "mobile");
    String code = JacksonUtil.parseString(body, "code");

    if (mobile == null || code == null || password == null) {
        return ResponseUtil.badArgument();
    }

    //判断验证码是否正确
    String cacheCode = CaptchaCodeManager.getCachedCaptcha(mobile);
    if (cacheCode == null || cacheCode.isEmpty() || !cacheCode.equals(code))
        return ResponseUtil.fail(AUTH_CAPTCHA_UNMATCH, "验证码错误");

    List<LitemallUser> userList = userService.queryByMobile(mobile);
    LitemallUser user = null;
    if (userList.size() > 1) {
        return ResponseUtil.serious();
    } else if (userList.size() == 0) {
        return ResponseUtil.fail(AUTH_MOBILE_UNREGISTERED, "手机号未注册");
    } else {
        user = userList.get(0);
    }

    BCryptPasswordEncoder encoder = new BCryptPasswordEncoder();
    String encodedPassword = encoder.encode(password);
    user.setPassword(encodedPassword);

    if (userService.updateById(user) == 0) {
        return ResponseUtil.updatedDataFailed();
    }

    return ResponseUtil.ok();
}
```

```
@PostMapping("bindPhone")
public Object bindPhone(@LoginUser Integer userId, @RequestBody String body) {
    String sessionKey = UserTokenManager.getSessionKey(userId);
    String encryptedData = JacksonUtil.parseString(body, "encryptedData");
    String iv = JacksonUtil.parseString(body, "iv");
    WxMaPhoneNumberInfo phoneNumberInfo = this.wxService.getUserService().
          getPhoneNoInfo(sessionKey, encryptedData, iv);
    String phone = phoneNumberInfo.getPhoneNumber();
    LitemallUser user = userService.findById(userId);
    user.setMobile(phone);
    if (userService.updateById(user) == 0) {
        return ResponseUtil.updatedDataFailed();
    }
    return ResponseUtil.ok();
}
```

2.5.3 商品分类

（1）小商城系统模块的商品分类前端通过文件 litemall\litemall-wx\pages\catalog\catalog.wxml 实现，方便用户快速找到自己需要的商品，将系统内的商品进行分类，主要实现代码如下所示。

```
<view class="catalog">
 <scroll-view class="nav" scroll-y="true">
  <view class="item {{ currentCategory.id == item.id ? 'active' : ''}}"
        wx:for="{{categoryList}}" wx:key="id" data-id="{{item.id}}"
        data-index="{{index}}" bindtap="switchCate">{{item.name}}</view>
 </scroll-view>
 <scroll-view class="cate" scroll-y="true">
  <navigator url="url" class="banner">
    <image class="image" src="{{currentCategory.picUrl}}"></image>
    <view class="txt">{{currentCategory.frontName}}</view>
  </navigator>
  <view class="hd">
    <text class="line"></text>
    <text class="txt">{{currentCategory.name}}</text>分类</text>
    <text class="line"></text>
  </view>
  <view class="bd">
    <navigator url="/pages/category/category?id={{item.id}}" class="item
{{(index+1) % 3 == 0 ? 'last' : ''}}" wx:key="id" wx:for="{{currentSubCategoryList}}">
      <image class="icon" src="{{item.picUrl}}"></image>
      <text class="txt">{{item.name}}</text>
    </navigator>
```

```
    </view>
  </scroll-view>
 </view>
</view>
```

(2) 小商城系统模块的商品分类后端通过文件 litemall\litemall-wx-api\src\main\java\org\linlinjava\litemall\wx\web\WxCatalogController.java 实现，主要实现代码如下所示。

```java
public class WxCatalogController {
    private final Log logger = LogFactory.getLog(WxCatalogController.class);

    @Autowired
    private LitemallCategoryService categoryService;

    /**
     * 分类详情
     *
     * @param id   分类类目ID。
     *             如果分类类目ID是空的，则选择第一个分类类目。
     *             需要注意，这里分类类目是一级类目
     * @return 分类详情
     */
    @GetMapping("index")
    public Object index(Integer id) {

        // 所有一级分类目录
        List<LitemallCategory> l1CatList = categoryService.queryL1();

        // 当前一级分类目录
        LitemallCategory currentCategory = null;
        if (id != null) {
            currentCategory = categoryService.findById(id);
        } else {
            currentCategory = l1CatList.get(0);
        }

        // 当前一级分类目录对应的二级分类目录
        List<LitemallCategory> currentSubCategory = null;
        if (null != currentCategory) {
            currentSubCategory = categoryService.queryByPid(currentCategory.getId());
        }

        Map<String, Object> data = new HashMap<String, Object>();
        data.put("categoryList", l1CatList);
        data.put("currentCategory", currentCategory);
        data.put("currentSubCategory", currentSubCategory);
        return ResponseUtil.ok(data);
```

```java
}

/**
 * 所有分类数据
 *
 * @return 所有分类数据
 */
@GetMapping("all")
public Object queryAll() {
    //优先从缓存中读取
    if (HomeCacheManager.hasData(HomeCacheManager.CATALOG)) {
        return ResponseUtil.ok(HomeCacheManager.getCacheData
                (HomeCacheManager.CATALOG));
    }


    // 所有一级分类目录
    List<LitemallCategory> l1CatList = categoryService.queryL1();

    //所有子分类列表
    Map<Integer, List<LitemallCategory>> allList = new HashMap<>();
    List<LitemallCategory> sub;
    for (LitemallCategory category : l1CatList) {
        sub = categoryService.queryByPid(category.getId());
        allList.put(category.getId(), sub);
    }

    // 当前一级分类目录
    LitemallCategory currentCategory = l1CatList.get(0);

    // 当前一级分类目录对应的二级分类目录
    List<LitemallCategory> currentSubCategory = null;
    if (null != currentCategory) {
        currentSubCategory = categoryService.queryByPid(currentCategory.getId());
    }

    Map<String, Object> data = new HashMap<String, Object>();
    data.put("categoryList", l1CatList);
    data.put("allList", allList);
    data.put("currentCategory", currentCategory);
    data.put("currentSubCategory", currentSubCategory);

    //缓存数据
    HomeCacheManager.loadData(HomeCacheManager.CATALOG, data);
    return ResponseUtil.ok(data);
}
```

```
/**
 * 当前分类栏目
 *
 * @param id 分类类目 ID
 * @return 当前分类栏目
 */
@GetMapping("current")
public Object current(@NotNull Integer id) {
    // 当前分类
    LitemallCategory currentCategory = categoryService.findById(id);
    List<LitemallCategory> currentSubCategory =
categoryService.queryByPid(currentCategory.getId());

    Map<String, Object> data = new HashMap<String, Object>();
    data.put("currentCategory", currentCategory);
    data.put("currentSubCategory", currentSubCategory);
    return ResponseUtil.ok(data);
}
}
```

2.5.4 商品搜索

(1) 小商城系统模块的商品搜索前端功能通过文件 litemall\litemall-wx\pages\search\search.wxml 实现，方便购物车快速找到自己需要的商品，购物者可以在搜索表单中输入关键字进行搜索。

(2) 小商城系统模块的商品搜索后端功能通过文件 litemall\litemall-wx-api\src\main\java\org\linlinjava\litemall\wx\web\WxSearchController.java 实现，主要实现代码如下所示。

```
public class WxSearchController {
    private final Log logger = LogFactory.getLog(WxSearchController.class);

    @Autowired
    private LitemallKeywordService keywordsService;
    @Autowired
    private LitemallSearchHistoryService searchHistoryService;

    /**
     * 搜索页面信息
     * <p>
     * 如果用户已登录，则给出用户历史搜索记录；
     * 如果没有登录，则给出空历史搜索记录。
     *
     * @param userId 用户 ID，可选
     * @return 搜索页面信息
```

```java
 */
@GetMapping("index")
public Object index(@LoginUser Integer userId) {
    //取出输入框默认的关键词
    LitemallKeyword defaultKeyword = keywordsService.queryDefault();
    //取出热搜关键词
    List<LitemallKeyword> hotKeywordList = keywordsService.queryHots();

    List<LitemallSearchHistory> historyList = null;
    if (userId != null) {
        //取出用户历史关键字
        historyList = searchHistoryService.queryByUid(userId);
    } else {
        historyList = new ArrayList<>(0);
    }

    Map<String, Object> data = new HashMap<String, Object>();
    data.put("defaultKeyword", defaultKeyword);
    data.put("historyKeywordList", historyList);
    data.put("hotKeywordList", hotKeywordList);
    return ResponseUtil.ok(data);
}

/**
 * 关键字提醒
 *
 * 当用户输入关键字一部分时，可以推荐系统中合适的关键字。
 *
 * @param keyword 关键字
 * @return 合适的关键字
 */
@GetMapping("helper")
public Object helper(@NotEmpty String keyword,
                     @RequestParam(defaultValue = "1") Integer page,
                     @RequestParam(defaultValue = "10") Integer size) {
    List<LitemallKeyword> keywordsList =
            keywordsService.queryByKeyword(keyword, page, size);
    String[] keys = new String[keywordsList.size()];
    int index = 0;
    for (LitemallKeyword key : keywordsList) {
        keys[index++] = key.getKeyword();
    }
    return ResponseUtil.ok(keys);
}

/**
 * 清除用户搜索历史
```

```
 *
 * @param userId 用户ID
 * @return 清理是否成功
 */
@PostMapping("clearhistory")
public Object clearhistory(@LoginUser Integer userId) {
    if (userId == null) {
        return ResponseUtil.unlogin();
    }

    searchHistoryService.deleteByUid(userId);
    return ResponseUtil.ok();
}
```

2.5.5 商品团购

(1) 文件 litemall\litemall-wx\pages\groupon\grouponList\grouponList.wxml 实现前端商品团购列表功能，列表显示可参加的团购信息，主要实现代码如下所示。

```
<view class="container">
  <scroll-view class="groupon-list" scroll-y="true" scroll-top="{{scrollTop}}">

    <view class="item" wx:for="{{grouponList}}" wx:for-index="index"
        wx:for-item="item" wx:key="id">
      <navigator url="/pages/goods/goods?id={{item.goods.id}}">
        <image class="img" src="{{item.goods.picUrl}}" background-size=
            "cover"></image>
        <view class="right">
          <view class="text">
            <view class="header">
              <text class="name">{{item.goods.name}}</text>
              <view class="capsule-tag">
                <zan-capsule color="#a78845" leftText="团购" rightText=
                    "{{item.groupon_member}}" />
              </view>
            </view>
            <text class="desc">{{item.goods.brief}}</text>
            <view class="price">
              <view class="counterPrice">原价：￥{{item.goods.counterPrice}}</view>
              <view class="retailPrice">现价：￥{{item.groupon_price}}</view>
            </view>
          </view>
        </view>
      </navigator>
    </view>
```

```
<view class="page" wx:if="{{showPage}}">
  <view class="prev {{ page <= 1 ? 'disabled' : '' }}" bindtap="prevPage">
        上一页</view>
  <view class="next {{ (count / size) < page ? 'disabled' : '' }}" bindtap="nextPage">下一页</view>
  </view>
 </scroll-view>
</view>
```

(2) 文件 litemall\litemall-wx\pages\groupon\grouponList\grouponDetail.wxm 实现前端商品团购详情列表功能，显示某团购的详细信息，主要实现代码如下所示。

```
<view class="container">
  <view class="order-info">
    <view class="item-a">下单时间：{{orderInfo.addTime}}</view>
    <view class="item-b">订单编号：{{orderInfo.orderSn}}</view>
    <view class="item-c">
      <view class="l">实付：
        <text class="cost">¥{{orderInfo.actualPrice}}</text>
      </view>
      <view class="r">
        <view class="btn active" bindtap="shareGroupon">邀请参团</view>
      </view>
    </view>
  </view>

  <view class="menu-list-pro">
    <view class="h">
      <view class="label">参与团购（{{joiners.length}}人）</view>
      <view class="status">查看全部</view>
    </view>
    <view class="menu-list-item" wx:for-items="{{joiners}}" wx:key="id"
          data-id="{{item.id}}">
      <image class="icon" src="{{item.avatar}}"></image>
      <text class="txt">{{item.nickname}}</text>
    </view>
  </view>

  <view class="order-goods">
    <view class="h">
      <view class="label">商品信息</view>
      <view class="status">{{orderInfo.orderStatusText}}</view>
    </view>
    <view class="goods">
      <view class="item" wx:for="{{orderGoods}}" wx:key="id">
        <view class="img">
```

```xml
          <image src="{{item.picUrl}}"></image>
        </view>
        <view class="info">
          <view class="t">
            <text class="name">{{item.goodsName}}</text>
            <text class="number">x{{item.number}}</text>
          </view>
          <view class="attr">{{item.goodsSpecificationValues}}</view>
          <view class="price">¥{{item.retailPrice}}</view>
        </view>
      </view>
    </view>

    <view class="order-bottom">
      <view class="address">
        <view class="t">
          <text class="name">{{orderInfo.consignee}}</text>
          <text class="mobile">{{orderInfo.mobile}}</text>
        </view>
        <view class="b">{{orderInfo.address}}</view>
      </view>
      <view class="total">
        <view class="t">
          <text class="label">商品合计: </text>
          <text class="txt">¥{{orderInfo.goodsPrice}}</text>
        </view>
        <view class="t">
          <text class="label">运费: </text>
          <text class="txt">¥{{orderInfo.freightPrice}}</text>
        </view>
      </view>
      <view class="pay-fee">
        <text class="label">实付: </text>
        <text class="txt">¥{{orderInfo.actualPrice}}</text>
      </view>
    </view>
</view>

<!-- 物流信息,仅收货状态下可见 -->
<view class="order-express" bindtap="expandDetail" wx:if="{{ handleOption.confirm }}">
  <view class="expand">
    <view class="title">
      <view class="t">快递公司: {{expressInfo.shipperName}}</view>
      <view class="b">物流单号: {{expressInfo.logisticCode}}</view>
    </view>
    <image class="ti" src="/static/images/address_right.png"
           background-size="cover"></image>
```

```
      </view>

      <!-- <view class="order-express" > -->
      <view class="traces" wx:for="{{expressInfo.Traces}}" wx:key="item"
            wx:for-item="iitem" wx:if="{{ flag }}">
        <view class="trace">
          <view class="acceptStation">{{iitem.AcceptStation}}</view>
          <view class="acceptTime">{{iitem.AcceptTime}}</view>
        </view>
      </view>
    </view>
    <!-- </view> -->
</view>
```

(3) 文件 litemall\litemall-wx\pages\groupon\myGroupon\myGroupon.wxml 实现前端我的团购信息功能，显示当前用户的团购信息，主要实现代码如下所示。

```
<view class="container">
  <view class="orders-switch">
    <view class="item {{ showType == 0 ? 'active' : ''}}" bindtap="switchTab"
          data-index='0'>
      <view class="txt">发起的团购</view>
    </view>
    <view class="item {{ showType == 1 ? 'active' : ''}}" bindtap="switchTab"
          data-index='1'>
      <view class="txt">参加的团购</view>
    </view>
  </view>
  <view class="no-order" wx:if="{{orderList.length <= 0}}">
    <view class="c">
      <image src="http://nos.netease.com/mailpub/hxm/yanxuan-wap/p/20150730/
            style/img/icon-normal/noCart-a8fe3f12e5.png" />
      <text>尚未参加任何团购</text>
    </view>
  </view>

  <view class="orders">
    <navigator url="../grouponDetail/grouponDetail?id={{item.id}}" class="order"
               open-type="navigate" wx:for="{{orderList}}" wx:key="id">
      <view class="h">
        <view class="l">订单编号：{{item.orderSn}}</view>
        <view class="r">{{item.orderStatusText}}</view>
      </view>
      <view class="j">
        <view class="l">团购立减：¥{{item.rules.discount}}</view>
        <view class="r">参与时间：{{item.groupon.addTime}}</view>
      </view>
```

```
        <view class="i">
          <view class="l">团购要求：{{item.rules.discountMember}}人</view>
          <view class="r">当前参与：{{item.joinerCount}}</view>
        </view>
        <view class="goods" wx:for="{{item.goodsList}}" wx:key="id" wx:for-item="gitem">
          <view class="img">
            <image src="{{gitem.picUrl}}"></image>
          </view>
          <view class="info">
            <text class="name">{{gitem.goodsName}}</text>
            <text class="number">共{{gitem.number}}件商品</text>
          </view>
          <view class="status"></view>
        </view>
        <view class="b">
          <view class="l">实付：¥{{item.actualPrice}}</view>
          <view class="capsule-tag">
            <zan-capsule color="#a78845" leftText="状态" rightText=
              "{{item.joinerCount>=item.rules.discountMember?'已达成':'团购中'}}" />
          </view>
          <view class="capsule-tag">
            <zan-capsule color="#a78845" leftText="发起" rightText="{{item.creator}}"
              wx:if="{{!item.isCreator}}" />
          </view>
        </view>
      </navigator>
    </view>
</view>
```

(4) 小商城系统模块的团购功能后端通过文件 litemall\litemall-wx-api\src\main\java\org\linlinjava\litemall\wx\web\WxGrouponController.java 实现，具体实现流程如下。

❑ 用分页列表的形式显示团购信息，对应代码如下所示。

```
/**
 * 团购规则列表
 *
 * @param page 分页页数
 * @param size 分页大小
 * @return 团购规则列表
 */
@GetMapping("list")
public Object list(@RequestParam(defaultValue = "1") Integer page,
                   @RequestParam(defaultValue = "10") Integer size,
                   @Sort @RequestParam(defaultValue = "add_time") String sort,
                   @Order @RequestParam(defaultValue = "desc") String order) {
    List<Map<String, Object>> topicList = grouponRulesService.queryList(page,
        size, sort, order);
```

```
    long total = PageInfo.of(topicList).getTotal();
    Map<String, Object> data = new HashMap<String, Object>();
    data.put("data", topicList);
    data.put("count", total);
    return ResponseUtil.ok(data);
}
```

- 编写函数 detail()展示某团购的详细信息，对应代码如下所示。

```
/**
 * 团购活动详情
 *
 * @param userId     用户 ID
 * @param grouponId 团购活动 ID
 * @return 团购活动详情
 */
@GetMapping("detail")
public Object detail(@LoginUser Integer userId, @NotNull Integer grouponId) {
    if (userId == null) {
        return ResponseUtil.unlogin();
    }

    LitemallGroupon groupon = grouponService.queryById(grouponId);
    if (groupon == null) {
        return ResponseUtil.badArgumentValue();
    }

    LitemallGrouponRules rules = rulesService.queryById(groupon.getRulesId());
    if (rules == null) {
        return ResponseUtil.badArgumentValue();
    }

    // 订单信息
    LitemallOrder order = orderService.findById(groupon.getOrderId());
    if (null == order) {
        return ResponseUtil.fail(ORDER_UNKNOWN, "订单不存在");
    }
    if (!order.getUserId().equals(userId)) {
        return ResponseUtil.fail(ORDER_INVALID, "不是当前用户的订单");
    }
    Map<String, Object> orderVo = new HashMap<String, Object>();
    orderVo.put("id", order.getId());
    orderVo.put("orderSn", order.getOrderSn());
    orderVo.put("addTime", order.getAddTime());
    orderVo.put("consignee", order.getConsignee());
    orderVo.put("mobile", order.getMobile());
    orderVo.put("address", order.getAddress());
    orderVo.put("goodsPrice", order.getGoodsPrice());
```

```java
orderVo.put("freightPrice", order.getFreightPrice());
orderVo.put("actualPrice", order.getActualPrice());
orderVo.put("orderStatusText", OrderUtil.orderStatusText(order));
orderVo.put("handleOption", OrderUtil.build(order));
orderVo.put("expCode", order.getShipChannel());
orderVo.put("expNo", order.getShipSn());

List<LitemallOrderGoods> orderGoodsList =
        orderGoodsService.queryByOid(order.getId());
List<Map<String, Object>> orderGoodsVoList = new
     ArrayList<>(orderGoodsList.size());
for (LitemallOrderGoods orderGoods : orderGoodsList) {
    Map<String, Object> orderGoodsVo = new HashMap<>();
    orderGoodsVo.put("id", orderGoods.getId());
    orderGoodsVo.put("orderId", orderGoods.getOrderId());
    orderGoodsVo.put("goodsId", orderGoods.getGoodsId());
    orderGoodsVo.put("goodsName", orderGoods.getGoodsName());
    orderGoodsVo.put("number", orderGoods.getNumber());
    orderGoodsVo.put("retailPrice", orderGoods.getPrice());
    orderGoodsVo.put("picUrl", orderGoods.getPicUrl());
    orderGoodsVo.put("goodsSpecificationValues",
        orderGoods.getSpecifications());
    orderGoodsVoList.add(orderGoodsVo);
}

Map<String, Object> result = new HashMap<>();
result.put("orderInfo", orderVo);
result.put("orderGoods", orderGoodsVoList);

// 订单状态为已发货且物流信息不为空
//"YTO", "800669400640887922"
if (order.getOrderStatus().equals(OrderUtil.STATUS_SHIP)) {
    ExpressInfo ei = expressService.getExpressInfo(order.getShipChannel(),
        order.getShipSn());
    result.put("expressInfo", ei);
}

UserVo creator = userService.findUserVoById(groupon.getCreatorUserId());
List<UserVo> joiners = new ArrayList<>();
joiners.add(creator);
int linkGrouponId;
// 这是一个团购发起记录
if (groupon.getGrouponId() == 0) {
    linkGrouponId = groupon.getId();
} else {
    linkGrouponId = groupon.getGrouponId();
```

```
        }
        List<LitemallGroupon> groupons = grouponService.queryJoinRecord(linkGrouponId);

        UserVo joiner;
        for (LitemallGroupon grouponItem : groupons) {
            joiner = userService.findUserVoById(grouponItem.getUserId());
            joiners.add(joiner);
        }

        result.put("linkGrouponId", linkGrouponId);
        result.put("creator", creator);
        result.put("joiners", joiners);
        result.put("groupon", groupon);
        result.put("rules", rules);
        return ResponseUtil.ok(result);
    }
```

❑ 编写函数 join()实现参加某次团购的功能,对应代码如下所示。

```
/**
 * 参加团购
 *
 * @param grouponId 团购活动 ID
 * @return 操作结果
 */
@GetMapping("join")
public Object join(@NotNull Integer grouponId) {
    LitemallGroupon groupon = grouponService.queryById(grouponId);
    if (groupon == null) {
        return ResponseUtil.badArgumentValue();
    }

    LitemallGrouponRules rules = rulesService.queryById(groupon.getRulesId());
    if (rules == null) {
        return ResponseUtil.badArgumentValue();
    }

    LitemallGoods goods = goodsService.findById(rules.getGoodsId());
    if (goods == null) {
        return ResponseUtil.badArgumentValue();
    }

    Map<String, Object> result = new HashMap<>();
    result.put("groupon", groupon);
    result.put("goods", goods);

    return ResponseUtil.ok(result);
}
```

❑ 编写函数my()展示当前用户参加团购的信息,对应代码如下所示。

```java
/**
 * 用户开团或入团情况
 *
 * @param userId 用户ID
 * @param showType 显示类型,如果是0,则是当前用户开的团购;否则,则是当前用户参加的团购
 * @return 用户开团或入团情况
 */
@GetMapping("my")
public Object my(@LoginUser Integer userId, @RequestParam(defaultValue = "0")
        Integer showType) {
    if (userId == null) {
        return ResponseUtil.unlogin();
    }

    List<LitemallGroupon> myGroupons;
    if (showType == 0) {
        myGroupons = grouponService.queryMyGroupon(userId);
    } else {
        myGroupons = grouponService.queryMyJoinGroupon(userId);
    }

    List<Map<String, Object>> grouponVoList = new ArrayList<>(myGroupons.size());

    LitemallOrder order;
    LitemallGrouponRules rules;
    LitemallUser creator;
    for (LitemallGroupon groupon : myGroupons) {
        order = orderService.findById(groupon.getOrderId());
        rules = rulesService.queryById(groupon.getRulesId());
        creator = userService.findById(groupon.getCreatorUserId());

        Map<String, Object> grouponVo = new HashMap<>();
        //填充团购信息
        grouponVo.put("id", groupon.getId());
        grouponVo.put("groupon", groupon);
        grouponVo.put("rules", rules);
        grouponVo.put("creator", creator.getNickname());

        int linkGrouponId;
        // 这是一个团购发起记录
        if (groupon.getGrouponId() == 0) {
            linkGrouponId = groupon.getId();
            grouponVo.put("isCreator", creator.getId() == userId);
        } else {
            linkGrouponId = groupon.getGrouponId();
```

```java
            grouponVo.put("isCreator", false);
        }
        int joinerCount = grouponService.countGroupon(linkGrouponId);
        grouponVo.put("joinerCount", joinerCount + 1);

        //填充订单信息
        grouponVo.put("orderId", order.getId());
        grouponVo.put("orderSn", order.getOrderSn());
        grouponVo.put("actualPrice", order.getActualPrice());
        grouponVo.put("orderStatusText", OrderUtil.orderStatusText(order));
        grouponVo.put("handleOption", OrderUtil.build(order));

        List<LitemallOrderGoods> orderGoodsList =
            orderGoodsService.queryByOid(order.getId());
        List<Map<String, Object>> orderGoodsVoList = new
            ArrayList<>(orderGoodsList.size());
        for (LitemallOrderGoods orderGoods : orderGoodsList) {
            Map<String, Object> orderGoodsVo = new HashMap<>();
            orderGoodsVo.put("id", orderGoods.getId());
            orderGoodsVo.put("goodsName", orderGoods.getGoodsName());
            orderGoodsVo.put("number", orderGoods.getNumber());
            orderGoodsVo.put("picUrl", orderGoods.getPicUrl());
            orderGoodsVoList.add(orderGoodsVo);
        }
        grouponVo.put("goodsList", orderGoodsVoList);
        grouponVoList.add(grouponVo);
    }

    Map<String, Object> result = new HashMap<>();
    result.put("count", grouponVoList.size());
    result.put("data", grouponVoList);

    return ResponseUtil.ok(result);
}
```

- 编写函数 query()展示某商品所对应的团购规则，对应代码如下所示。

```java
/**
 * 商品所对应的团购规则
 *
 * @param goodsId 商品 ID
 * @return 团购规则详情
 */
@GetMapping("query")
public Object query(@NotNull Integer goodsId) {
    LitemallGoods goods = goodsService.findById(goodsId);
```

```
            if (goods == null) {
                return ResponseUtil.fail(GOODS_UNKNOWN, "未找到对应的商品");
            }
            List<LitemallGrouponRules> rules = rulesService.queryByGoodsId(goodsId);
            return ResponseUtil.ok(rules);
        }
```

2.5.6 购物车

(1) 小商城系统模块前端的购物车功能通过文件 litemall\litemall-wx\pages\cart\cart.wxml 实现，用来展示购物车中的信息，分别实现添加商品和编辑商品的功能，主要实现代码如下所示。

```
<view class='login' wx:else>
    <view class="service-policy">
      <view class="item">30 天无忧退货</view>
      <view class="item">48 小时快速退款</view>
      <view class="item">满 88 元免邮费</view>
    </view>
    <view class="no-cart" wx:if="{{cartGoods.length <= 0}}">
     <view class="c">
      <image src="http://nos.netease.com/mailpub/hxm/yanxuan-wap/p/20150730/
          style/img/icon-normal/noCart-a8fe3f12e5.png" />
      <text>去添加点什么吧</text>
     </view>
    </view>
    <view class="cart-view" wx:else>
      <view class="list">
        <view class="group-item">
          <view class="goods">
            <view class="item {{isEditCart ? 'edit' : ''}}" wx:for="{{cartGoods}}"
                wx:key="id">
              <view class="checkbox {{item.checked ? 'checked' : ''}}" bindtap="
                  checkedItem" data-item-index="{{index}}"></view>
              <view class="cart-goods">
                <image class="img" src="{{item.picUrl}}"></image>
                <view class="info">
                  <view class="t">
                    <text class="name">{{item.goodsName}}</text>
                    <text class="num">x{{item.number}}</text>
                  </view>
                  <view class="attr">{{ isEditCart ? '已选择:' : ''}}{{item.
                      goodsSpecificationValues||''}}</view>
                  <view class="b">
                    <text class="price">¥{{item.price}}</text>
```

```
                <view class="selnum">
                    <view class="cut" bindtap="cutNumber" data-item-
                        index="{{index}}">-</view>
                    <input value="{{item.number}}" class="number"
                        disabled="true" type="number" />
                    <view class="add" bindtap="addNumber" data-item-
                        index="{{index}}">+</view>
                </view>
......
        <view class="cart-bottom">
            <view class="checkbox {{checkedAllStatus ? 'checked' : ''}}" bindtap="checkedAll">
                全选({{cartTotal.checkedGoodsCount}})</view>
            <view class="total">{{!isEditCart ? '￥'+cartTotal.checkedGoodsAmount : ''}}
                </view>
            <view class='action_btn_area'>
             <view class="{{!isEditCart ? 'edit' : 'sure'}}" bindtap="editCart">
                {{!isEditCart ? '编辑' : '完成'}}</view>
             <view class="delete" bindtap="deleteCart" wx:if="{{isEditCart}}">删除
                ({{cartTotal.checkedGoodsCount}})</view>
             <view class="checkout" bindtap="checkoutOrder" wx:if="{{!isEditCart}}">
                    下单</view>
             <!-- </view>  -->
            </view>
        </view>
    </view>
</view>
```

(2) 小商城系统模块后端的购物车功能通过文件 litemall\litemall-wx-api\src\main\java\org\linlinjava\litemall\wx\web\WxCartController.java 实现，主要实现代码如下所示。

```
    /**
     * 用户购物车信息
     *
     * @param userId 用户 ID
     * @return 用户购物车信息
     */
    @GetMapping("index")
    public Object index(@LoginUser Integer userId) {
        if (userId == null) {
            return ResponseUtil.unlogin();
        }

        List<LitemallCart> cartList = cartService.queryByUid(userId);
        Integer goodsCount = 0;
        BigDecimal goodsAmount = new BigDecimal(0.00);
        Integer checkedGoodsCount = 0;
```

```java
        BigDecimal checkedGoodsAmount = new BigDecimal(0.00);
        for (LitemallCart cart : cartList) {
            goodsCount += cart.getNumber();
            goodsAmount = goodsAmount.add(cart.getPrice().multiply
                (new BigDecimal(cart.getNumber())));
            if (cart.getChecked()) {
                checkedGoodsCount += cart.getNumber();
                checkedGoodsAmount = checkedGoodsAmount.add(cart.getPrice().
                    multiply(new BigDecimal(cart.getNumber())));
            }
        }
        Map<String, Object> cartTotal = new HashMap<>();
        cartTotal.put("goodsCount", goodsCount);
        cartTotal.put("goodsAmount", goodsAmount);
        cartTotal.put("checkedGoodsCount", checkedGoodsCount);
        cartTotal.put("checkedGoodsAmount", checkedGoodsAmount);

        Map<String, Object> result = new HashMap<>();
        result.put("cartList", cartList);
        result.put("cartTotal", cartTotal);

        return ResponseUtil.ok(result);
    }

    /**
     * 加入商品到购物车
     * <p>
     * 如果已经存在购物车货品,则增加数量;
     * 否则添加新的购物车货品项。
     *
     * @param userId 用户ID
     * @param cart   购物车商品信息,{ goodsId: xxx, productId: xxx, number: xxx }
     * @return 加入购物车操作结果
     */
    @PostMapping("add")
    public Object add(@LoginUser Integer userId, @RequestBody LitemallCart cart) {
        if (userId == null) {
            return ResponseUtil.unlogin();
        }
        if (cart == null) {
            return ResponseUtil.badArgument();
        }

        Integer productId = cart.getProductId();
        Integer number = cart.getNumber().intValue();
```

```java
        Integer goodsId = cart.getGoodsId();
        if (!ObjectUtils.allNotNull(productId, number, goodsId)) {
            return ResponseUtil.badArgument();
        }

        //判断商品是否可以购买
        LitemallGoods goods = goodsService.findById(goodsId);
        if (goods == null || !goods.getIsOnSale()) {
            return ResponseUtil.fail(GOODS_UNSHELVE, "商品已下架");
        }

        LitemallGoodsProduct product = productService.findById(productId);
        //判断购物车中是否存在此规格商品
        LitemallCart existCart = cartService.queryExist(goodsId, productId, userId);
        if (existCart == null) {
            //取得规格的信息，判断规格库存
            if (product == null || number > product.getNumber()) {
                return ResponseUtil.fail(GOODS_NO_STOCK, "库存不足");
            }

            cart.setId(null);
            cart.setGoodsSn(goods.getGoodsSn());
            cart.setGoodsName((goods.getName()));
            cart.setPicUrl(goods.getPicUrl());
            cart.setPrice(product.getPrice());
            cart.setSpecifications(product.getSpecifications());
            cart.setUserId(userId);
            cart.setChecked(true);
            cartService.add(cart);
        } else {
            //取得规格的信息，判断规格库存
            int num = existCart.getNumber() + number;
            if (num > product.getNumber()) {
                return ResponseUtil.fail(GOODS_NO_STOCK, "库存不足");
            }
            existCart.setNumber((short) num);
            if (cartService.updateById(existCart) == 0) {
                return ResponseUtil.updatedDataFailed();
            }
        }
        return goodscount(userId);
}
```

2.6 本地测试

本地测试是指开发人员在本地计算机的开发环境中测试项目程序。本节将详细讲解在本商城系统所有模块的本地测试过程。

扫码看视频

2.6.1 创建数据库

本系统使用了 MySQL 数据库存储数据，数据库文件存放在 litemall-db/sql 目录中，其中文件 litemall_schema.sql 用于创建数据库和用户权限，文件 litemall_table.sql 用于创建表，文件 litemall_data.sql 用于创建测试数据。

> 注意：建议采用命令行、MySQL Workbench 或 AppServ 进行导入，如果采用 navicat 可能导入失败。

将 litemall-db/sql 目录中的 SQL 数据文件导入到本地 MySQL 数据库后，在 litemall-db 模块的 application-db.yml 文件中配置链接参数和 druid，主要实现代码如下所示。

```yaml
spring:
  datasource:
    druid:
      url: jdbc:mysql://localhost:3306/litemall?useUnicode= true&characterEncoding=
          UTF-8&serverTimezone= UTC&allowPublicKeyRetrieval=true&verifyServer
          Certificate=false&useSSL=false
      driver-class-name: com.mysql.jdbc.Driver
      username: litemall
      password: litemall123456
      initial-size: 10
      max-active: 50
      min-idle: 10
      max-wait: 60000
      pool-prepared-statements: true
      max-pool-prepared-statement-per-connection-size: 20
      validation-query: SELECT 1 FROM DUAL
      test-on-borrow: false
      test-on-return: false
      test-while-idle: true
      time-between-eviction-runs-millis: 60000
      filters: stat,wall
```

在上述代码中需要注意 username 和 password 两个参数，这两个参数分别代表链接 MySQL 数据库的用户名和密码。

2.6.2 运行后台管理系统

本项目的后台管理系统由 litemall-admin-api 模块和 litemall-admin 模块组成,在运行后台管理系统之前需要先使用 IntelliJ IDEA 运行后端模块 litemall-all,然后使用 Vue 运行前端模块 litemall-admin。

(1) 在 IntelliJ IDEA 中找到文件 litemall\litemall-all\src\main\java\org\linlinjava\litemall\Application.java,然后右击此文件,在弹出的菜单中选择 Run 'Application' 命令,运行后端模块 litemall-all,如图 2-2 所示。

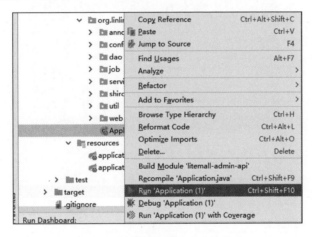

图 2-2 运行后端模块 litemall-all

(2) 使用 Vue 运行前端模块 litemall-admin,首先打开命令行界面,然后分别输入下面的命令启动 npm。

```
npm install -g cnpm --registry=https://registry.npm.taobao.org
cd litemall/litemall-admin
cnpm install
cnpm run dev
```

运行成功后会在 npm 界面显示 URL 网址,如图 2-3 所示。

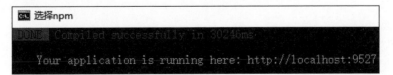

图 2-3 npm 界面

73

注意：在运行后台之前，一定要确保如下两个文件中的 port 一致。

D:\litemall\litemall-admin-api\src\main\resources\application.yml
D:\litemall\litemall-admin\config\dep.env.js

在浏览器中输入 http://localhost:9527 后即可运行，首先显示管理员登录界面，如图 2-4 所示。

图 2-4　管理员登录界面

根据提示输入登录信息后来到后台界面，例如显示商品列表界面，如图 2-5 所示。

图 2-5　商品列表界面

2.6.3 运行微信小商城子系统

本项目的微信小商城子系统由 litemall-wx-api、litemall-wx 和 renard-wx 共 3 个模块组成。其中 litemall-wx-api 是基于 Spring Boot 技术实现的后端模块，litemall-wx 和 renard-wx 是使用微信小程序实现的前端模块。在调试时只需运行一个前端模块即可，下面以运行 litemall-wx 模块为例进行讲解。

(1) 在 IntelliJ IDEA 中按照 2.6.2 节中的方法运行 litemall-all 模块，如果已经运行过，就无须重复这个步骤。

(2) 运行微信小商城子系统的前端，登录腾讯微信小程序官方网站，下载并安装微信 Web 开发工具，然后打开微信 Web 开发工具，如图 2-6 所示。

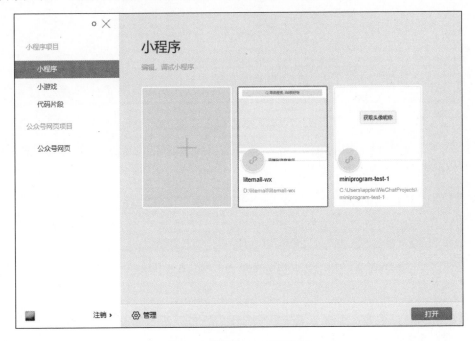

图 2-6 微信 Web 开发工具

(3) 单击中间的加号 "+" 按钮，在弹出的界面中将 litemall-wx 目录下的源码导入微信 Web 开发工具。本地测试可以单击 "测试号" 链接使用微信官方提供的测试号，如图 2-7 所示。

(4) 打开文件 litemall\litemall-wx\config\api.js，变量 WxApiRoot 的端口号和前面后台系统的端口号一致。

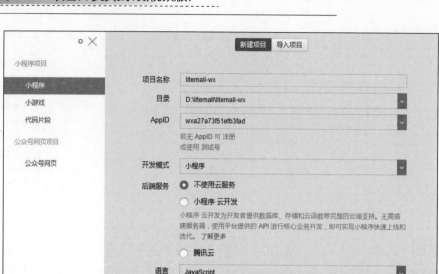

图 2-7　导入微信 Web 开发工具

(5) 在资源文件 litemall-core/src/main/resources/application-core.yml 中设置 AppID 和密钥，可以使用微信官方提供的测试号。

```
litemall
    wx
        app-id: 开发者申请的 app-id 或测试号
        app-secret: 开发者申请的 app-secret 或测试号
```

(6) 在文件 litemall-wx/project.config.json 中设置 AppID，可以使用微信官方提供的测试号。

注意：建议开发者关闭当前项目或者直接关闭微信开发者工具，重新打开(因为此时 litemall-wx 模块的 AppId 可能未更新)。

(7) 编译运行微信小程序，可以获取数据库中的数据，在商城中显示数据库内的商品信息。我们可以使用自己的微信账号登录系统，也可以重新注册新用户。微信小商城系统的执行效果如图 2-8 所示。

第 2 章　微信商城系统

　　商城首页　　　　　　　商品详情页　　　　　　　购物车页面

图 2-8　商城系统的执行效果

2.7　线上发布和部署

如果读者申请了微信开发者账号并开通了服务号，就可以线上发布自己的商城系统。在开通服务号时需要通过微信官方审核认证。下面简单介绍线上发布系统的具体过程。

扫码看视频

2.7.1　微信登录配置

在本系统中有两个地方需要配置微信登录功能，首先是小商城前端 litemall-wx 模块(或 renard-wx 模块)中 project.config.json 文件的 AppID，其次是小商城后端 litemall-core 模块的 application-core.yml 文件：

```
litemall:
  wx:
    app-id: 申请的账号
    app-secret: 申请的密码
```

这里的 app-id 和 app-secret 需要开发者在微信公众平台注册获取，而不能使用测试号。

77

2.7.2 微信支付配置

在 litemall-core 模块的文件 application-core.yml 中配置微信支付信息，主要代码如下所示。

```
litemall:
  wx:
    mch-id: 111111
    mch-key: xxxxxx
    notify-url: https://www.example.com/wx/order/pay-notify
```

其中，参数说明如下。

(1) mch-id 和 mch-key：需要开发者在微信商户平台注册获取。

(2) notify-url：表示项目上线以后微信支付回调地址，当微信支付成功或者失败时，微信商户平台将向回调地址发送成功或者失败的数据，因此需要确保该地址是 litemall-wx-api 模块的 WxOrderController 类的 payNotify 方法所服务的 API 地址。

> **注意**：在开发阶段可以采用一些技术实现临时外网地址映射本地，开发者可以在百度上搜索关键字"微信内网穿透"自行学习。

2.7.3 配置邮件通知

邮件通知是指在用户下单后，系统会自动向 sendto 用户发送一封邮件，告知用户下单的订单信息，以后可能需要继续优化扩展。如果不需要邮件通知订单信息，可以默认关闭。在 litemall-core 模块的文件 application-core.yml 中配置邮件通知服务，主要实现代码如下所示。

```
litemall:
  notify:
    mail:
      # 邮件通知配置,邮箱一般用于接收业务通知。例如收到新的订单,sendto 定义邮件接收者,
        通常为商城运营人员
      enable: false
      host: smtp.exmail.qq.com
      username: ex@ex.com.cn
      password: XXXXXXXXXXXX
      sendfrom: ex@ex.com.cn
      sendto: ex@qq.com
```

配置邮件通知功能的基本流程如下：

(1) 在邮件服务器开启 smtp 服务。

(2) 开发者在配置文件中设置 enable 的值为 true，然后设置其他相应信息的值，建议使

用 QQ 邮箱。

(3) 当配置好邮箱信息后，可以运行 litemall-core 模块的 MailTest 测试类进行发送测试，然后登录邮箱查看邮件是否成功接收。

2.7.4 短信通知配置

目前短信通知场景只支持支付成功、验证码、订单发送、退款成功 4 种情况，以后微信可能会继续扩展新的模块。在 litemall-core 模块的文件 application-core.yml 中配置短信通知服务，主要实现代码如下所示。

```
litemall:
  notify:
    # 短消息模块通知配置
    # 短信息用于通知客户，例如发货短信通知，注意配置格式；template-name,template-templateId
      可参考 NotifyType 枚举值
    sms:
      enable: false
      app-id: 111111111
      appkey: xxxxxxxxxxxxxx
      template:
      - name: paySucceed
        templateId: 156349
      - name: captcha
        templateId: 156433
      - name: ship
        templateId: 158002
      - name: refund
        templateId: 159447
```

配置短信通知的基本流程介绍如下。

(1) 登录腾讯云短信平台申请开通短信功能，设置 4 个场景的短信模板。

(2) 在配置文件中设置 enable 的值为 true，然后设置其他信息的值，包括腾讯云短信平台申请的 AppID 等值。建议使用腾讯云短信平台，也可以自行测试其他短信云平台。

(3) 当配置好信息后，可以通过 litemall-core 模块中的测试 SmsTest 类进行测试，测试时需要设置手机号和模板所需要的参数值。单独启动 SmsTest 测试类发送短信，然后查看手机是否成功接收短信。

2.7.5 系统部署

读者可以根据自己的实际情况来选择部署方案，下面介绍最常用的 4 种部署方案。

(1) 可以在同一云主机中安装一个 Spring Boot 服务，同时提供 litemall-admin、litemall-

admin-api 和 litemall-wx-api 这 3 种服务。

(2) 可以在单一云主机中仅安装一个 tomcat/nginx 服务器，并部署 litemall-admin 静态页面分发服务，然后部署两个 Spring Boot 的后端服务。

(3) 可以把 litemall-admin 静态页面托管第三方 CDN，然后部署两个后端服务。

(4) 可以部署到多个服务器，然后采用集群式并发提供服务。

2.7.6 技术支持

本项目的开发团队一直在维护本系统，读者可以登录 GitHub 搜索 litemall 找到本项目，及时了解本项目的更新和升级情况。建议读者通过 releases 模块了解最新更新信息，也可以在码云找到本项目的升级源码。另外，开发团队提供了完善的说明文档，调试过程中的常见问题，可在源码文件 litemall/doc/FAQ.md 中查看解决方案。

2.7.7 项目参考

本项目基于或参考以下开源项目：

(1) nideshop-mini-program：基于 Node.js+MySQL 开发的开源微信小程序商城(微信小程序)。

项目参考：

❑ litemall 项目数据库基于 nideshop-mini-program 项目数据库；

❑ litemall 项目的 litemall-wx 模块基于 nideshop-mini-program 开发。

(2) vue-element-admin：一个基于 Vue 和 Element 的后台集成方案。

项目参考：litemall 项目的 litemall-admin 模块的前端框架基于 vue-element-admin 项目修改扩展。

(3) mall-admin-web：这是一个电商后台管理系统的前端项目，基于 Vue+Element 实现。

项目参考：litemall 项目的 litemall-admin 模块的一些页面布局样式参考了 mall-admin-web 项目。

(4) biu：管理后台项目开发脚手架，基于 vue-element-admin 和 Spring Boot 搭建，前后端分离方式开发和部署。

项目参考：litemall 项目的权限管理功能参考了 biu 项目。

(5) vant--mobile-mall：基于有赞 vant 组件库的移动商城。

项目参考：litemall 项目的 litemall-vue 模块基于 vant--mobile-mall 项目开发。

第 3 章 外卖点餐系统

随着 Internet 的普及和发展,越来越多的人接受了电子商务这种便捷、快速的交易形式,网上订餐和外卖配送更是受到了大家的欢迎。本章将向读者介绍使用 Java 语言开发一个外卖点餐系统的过程,具体流程由 Spring Boot+MyBatis+Vue+ Nginx+Redis+MySQL 来实现。

3.1 背景介绍

互联网的应用已普及千家万户,这为网络订餐提供了良好的发展空间。同时,网上订餐服务的直观、有效、便捷等优点也是传统的电话订餐业务无法比拟的。调查数据显示,很多白领、学生等群体更乐于选择网上订餐服务。

外卖行业主要由线上平台、店家、骑手和终端用户四部分组成。一方的效率高、满意度高、黏性高都会促进其他方的收益,正常运营过程中,会形成良性循环,相互促进,实现多方共赢。国家政策对外卖行业进行规范和监督,规范网络经营行为,维护各方权益。城镇化进程加快,居民收入水平提升,互联网技术的支持,都助力外卖行业迅猛发展。

外卖行业快速发展,在便利居民生活的同时,为餐饮行业注入新动能,促进餐饮行业线上线下全场景发展,吸引到更多餐饮商家的加入,外卖已逐渐成为全时段、跨品类的消费场景。近年来,我国外卖行业的用户规模不断扩大,18~30岁人群是外卖行业最大的消费群体,合计占比将近六成,外卖行业已经深入到各行各业各地区的居民生活中。越来越多的人感受到了外卖服务的便捷,外卖购物需求也从餐饮美食向日常生活用品、医药用品、节日祝福礼品等品类扩展,外卖配送商品日趋多元化。

3.2 系统分析

前面了解了外卖点餐系统的行业背景,本节将进行系统分析工作,讲解系统开发流程分析、需求分析和功能架构分析等知识。

3.2.1 开发流程分析

本点餐系统的实现原理很简单,是一个添加、删除、修改和显示数据库的过程,整个项目的开发流程如图3-1所示。

- 功能分析:分析整个系统所需要的功能;
- 规划系统文件:规划系统中所需要的功能模块;
- 设置配置文件:分析系统处理流程,探索系统核心模块的运作;
- 搭建数据库:设计系统中需要的数据结构;
- 设置样式文件:预先规划系统中需要的功能类和方法;
- 具体编码:编写系统的具体实现代码。

第 3 章 外卖点餐系统

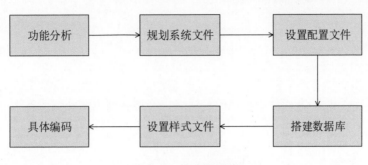

图 3-1 开发流程图

3.2.2 需求分析

外卖点餐系统是一套功能强大、操作简便且实用的自动化管理软件，具体需求分析如下。

(1) 客户登录。在客户进入系统前，首先要求客户进行登录，本项目使用手机获取验证码登录系统。

(2) 菜单查询。登录系统后，客户可以在菜单管理中查询所需快餐并订餐，也可以直接输入自己所需要的饭菜名进行查询并订餐。

(3) 信息管理。每一名用户都有自己的信息，主要包括配送地址和电话信息。

(4) 付款处理。当用户选好外卖后需要付款支付，支付成功后显示支付成功信息。

(5) 后台管理。当有订单传入后台时，后台管理人员需根据订单要求送外卖。当订单完成后需标记为已送，而且把这些订单存入数据库中，方便日后整理。

3.2.3 功能模块架构图

本项目功能模块的架构如图 3-2 所示。

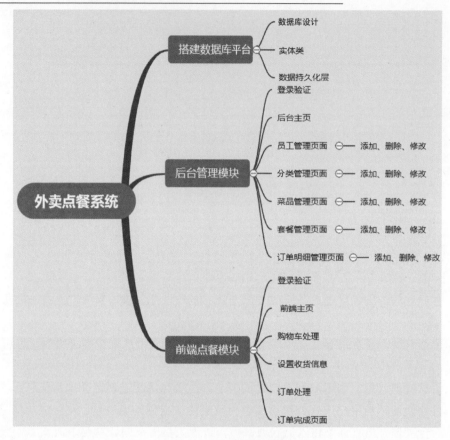

图 3-2 功能模块架构图

3.3 系统配置

在接下来的内容中，将根据各构成功能模块进行实质性工作。本节将主要完成如下所示的两项工作：

扫码看视频

- ❑ 新建工程；
- ❑ 配置系统文件。

3.3.1 新建工程

使用 IntelliJ IDEA 新建工程，具体流程如下：

（1）打开 IntelliJ IDEA，在菜单栏中依次单击 File|New|Project 菜单命令，弹出 New Project

对话框，在左侧选择 Spring Initializr 选项，在右侧选中 Default 单选项，如图 3-3 所示。

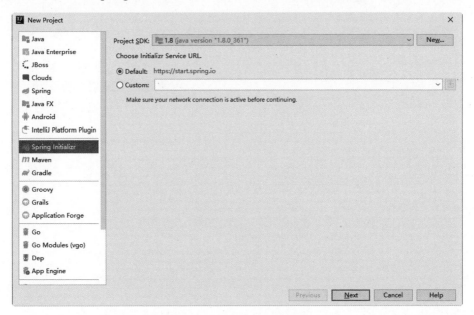

图 3-3　New Project 对话框

(2) 单击 Next 按钮，弹出 Project Metadata 对话框，在此设置项目名和使用的编程语言及版本信息。

(3) 单击 Next 按钮，弹出 Dependencies 对话框，在此设置项目需要引用的库，本项目需要选择 Spring Web、MyBatis、MySQL 等库。

(4) 后面的步骤按照默认选项进行，最后成功创建完成 Spring Boot 项目。

3.3.2　系统配置文件

在使用 IntelliJ IDEA 开发 Spring Boot 程序时，系统配置文件是 application.yaml。本项目通过文件 application.yaml 实现设置数据库的链接参数、Spring Boot 服务器端口和 Redis 服务器等信息的功能，主要实现代码如下所示：

```
server:
  port: 8089
spring:
  application:
    #应用的名称，可选
    name: reggie
  datasource:
```

```yaml
    druid:
      driver-class-name: com.mysql.cj.jdbc.Driver
      url: jdbc:mysql://localhost:3306/reggie?serverTimezone=
    Asia/Shanghai&useUnicode=true&characterEncoding=utf-8&zeroDateTimeBehavior=
    convertToNull&useSSL=false&allowPublicKeyRetrieval=true
      username: root
      password: 66688888
  redis:
    host: 127.0.0.1
    port: 6379
    database: 0
  cache:
    redis:
      time-to-live: 1800000
mybatis-plus:
  configuration:
    #在映射实体或者属性时，将数据库中表名和字段名中的下划线去掉，按照驼峰命名法映射
    map-underscore-to-camel-case: true
    log-impl: org.apache.ibatis.logging.stdout.StdOutImpl
  global-config:
    db-config:
      id-type: ASSIGN_ID
reggie:
  path: D:\\img\\
```

上述代码的具体说明如下：

- url：表示链接 MySQL 数据库的参数。
- username 和 password：分别表示链接数据库的用户名和密码。
- reggie：表示链接数据库的名称。
- port：表示 Spring Boot 服务器的端口。
- path: D:\\img\\：表示将上传图片保存在"D:\img"目录中。
- time-to-live：表示设置缓存数据的过期时间。

3.3.3 系统配置类

编写系统配置类文件 MyMvcConfig.java，实现静态资源映射和扩展 MVC 框架的消息转换器功能，主要实现代码如下所示。

```java
public class WebMvcConfig extends WebMvcConfigurationSupport {
    /**
     * 设置静态资源映射
     */
    @Override
    protected void addResourceHandlers(ResourceHandlerRegistry registry) {
```

```
        log.info("开始进行静态资源映射...");
        registry.addResourceHandler("/backend/**").addResourceLocations
            ("classpath:/backend/");
        registry.addResourceHandler("/front/**").addResourceLocations
            ("classpath:/front/");
    }
    /**
     * 扩展mvc框架的消息转换器
     */
    @Override
    protected void extendMessageConverters(List<HttpMessageConverter<?>> converters) {
        log.info("扩展消息转换器...");
        //创建消息转换器对象
        MappingJackson2HttpMessageConverter messageConverter = new
            MappingJackson2HttpMessageConverter();
        //设置对象转换器,底层使用Jackson将Java对象转为json
        messageConverter.setObjectMapper(new JacksonObjectMapper());
        //将上面的消息转换器对象追加到mvc框架的转换器集合中
        converters.add(0,messageConverter);
    }
}
```

3.4 搭建数据库平台

本项目系统的开发工作主要包括三个方面：后台数据库的建立、后台管理维护以及前端手机程序点餐。其中，数据库设计是本系统的核心功能之一。

扫码看视频

3.4.1 数据库设计

考虑到本项目所要处理的数据量比较大，且需要多用户同时运行访问，本项目将使用MySQL作为后台数据库管理平台。在MySQL中创建一个名为"reggie"的数据库，然后在数据库中新建数据表。

(1) 表address_book用于保存用户的收货信息，具体设计结构如图3-4所示。

(2) 表category用于保存系统中外卖商品的分类信息，具体设计结构如图3-5所示。

(3) 表dish用于保存系统中某个外卖商品的信息，具体设计结构如图3-6所示。

(4) 表dish_flavor用于保存系统中某个外卖的口味信息，具体设计结构如图3-7所示。

(5) 表employee用于保存系统员工(管理员)信息，具体设计结构如图3-8所示。

(6) 表orders用于保存系统中的订单信息，具体设计结构如图3-9所示。

(7) 表order_detail用于保存系统中某订单的详情信息，具体设计结构如图3-10所示。

(8) 表 setmeal 用于保存系统中的套餐信息，具体设计结构如图 3-11 所示。

字段	类型	排序规则	空	默认	注释
id	bigint(20)		否	无	主键
user_id	bigint(20)		否	无	用户id
consignee	varchar(50)	utf8_bin	否	无	收货人
sex	tinyint(4)		否	无	性别 0 女 1 男
phone	varchar(11)	utf8_bin	否	无	手机号
province_code	varchar(12)	utf8_general_ci	是	NULL	省级区划编号
province_name	varchar(32)	utf8_general_ci	是	NULL	省级名称
city_code	varchar(12)	utf8_general_ci	是	NULL	市级区划编号
city_name	varchar(32)	utf8_general_ci	是	NULL	市级名称
district_code	varchar(12)	utf8_general_ci	是	NULL	区级区划编号
district_name	varchar(32)	utf8_general_ci	是	NULL	区级名称
detail	varchar(200)	utf8_general_ci	是	NULL	详细地址
label	varchar(100)	utf8_general_ci	是	NULL	标签
is_default	tinyint(1)		否	0	默认 0 否 1 是
create_time	datetime		否	无	创建时间
update_time	datetime		否	无	更新时间
create_user	bigint(20)		否	无	创建人
update_user	bigint(20)		否	无	修改人
is_deleted	int(11)		否	0	是否删除

图 3-4　表 address_book 的设计结构

(9) 表 setmeal_dish 用于保存套餐中的菜品信息，具体设计结构如图 3-12 所示。

(10) 表 shopping_cart 用于保存购物车的信息，具体设计结构如图 3-13 所示。

(11) 表 user 用于保存系统中的会员信息，具体设计结构如图 3-14 所示。

第3章 外卖点餐系统

字段	类型	是否为空	默认值	说明
id	bigint(20)	否	无	主键
type	int(11)	是	NULL	类型 1 菜品分类 2 套餐分类
name	varchar(64) utf8_bin	否	无	分类名称
sort	int(11)	否	0	顺序
create_time	datetime	否	无	创建时间
update_time	datetime	否	无	更新时间
create_user	bigint(20)	否	无	创建人
update_user	bigint(20)	否	无	修改人

图 3-5 表 category 的设计结构

字段	类型	是否为空	默认值	说明
id	bigint(20)	否	无	主键
name	varchar(64) utf8_bin	否	无	菜品名称
category_id	bigint(20)	否	无	菜品分类id
price	decimal(10,2)	是	NULL	菜品价格
code	varchar(64) utf8_bin	否	无	商品码
image	varchar(200) utf8_bin	否	无	图片
description	varchar(400) utf8_bin	是	NULL	描述信息
status	int(11)	否	1	0 停售 1 起售
sort	int(11)	否	0	顺序
create_time	datetime	否	无	创建时间
update_time	datetime	否	无	更新时间
create_user	bigint(20)	否	无	创建人
update_user	bigint(20)	否	无	修改人
is_deleted	int(11)	否	0	是否删除

图 3-6 表 dish 的设计结构

字段	类型	是否为空	默认值	说明
id	bigint(20)	否	无	主键
dish_id	bigint(20)	否	无	菜品
name	varchar(64) utf8_bin	否	无	口味名称
value	varchar(500) utf8_bin	是	NULL	口味数据list
create_time	datetime	否	无	创建时间
update_time	datetime	否	无	更新时间
create_user	bigint(20)	否	无	创建人
update_user	bigint(20)	否	无	修改人
is_deleted	int(11)	否	0	是否删除

图 3-7 表 dish_flavor 的设计结构

名字	类型	排序规则	属性	空	默认	注释
id	bigint(20)			否	无	主键
name	varchar(32)	utf8_bin		否	无	姓名
username	varchar(32)	utf8_bin		否	无	用户名
password	varchar(64)	utf8_bin		否	无	密码
phone	varchar(11)	utf8_bin		否	无	手机号
sex	varchar(2)	utf8_bin		否	无	性别
id_number	varchar(18)	utf8_bin		否	无	身份证号
status	int(11)			否	1	状态 0:禁用, 1:正常
create_time	datetime			否	无	创建时间
update_time	datetime			否	无	更新时间
create_user	bigint(20)			否	无	创建人
update_user	bigint(20)			否	无	修改人

图 3-8　表 employee 的设计结构

名字	类型	排序规则	属性	空	默认	注释
id	bigint(20)			否	无	主键
number	varchar(50)	utf8_bin		是	NULL	订单号
status	int(11)			否	1	订单状态 1待付款, 2待派送, 3已派送, 4已完成, 5已取消
user_id	bigint(20)			否	无	下单用户
address_book_id	bigint(20)			否	无	地址id
order_time	datetime			否	无	下单时间
checkout_time	datetime			否	无	结账时间
pay_method	int(11)			否	1	支付方式 1微信, 2支付宝
amount	decimal(10,2)			否	无	实收金额
remark	varchar(100)	utf8_bin		是	NULL	备注
phone	varchar(255)	utf8_bin		是	NULL	
address	varchar(255)	utf8_bin		是	NULL	
user_name	varchar(255)	utf8_bin		是	NULL	
consignee	varchar(255)	utf8_bin		是	NULL	

图 3-9　表 orders 的设计结构

第3章 外卖点餐系统

字段	类型	字符集	非空	默认	说明
id 🔑	bigint(20)		否	无	主键
name	varchar(50)	utf8_bin	是	NULL	名字
image	varchar(100)	utf8_bin	是	NULL	图片
order_id	bigint(20)		否	无	订单id
dish_id	bigint(20)		是	NULL	菜品id
setmeal_id	bigint(20)		是	NULL	套餐id
dish_flavor	varchar(50)	utf8_bin	是	NULL	口味
number	int(11)		否	1	数量
amount	decimal(10,2)		否	无	金额

图 3-10 表 order_detail 的设计结构

字段	类型	字符集	非空	默认	说明
id 🔑	bigint(20)		否	无	主键
category_id	bigint(20)		否	无	菜品分类id
name 🔑	varchar(64)	utf8_bin	否	无	套餐名称
price	decimal(10,2)		否	无	套餐价格
status	int(11)		是	NULL	状态 0:停用 1:启用
code	varchar(32)	utf8_bin	是	NULL	编码
description	varchar(512)	utf8_bin	是	NULL	描述信息
image	varchar(255)	utf8_bin	是	NULL	图片
create_time	datetime		否	无	创建时间
update_time	datetime		否	无	更新时间
create_user	bigint(20)		否	无	创建人
update_user	bigint(20)		否	无	修改人
is_deleted	int(11)		否	0	是否删除

图 3-11 表 setmeal 的设计结构

id	bigint(20)		否	无	主键
setmeal_id	varchar(32)	utf8_bin	否	无	套餐id
dish_id	varchar(32)	utf8_bin	否	无	菜品id
name	varchar(32)	utf8_bin	是	NULL	菜品名称（冗余字段）
price	decimal(10,2)		是	NULL	菜品原价（冗余字段）
copies	int(11)		否	无	份数
sort	int(11)		否	0	排序
create_time	datetime		否	无	创建时间
update_time	datetime		否	无	更新时间
create_user	bigint(20)		否	无	创建人
update_user	bigint(20)		否	无	修改人
is_deleted	int(11)		否	0	是否删除

图 3-12　表 setmeal_dish 的设计结构

id	bigint(20)		否	无	主键
name	varchar(50)	utf8_bin	是	NULL	名称
image	varchar(100)	utf8_bin	是	NULL	图片
user_id	bigint(20)		否	无	主键
dish_id	bigint(20)		是	NULL	菜品id
setmeal_id	bigint(20)		是	NULL	套餐id
dish_flavor	varchar(50)	utf8_bin	是	NULL	口味
number	int(11)		否	1	数量
amount	decimal(10,2)		否	无	金额
create_time	datetime		是	NULL	创建时间

图 3-13　表 shopping_cart 的设计结构

id	bigint(20)		否	无	主键
name	varchar(50)	utf8_bin	是	NULL	姓名
phone	varchar(100)	utf8_bin	否	无	手机号
sex	varchar(2)	utf8_bin	是	NULL	性别
id_number	varchar(18)	utf8_bin	是	NULL	身份证号
avatar	varchar(500)	utf8_bin	是	NULL	头像
status	int(11)		是	0	状态 0:禁用，1:正常

图 3-14　表 user 的设计结构

3.4.2 实体类

在本项目中的 entity 层创建实体类，各个实体类与数据库中的属性值基本保持一致。在本项目中，需要创建如下所示的实体类。

(1) 数据库表 address_book 对应的实体类文件是 AddressBook.java，主要实现代码如下所示。

```java
public class AddressBook implements Serializable {
    private static final long serialVersionUID = 1L;
    private Long id;
    //用户id
    private Long userId;
    //收货人
    private String consignee;
    //手机号
    private String phone;
    //性别 0 女 1 男
    private String sex;
    //省级区划编号
    private String provinceCode;
    //省级名称
    private String provinceName;
    //市级区划编号
    private String cityCode;
    //市级名称
    private String cityName;
    //区级区划编号
    private String districtCode;
    //区级名称
    private String districtName;
    //详细地址
    private String detail;
    //标签
    private String label;
    //是否默认 0 否 1 是
    private Integer isDefault;
    //创建时间
    @TableField(fill = FieldFill.INSERT)
    private LocalDateTime createTime;
    //更新时间
    @TableField(fill = FieldFill.INSERT_UPDATE)
    private LocalDateTime updateTime;
    //创建人
    @TableField(fill = FieldFill.INSERT)
```

```
    private Long createUser;
    //修改人
    @TableField(fill = FieldFill.INSERT_UPDATE)
    private Long updateUser;
    //是否删除
    private Integer isDeleted;
}
```

(2) 数据库表 category 对应的实体类文件是 Category.java，主要实现代码如下所示。

```
public class Category implements Serializable {
    private static final long serialVersionUID = 1L;
    private Long id;
    //类型 1 菜品分类 2 套餐分类
    private Integer type;
    //分类名称
    private String name;
    //顺序
    private Integer sort;
    //创建时间
    @TableField(fill = FieldFill.INSERT)
    private LocalDateTime createTime;
    //更新时间
    @TableField(fill = FieldFill.INSERT_UPDATE)
    private LocalDateTime updateTime;
    //创建人
    @TableField(fill = FieldFill.INSERT)
    private Long createUser;
    //修改人
    @TableField(fill = FieldFill.INSERT_UPDATE)
    private Long updateUser;
}
```

(3) 继续创建其他数据库表对应的实体类文件，具体说明如下：
- 数据库表 dish 对应的实体类文件是 Dish.java；
- 数据库表 dish_flavor 对应的实体类文件是 DishFlavor.java；
- 数据库表 employee 对应的实体类文件是 Employee.java；
- 数据库表 order_detail 对应的实体类文件是 OrderDetail.java；
- 数据库表 orders 对应的实体类文件是 Orders.java；
- 数据库表 setmeal 对应的实体类文件是 Setmeal.java；
- 数据库表 setmeal_dish 对应的实体类文件是 SetmealDish.java；
- 数据库表 shopping_cart 对应的实体类文件是 ShoppingCart.java；
- 数据库表 user 对应的实体类文件是 User.java。

3.4.3 数据持久化层

在 Java 项目中，数据持久化层(mapper 层)用于实现和数据库的交互工作。想要访问数据库并且操作数据，只能通过 mapper 层向数据库发送 SQL 语句，将这些结果通过接口传给 Service 层，对数据库进行数据持久化操作。在本项目中，需要创建如下所示的 mapper 类。

(1) 创建数据持久化类 AddressBookMapper，实现和数据库表 address_book 的映射，主要实现代码如下所示。

```
import com.itheima.reggie.entity.AddressBook;
import org.apache.ibatis.annotations.Mapper;
import org.apache.ibatis.annotations.Select;
import java.util.List;
@Mapper
public interface AddressBookMapper extends BaseMapper<AddressBook> {
}
```

(2) 继续创建其他数据持久化类，具体说明如下：
- 数据库表 category 对应的数据持久化类是 CategoryMapper；
- 数据库表 dish 对应的数据持久化类是 DishCategoryMapper；
- 数据库表 dish_flavor 对应的数据持久化类是 DishFlavorCategoryMapper；
- 数据库表 employee 对应的数据持久化类是 EmployeeCategoryMapper；
- 数据库表 order_detail 对应的数据持久化类是 OrderDetailCategoryMapper；
- 数据库表 orders 对应的数据持久化类是 OrdersCategoryMapper；
- 数据库表 setmeal 对应的数据持久化类是 SetmealCategoryMapper；
- 数据库表 setmeal_dish 对应的数据持久化类是 SetmealDishCategoryMapper；
- 数据库表 shopping_cart 对应的数据持久化类是 ShoppingCartCategoryMapper；
- 数据库表 user 对应的数据持久化类是 UserCategoryMapper。

3.5 后台管理模块

系统管理员可以通过后台管理模块来管理系统中的各类信息，主要包括员工管理、分类管理、菜品管理、套餐管理和订餐明细管理等。

3.5.1 登录验证

为提高系统安全性，需要输入正确的用户名和密码才能登录后台管理模块。

扫码看视频

(1) 编写文件 login.html 实现登录表单页面,供管理员输入用户名和密码,并确保输入的信息符合格式要求。文件 login.html 的主要实现代码如下所示。

```html
        <el-form-item prop="username">
          <el-input v-model="loginForm.username" type="text" auto-complete="off"
              placeholder="账号" maxlength="20"
            prefix-icon="iconfont icon-user" />
        </el-form-item>
        <el-form-item prop="password">
          <el-input v-model="loginForm.password" type="password" placeholder=
              "密码" prefix-icon="iconfont icon-lock" maxlength="20"
            @keyup.enter.native="handleLogin" />
        </el-form-item>
        <el-form-item style="width:100%;">
          <el-button :loading="loading" class="login-btn" size="medium"
              type="primary" style="width:100%;"
            @click.native.prevent="handleLogin">
            <span v-if="!loading">登录</span>
            <span v-else>登录中...</span>
          </el-button>
        </el-form-item>
      </el-form>
    </div>
  </div>
</div>
<script>
  new Vue({
    el: '#login-app',
    data() {
      return {
        loginForm:{
          username: 'admin',
          password: '123456'
        },
        loading: false
      }
    },
    computed: {
      loginRules() {
        const validateUsername = (rule, value, callback) => {
          if (value.length < 1 ) {
            callback(new Error('请输入用户名'))
          } else {
          callback()
          }
        }
        const validatePassword = (rule, value, callback) => {
```

```
          if (value.length < 6) {
            callback(new Error('密码必须在 6 位以上'))
          } else {
            callback()
          }
        }
        return {
          'username': [{ 'validator': validateUsername, 'trigger': 'blur' }],
          'password': [{ 'validator': validatePassword, 'trigger': 'blur' }]
        }
      }
    },
    created() {
    },
    methods: {
      async handleLogin() {
        this.$refs.loginForm.validate(async (valid) => {
          if (valid) {
            this.loading = true
            let res = await loginApi(this.loginForm)
            if (String(res.code) === '1') {//1 表示登录成功
              localStorage.setItem('userInfo',JSON.stringify(res.data))
              window.location.href= '/backend/index.html'
            } else {
              this.$message.error(res.msg)
              this.loading = false
            }
……
</script>
```

(2) 在文件 src/main/java/com/itheima/reggie/controller/EmployeeController.java 中编写方法 login()，功能是验证登录信息是否正确，若正确则进入后台，否则提示错误信息，用户还可以通过方法 logout()退出后台，主要实现代码如下所示。

```
@PostMapping("/login")
public R<Employee> login(HttpServletRequest request,@RequestBody Employee employee){
    //1.将页面提交的密码 password 进行 md5 加密处理
    String password = employee.getPassword();
    password = DigestUtils.md5DigestAsHex(password.getBytes());
    //2.根据页面提交的用户名 username 查询数据库
    LambdaQueryWrapper<Employee> queryWrapper = new LambdaQueryWrapper<>();
    queryWrapper.eq(Employee::getUsername,employee.getUsername());
    Employee emp = employeeService.getOne(queryWrapper);
    //3.如果没有查询到则返回登录失败结果
    if(emp == null){
```

```
        return R.error("登录失败");
    }
    //4.密码比对，如果不一致则返回登录失败结果
    if(!emp.getPassword().equals(password)){
        return R.error("登录失败");
    }
    //5.查看员工状态，如果为已禁用状态，则返回员工已禁用结果
    if(emp.getStatus() == 0){
        return R.error("账号已禁用");
    }
    //6.登录成功，将员工id存入Session并返回登录成功结果
    request.getSession().setAttribute("employee",emp.getId());
    return R.success(emp);
}
/**
 * 员工退出
 */
@PostMapping("/logout")
public R<String> logout(HttpServletRequest request){
    //清理Session中保存的当前登录员工的id
    request.getSession().removeAttribute("employee");
    return R.success("退出成功");
}
```

3.5.2 后台主页

管理员登录后台后进入后台主页，在左侧导航中显示管理链接(如员工管理、分类管理、菜品管理、套餐管理和订餐明细)，如图3-15所示。在右侧显示员工管理页面。

图3-15 后台管理链接导航

后台管理链接导航功能通过文件 src/main/resources/ backend/index.html 实现，主要实现

代码如下所示。

```
new Vue({
  el: '#app',
  data() {
    return {
      defAct: '2',
      menuActived: '2',
      userInfo: {},
      menuList: [
          {
            id: '2',
            name: '员工管理',
            url: 'page/member/list.html',
            icon: 'icon-member'
          },
          {
            id: '3',
            name: '分类管理',
            url: 'page/category/list.html',
            icon: 'icon-category'
          },
          {
            id: '4',
            name: '菜品管理',
            url: 'page/food/list.html',
            icon: 'icon-food'
          },
          {
            id: '5',
            name: '套餐管理',
            url: 'page/combo/list.html',
            icon: 'icon-combo'
          },
          {
            id: '6',
            name: '订单明细',
            url: 'page/order/list.html',
            icon: 'icon-order'
          }
      ],
      iframeUrl: 'page/member/list.html',
      headTitle: '员工管理',
      goBackFlag: false,
      loading: true,
```

```
      timer: null
    }
  },
```

由上述代码可知，后台主页右侧默认显示员工管理页面。

3.5.3 员工管理页面

(1) 编写文件 list.html，功能是列表显示系统中的员工信息，并且可以修改员工的状态信息，主要实现代码如下所示。

```
<el-input
  v-model="input"
  placeholder="请输入员工姓名"
  style="width: 250px"
  clearable
    @keyup.enter.native="handleQuery"
>
  <i
    slot="prefix"
    class="el-input__icon el-icon-search"
    style="cursor: pointer"
    @click="handleQuery"
  ></i>
</el-input>
<el-button
  type="primary"
  @click="addMemberHandle('add')"
>
  + 添加员工
</el-button>
</div>
<el-table
  :data="tableData"
  stripe
  class="tableBox"
>
  <el-table-column
    prop="name"
    label="员工姓名"
  ></el-table-column>
  <el-table-column
    prop="username"
    label="账号"
  ></el-table-column>
```

```
<el-table-column
  prop="phone"
  label="手机号"
></el-table-column>
<el-table-column label="账号状态">
  <template slot-scope="scope">
    {{ String(scope.row.status) === '0' ? '已禁用' : '正常' }}
  </template>
</el-table-column>
<el-table-column
  label="操作"
  width="160"
  align="center"
>
  <template slot-scope="scope">
    <el-button
      type="text"
      size="small"
      class="blueBug"
      @click="addMemberHandle(scope.row.id)"
      :class="{notAdmin:user !== 'admin'}"
    >
      编辑
    </el-button>
    <el-button
      type="text"
      size="small"
      class="delBut non"
      @click="statusHandle(scope.row)"
      v-if="user === 'admin'"
    >
      {{ scope.row.status == '1' ? '禁用' : '启用' }}
    </el-button>
  </template>
</el-table-column>
</el-table>
<el-pagination>
  //状态修改
  statusHandle (row) {
    this.id = row.id
    this.status = row.status
    this.$confirm('确认调整该账号的状态?', '提示', {
      'confirmButtonText': '确定',
      'cancelButtonText': '取消',
      'type': 'warning'
```

```
      }).then(() => {
        enableOrDisableEmployee({ 'id': this.id, 'status': !this.status ? 1 :
            0 }).then(res => {
          console.log('enableOrDisableEmployee',res)
          if (String(res.code) === '1') {
            this.$message.success('账号状态更改成功！')
            this.handleQuery()
          }
        }).catch(err => {
          this.$message.error('请求出错了：' + err)
        })
      })
    },
    handleSizeChange (val) {
      this.pageSize = val
      this.init()
    },
    handleCurrentChange (val) {
      this.page = val
      this.init()
    }
  }
})
```

(2) 在文件 src/main/java/com/itheima/reggie/controller/EmployeeController.java 中编写方法 page()，功能是获取数据库中的员工信息并列表展示，用户还可以根据搜索关键字显示对应的员工信息，主要实现代码如下所示。

```
@GetMapping("/page")
public R<Page> page(int page,int pageSize,String name){
    log.info("page = {},pageSize = {},name = {}",page,pageSize,name);
    //构造分页构造器
    Page pageInfo = new Page(page,pageSize);
    //构造条件构造器
    LambdaQueryWrapper<Employee> queryWrapper = new LambdaQueryWrapper();
    //添加过滤条件
    queryWrapper.like(StringUtils.isNotEmpty(name),Employee::getName,name);
    //添加排序条件
    queryWrapper.orderByDesc(Employee::getUpdateTime);
    //执行查询
    employeeService.page(pageInfo,queryWrapper);
    return R.success(pageInfo);
}
```

(3) 编写文件 src/main/resources/backend/page/member/add.html，功能是实现添加员工表

单，主要实现代码如下所示。

```html
<el-form
  ref="ruleForm"
  :model="ruleForm"
  :rules="rules"
  :inline="false"
  label-width="180px"
  class="demo-ruleForm"
>
  <el-form-item label="账号:" prop="username">
    <el-input v-model="ruleForm.username" placeholder="请输入账号" maxlength="20"/>
  </el-form-item>
  <el-form-item
    label="员工姓名:"
    prop="name"
  >
    <el-input
      v-model="ruleForm.name"
      placeholder="请输入员工姓名"
      maxlength="20"
    />
  </el-form-item>

  <el-form-item
    label="手机号:"
    prop="phone"
  >
    <el-input
      v-model="ruleForm.phone"
      placeholder="请输入手机号"
      maxlength="20"
    />
  </el-form-item>
  <el-form-item
    label="性别:"
    prop="sex"
  >
    <el-radio-group v-model="ruleForm.sex">
      <el-radio label="男"></el-radio>
      <el-radio label="女"></el-radio>
    </el-radio-group>
  </el-form-item>
  <el-form-item
    label="身份证号:"
```

```
        prop="idNumber"
>
  <el-input
    v-model="ruleForm.idNumber"
    placeholder="请输入身份证号"
    maxlength="20"
  />
</el-form-item>
<div class="subBox address">
  <el-form-item>
    <el-button  @click="goBack()">
      取消
    </el-button>
    <el-button
      type="primary"
      @click="submitForm('ruleForm', false)"
    >
      保存
    </el-button>
    <el-button
      v-if="actionType == 'add'"
      type="primary"
      class="continue"
      @click="submitForm('ruleForm', true)"
    >
      保存并继续添加
    </el-button>
  </el-form-item>
</div>
</el-form>
```

(4) 在文件 src/main/java/com/itheima/reggie/controller/EmployeeController.java 中编写方法 save()，功能是将表单中的员工信息添加到数据库中，然后编写方法 update()修改指定员工的信息，主要实现代码如下所示。

```
public R<String> save(HttpServletRequest request,@RequestBody Employee employee){
    log.info("新增员工，员工信息：{}",employee.toString());

    //设置初始密码123456，需要进行md5加密处理
    employee.setPassword(DigestUtils.md5DigestAsHex("123456".getBytes()));
    //获得当前登录用户
    employeeService.save(employee);
    return R.success("新增员工成功");
}
public R<String> update(HttpServletRequest request,@RequestBody Employee employee){
```

```
log.info(employee.toString());
long id = Thread.currentThread().getId();
log.info("线程id为：{}",id);
employeeService.updateById(employee);
return R.success("员工信息修改成功");
}
```

3.5.4 分类管理页面

(1) 编写文件 src/main/resources/backend/page/category/list.html，功能是列表显示系统中所有菜品的分类信息，并且可以添加、修改这些分类信息。

(2) 在文件 src/main/java/com/itheima/reggie/controller/CategoryController.java 中编写如下功能方法：

- save()：功能是向数据库中添加新的分类信息；
- page()：功能是查询数据库中指定关键字的分类信息；
- delete()：功能是删除数据库中的某个分类信息；
- update()：功能是修改数据库中的某个分类信息；
- list()：功能是列表显示数据库中的所有分类信息。

文件 CategoryController.java 的主要实现代码如下所示。

```
@PostMapping
public R<String> save(@RequestBody Category category){
    log.info("category:{}",category);
    categoryService.save(category);
    return R.success("新增分类成功");
}
/**
 * 分页查询
 */
@GetMapping("/page")
public R<Page> page(int page,int pageSize){
    //分页构造器
    Page<Category> pageInfo = new Page<>(page,pageSize);
    //条件构造器
    LambdaQueryWrapper<Category> queryWrapper = new LambdaQueryWrapper<>();
    //添加排序条件,根据sort进行排序
    queryWrapper.orderByAsc(Category::getSort);
    //分页查询
    categoryService.page(pageInfo,queryWrapper);
    return R.success(pageInfo);
}
```

```
/**
 * 根据id删除分类
 */
@DeleteMapping
public R<String> delete(Long id){
    log.info("删除分类，id为：{}",id);
    categoryService.remove(id);
    return R.success("分类信息删除成功");
}
/**
 * 根据id修改分类信息
 */
@PutMapping
public R<String> update(@RequestBody Category category){
    log.info("修改分类信息：{}",category);
    categoryService.updateById(category);
    return R.success("修改分类信息成功");
}
/**
 * 根据条件查询分类数据
 */
@GetMapping("/list")
public R<List<Category>> list(Category category){
    //条件构造器
    LambdaQueryWrapper<Category> wrapper = new LambdaQueryWrapper<>();
    wrapper.eq(category.getType() != null, Category::getType, category.getType());
    wrapper.orderByAsc(Category::getSort).orderByDesc(Category::getUpdateTime);
    List<Category> list = categoryService.list(wrapper);
    return R.success(list);
}
```

3.5.5 菜品管理页面

(1) 编写文件 src/main/resources/backend/page/food/list.html，功能是列表显示系统中所有菜品信息，并且可以添加、修改这些菜品信息。

(2) 编写文件 src/main/resources/backend/page/food/add.html，功能是提供一个菜品添加表单，主要实现代码如下所示。

```
<div>
 <el-form-item
   label="菜品名称："
   prop="name"
 >
```

```html
      <el-input
        v-model="ruleForm.name"
        placeholder="请填写菜品名称"
        maxlength="20"
      />
    </el-form-item>
    <el-form-item
      label="菜品分类:"
      prop="categoryId"
    >
      <el-select
        v-model="ruleForm.categoryId"
        placeholder="请选择菜品分类"
      >
        <el-option v-for="(item,index) in dishList" :key="index" :label=
            "item.name" :value="item.id" />
      </el-select>
    </el-form-item>
  </div>
  <div>
    <el-form-item
      label="菜品价格:"
      prop="price"
    >
      <el-input
        v-model="ruleForm.price"
        placeholder="请设置菜品价格"
      />
    </el-form-item>
  </div>
  <el-form-item label="口味做法配置:">
    <el-form-item>
      <div class="flavorBox">
        <span
          v-if="dishFlavors.length == 0"
          class="addBut"
          @click="addFlavore"
        > + 添加口味</span>
        <div
          v-if="dishFlavors.length != 0"
          class="flavor"
        >
          <div class="title">
            <span>口味名(3 个字内)</span><span>口味标签(输入标签回车添加)</span>
          </div>
          <div class="cont">
            <div
```

```
              v-for="(item, index) in dishFlavors"
              :key="index"
              class="items"
            >
///省略部分代码
  </div>
  <div class="subBox address">
    <el-form-item>
      <el-button @click="goBack()">
        取消
      </el-button>
      <el-button
        type="primary"
        @click="submitForm('ruleForm')"
      >
        保存
      </el-button>
      <el-button
        v-if="actionType == 'add'"
        type="primary"
        class="continue"
        @click="submitForm('ruleForm','goAnd')"
      >
        保存并继续添加菜品
      </el-button>
    </el-form-item>
  </div>
</el-form>
```

(3) 在文件 src/main/java/com/itheima/reggie/controller/DishController.java 中编写如下功能方法：

- save()：功能是向数据库中添加新的菜品信息；
- page()：功能是查询数据库中指定关键字的菜品信息；
- update()：功能是修改数据库中的某个菜品信息；
- list()：功能是列表显示数据库中的所有菜品信息。

文件 DishController.java 的主要实现代码如下所示。

```java
public R<String> save(@RequestBody DishDto dishDto){
    dishService.saveWithFlavor(dishDto);
    //清理所有的菜品缓存数据
    //Set keys = redisTemplate.keys("dish_*");
    //redisTemplate.delete(keys);
    //清理对应分类下的菜品缓存数据
    String key = "dish_"+dishDto.getCategoryId()+"_1";
    redisTemplate.delete(key);
```

```java
        return R.success("新增菜品成功！");
    }
    @GetMapping("/page")
    public R<Page> page(int page, int pageSize, String name){
        //创建分页构造器
        Page<Dish> page1 = new Page<>(page, pageSize);
        Page<DishDto> page2 = new Page<>();

        //条件构造器
        LambdaQueryWrapper<Dish> wrapper = new LambdaQueryWrapper<>();
        wrapper.like(name != null, Dish::getName, name);
        //排序
        wrapper.orderByDesc(Dish::getUpdateTime);
        //执行分页查询
        dishService.page(page1, wrapper);
        //对象拷贝，为了取到DishDto的菜品分类名称
        BeanUtils.copyProperties(page1, page2, "records");
        List<Dish> records = page1.getRecords();
        //把页面展示的每条数据拷贝到page2里
        List<DishDto> dishDtosRecords = new ArrayList<>();
        for (Dish record : records) {
            DishDto dishDto = new DishDto();
            BeanUtils.copyProperties(record, dishDto);
            //得到分类id
            Long categoryId = dishDto.getCategoryId();
            //得到分类对象
            Category category = categoryService.getById(categoryId);
            String categoryName = category.getName();
            dishDto.setCategoryName(categoryName);
            System.out.println(dishDto);
            dishDtosRecords.add(dishDto);
        }
        page2.setRecords(dishDtosRecords);
        return R.success(page2);
    }
    @GetMapping("/{id}")
    public R<DishDto> get(@PathVariable Long id){
        DishDto dishDto = dishService.getByIdWithFlavor(id);
        return R.success(dishDto);
    }
    @PutMapping
    public R<String> update(@RequestBody DishDto dishDto){
        dishService.updateWithFlavor(dishDto);
        //清理对应分类下的菜品缓存数据
        String key = "dish_"+dishDto.getCategoryId()+"_1";
        redisTemplate.delete(key);
        return R.success("恭喜修改成功！");
```

```java
}
@GetMapping("/list")
public R<List<DishDto>> list(Dish dish){
    List<DishDto> dishDtoList = null;
    //动态设置 key 值
    String key = "dish_"+dish.getCategoryId()+"_"+dish.getStatus();
    //先从 redis 中获取缓存数据
    dishDtoList = (List<DishDto>) redisTemplate.opsForValue().get(key);
    //如果数据存在则直接返回数据，无须查询数据库
    if (dishDtoList != null){
        return R.success(dishDtoList);
    }
    //构造查询条件
    LambdaQueryWrapper<Dish> wrapper = new LambdaQueryWrapper<>();
    wrapper.eq(dish.getCategoryId() != null, Dish::getCategoryId, dish.getCategoryId());
    wrapper.eq(Dish::getStatus, 1);
    wrapper.orderByAsc(Dish::getSort).orderByDesc(Dish::getUpdateTime);
    List<Dish> lists = dishService.list(wrapper);
    dishDtoList = new ArrayList<>();
    for (Dish list : lists) {
        DishDto dishDto = new DishDto();
        BeanUtils.copyProperties(list, dishDto);
        //得到分类 id
        Long categoryId = dishDto.getCategoryId();
        //得到分类对象
        Category category = categoryService.getById(categoryId);
        String categoryName = category.getName();
        dishDto.setCategoryName(categoryName);
        Long dishId = list.getId();
        LambdaQueryWrapper<DishFlavor> flavorWrapper = new LambdaQueryWrapper<>();
        flavorWrapper.eq(DishFlavor::getDishId, dishId);
        List<DishFlavor> flavors = dishFlavorService.list(flavorWrapper);
        dishDto.setFlavors(flavors);
        dishDtoList.add(dishDto);
    }
    //如果不存在，需要查询数据库，并将查询到的菜品数据缓存到 Redis 中
    redisTemplate.opsForValue().set(key, dishDtoList, 60, TimeUnit.MINUTES);
    return R.success(dishDtoList);
}
```

3.5.6 套餐管理页面

（1）编写文件 src/main/resources/backend/page/combo/list.html，功能是列表显示系统中所有套餐信息，并且可以添加、修改、停售和删除这些套餐信息。

（2）编写文件 src/main/resources/backend/page/combo/add.html，功能是提供一个套餐添

加表单。

(3) 在文件 src/main/java/com/itheima/reggie/controller/SetmealController.java 中编写如下功能方法：

- save()：功能是向数据库中添加新的套餐信息；
- page()：功能是查询数据库中指定关键字的套餐信息；
- delete()：功能是删除数据库中的某个套餐信息；
- updateStatus()：功能是更新数据库中某个套餐的信息；
- get()：功能是修改数据库中的某个套餐及其菜品信息；
- list()：功能是列表显示数据库中的所有套餐信息。

文件 SetmealController.java 的主要实现代码如下所示。

```java
@GetMapping("/page")
public R<Page> page(int page, int pageSize, String name){
    //创建分页构造器
    Page<Setmeal> setmealPage = new Page<>(page, pageSize);
    LambdaQueryWrapper<Setmeal> wrapper = new LambdaQueryWrapper<>();
    wrapper.like(name != null, Setmeal::getName, name);
    wrapper.orderByDesc(Setmeal::getUpdateTime);
    setmealService.page(setmealPage, wrapper);
    Page<SetmealDto> setmealDtoPage = new Page<>();
    BeanUtils.copyProperties(setmealPage, setmealDtoPage, "records");
    List<Setmeal> records = setmealPage.getRecords();
    List<SetmealDto> setmealDtoList = new ArrayList<>();
    for (Setmeal record : records) {
        SetmealDto setmealDto = new SetmealDto();
        BeanUtils.copyProperties(record, setmealDto);
        Long categoryId = record.getCategoryId();
        Category category = categoryService.getById(categoryId);
        if (category != null){
            setmealDto.setCategoryName(category.getName());
            setmealDtoList.add(setmealDto);
        }
    }
    setmealDtoPage.setRecords(setmealDtoList);
    return R.success(setmealDtoPage);
}

@DeleteMapping
@CacheEvict(value = "setmealCache", allEntries = true)//清除所有setmeal分类下的
        缓存数据
public R<String> delete(@RequestParam List<Long> ids){
    setmealService.removeWithDish(ids);
    return R.success("套餐删除成功");
}
```

```java
/**
* 更新套餐状态
*/
@PostMapping("/status/{status}")
public R<String> updateStatus(@PathVariable("status") Integer status,
    @RequestParam List<Long> ids){
    log.info("修改的id: {}", ids);
    setmealService.updateStatus(status, ids);
    return R.success("状态修改成功");
}
/**
* 更新套餐及菜品信息
*/
@GetMapping("/{id}")
public R<SetmealDto> get(@PathVariable Long id){
    SetmealDto setmealDto = setmealService.getWithDish(id);
    return R.success(setmealDto);
}
/**
*展示手机端的套餐信息
*/
@GetMapping("/list")
@Cacheable(value = "setmealCache", key = "#setmeal.categoryId+'_'+
    #setmeal.status")
public R<List<Setmeal>> list(Setmeal setmeal){
    LambdaQueryWrapper<Setmeal> wrapper = new LambdaQueryWrapper<>();
    wrapper.eq(setmeal.getCategoryId() != null, Setmeal::getCategoryId,
        setmeal.getCategoryId());
    wrapper.eq(setmeal.getStatus() != null, Setmeal::getStatus, setmeal.getStatus());
    wrapper.orderByDesc(Setmeal::getUpdateTime);
    List<Setmeal> setmealList = setmealService.list(wrapper);
    return R.success(setmealList);
}
```

3.5.7 订单明细管理页面

(1) 编写文件 src/main/resources/backend/page/order/list.html，功能是列表显示系统中所有外卖的订单信息，并且可以查看订单详情信息和修改订单的状态(例如，派送、完成)信息。

(2) 在文件 src/main/java/com/itheima/reggie/controller/OrderController.java 中编写如下功能方法：

- page()：功能是列表显示数据库中的所有订单信息；
- updateStatus()：功能是修改数据库中某个订单的状态信息。

文件 OrderController.java 的主要实现代码如下所示。

第3章 外卖点餐系统

```java
@GetMapping("/page")
public R<Page> page(int page, int pageSize, Long number, String beginTime, String endTime){
    //创建分页构造器
    Page<Orders> ordersPage = new Page<>(page, pageSize);
    //条件构造器
    LambdaQueryWrapper<Orders> wrapper = new LambdaQueryWrapper<>();
    wrapper.eq(number != null, Orders::getNumber, number)
            .ge(!StringUtils.isEmpty(beginTime), Orders::getOrderTime, beginTime)
            .le(!StringUtils.isEmpty(endTime), Orders::getOrderTime, endTime)
            .orderByAsc(Orders::getOrderTime);
    orderService.page(ordersPage, wrapper);
    return R.success(ordersPage);
}
@PutMapping
public R<String> updateStatus(@RequestBody Orders orders){
    Integer status = orders.getStatus();
    if (status == 3){
        orders.setStatus(4);
    }
    orderService.updateById(orders);
    return R.success("状态修改成功");
}
```

3.6 前端点餐模块

本项目的前端运行在手机和平板电脑等移动设备中,消费者登录系统后可以实现浏览商品、点餐和付款功能。本节将简要介绍本项目前端点餐模块的实现过程。

扫码看视频

3.6.1 登录验证

为提高系统安全性,只有会员才可以在本系统前端点餐。

(1) 编写文件 src/main/resources/front/page/login.html 实现登录表单页面,需要输入正确的手机号和验证码后才可以登录系统。

(2) 编写文件 src/main/java/com/itheima/reggie/utils/SMSUtils.java 向用户发送验证码,主要实现代码如下所示。

```java
public class SMSUtils {
    public static boolean sendMail(String email,String title, String emailMsg) {
        String from = "@163.com";              // 邮件发送人的邮件地址
        String to = email;                     // 邮件接收人的邮件地址
```

113

```java
        final String username = "@163.com";       //发件人的邮件账户
        final String password = "";               //发件人的邮件授权码
        //定义Properties对象,设置环境信息
        Properties props = System.getProperties();
        //设置邮件服务器的地址
        props.setProperty("mail.smtp.host", "smtp.163.com"); // 指定的smtp服务器
        props.setProperty("mail.smtp.auth", "true");
        props.setProperty("mail.transport.protocol", "smtp");//设置发送邮件使用的协议
        //创建Session对象,session对象表示整个邮件的环境信息
        Session session = Session.getInstance(props);
        //设置输出调试信息
        session.setDebug(true);
        try {
            MimeMessage message = new MimeMessage(session);
            //设置发件人的地址
            message.setFrom(new InternetAddress(from));
            //设置主题
            message.setSubject(title);
            //设置邮件的文本内容
            //message.setText("Welcome to JavaMail World!");
            message.setContent((emailMsg),"text/html;charset=utf-8");
            //从session的环境中获取发送邮件的对象
            Transport transport=session.getTransport();
            //连接邮件服务器
            transport.connect("smtp.163.com",25, username, password);
            //设置收件人地址,并发送消息
            transport.sendMessage(message,new Address[]{new InternetAddress(to)});
            transport.close();
            return true;
        } catch (MessagingException e) {
            e.printStackTrace();
            return false;
        }
    }
}
```

3.6.2 前端主页

编写文件 src/main/resources/front/index.html 实现本项目前端主页功能,列表显示系统中提供的外卖信息,所有外卖根据菜品分类展示。文件 index.html 的主要实现代码如下所示。

```
<div class="divLayer">
   <div class="divLayerLeft"></div>
   <div class="divLayerRight"></div>
</div>
<div class="divCart" v-if="categoryList.length > 0">
```

```html
    <div :class="{imgCartActive: cartData && cartData.length > 0, imgCart:!cartData
|| cartData.length<1}" @click="openCart"></div>
    <div :class="{divGoodsNum:1===1, moreGoods:cartData && cartData.length > 99}"
v-if="cartData && cartData.length > 0">{{ goodsNum }}</div>
  <div class="divNum">
    <span>￥</span>
    <span>{{goodsPrice}}</span>
  </div>
    <div class="divPrice"></div>
    <div :class="{btnSubmitActive: cartData && cartData.length > 0,
btnSubmit:!cartData || cartData.length<1}" @click="toAddOrderPage">去结算</div>
    </div>
    <van-dialog v-model="dialogFlavor.show" :show-confirm-button="false"
class="dialogFlavor" ref="flavorDialog">
    <div class="dialogTitle">{{dialogFlavor.name}}</div>
    <div class="divContent">
      <div v-for="flavor in dialogFlavor.flavors" :key="flavor.id">
        <div class="divFlavorTitle">{{flavor.name}}</div>
        <span v-for="item in JSON.parse(flavor.value)"
         :key="item"
         @click="flavorClick(flavor,item)"
         :class="{spanActive:flavor.dishFlavor === item}"
        >{{item}}</span>
      </div>
  </div>
  <div class="divBottom">
    <div><span class="spanMoney">￥</span>{{dialogFlavor.price/100}}</div>
    <div @click="dialogFlavorAddCart">加入购物车</div>
  </div>
  <div class="divFlavorClose" @click="dialogFlavor.show = false">
    <img src="./images/close.png"/>
  </div>
</van-dialog>
<van-popup v-model="cartDialogShow" position="bottom" :style="{ height: '50%' }"
class="dialogCart">
  <div class="divCartTitle">
    <div class="title">购物车</div>
    <div class="clear" @click="clearCart">
      <i class="el-icon-delete"></i> 清空
    </div>
  </div>
</div>
```

3.6.3 购物车处理

编写文件 src/main/java/com/itheima/reggie/controller/ShoppingCartController.java 实现购物车处理功能，此文件主要包含如下功能方法：

- add()：实现向购物车中添加外卖商品的功能；
- list()：实现列表显示购物车中的所有商品信息的功能；
- clean()：实现清空购物车中的所有信息的功能。

文件 ShoppingCartController.java 的主要实现代码如下所示。

```java
@PostMapping("/add")
public R<ShoppingCart> add(@RequestBody ShoppingCart shoppingCart){
    log.info("封装的数据为{}",shoppingCart);
    //得到用户id，判断是哪个用户在添加商品
    Long id = BaseContext.getCurrentId();
    shoppingCart.setUserId(id);
    //判断添加的是菜品还是套餐
    LambdaQueryWrapper<ShoppingCart> wrapper = new LambdaQueryWrapper<>();
    wrapper.eq(id != null, ShoppingCart::getUserId, id);
    Long dishId = shoppingCart.getDishId();
    if (dishId != null){
        //添加的是菜品
        wrapper.eq(ShoppingCart::getDishId, dishId);
    }else {
        //添加的是套餐
        wrapper.eq(ShoppingCart::getSetmealId, shoppingCart.getSetmealId());
    }
    //判断该用户之前是否添加过该商品，如果添加过就数量加1
    ShoppingCart cartServiceOne = shoppingCartService.getOne(wrapper);
    if (cartServiceOne == null){
        //购物车为空说明是第一次添加,将查到的购物车商品返回
        shoppingCart.setNumber(1);
        shoppingCart.setCreateTime(LocalDateTime.now());
        shoppingCartService.save(shoppingCart);//别忘了把数据存进去
        cartServiceOne = shoppingCart;

    }else {
        Integer number = cartServiceOne.getNumber();
        cartServiceOne.setNumber(number+1);
        shoppingCartService.updateById(cartServiceOne);//别忘了更新
    }
    return R.success(cartServiceOne);
}
/**
 * 查看购物车
 */
@GetMapping("/list")
public R<List<ShoppingCart>> list(){
    Long id = BaseContext.getCurrentId();
    LambdaQueryWrapper<ShoppingCart> wrapper = new LambdaQueryWrapper<>();
    wrapper.eq(ShoppingCart::getUserId, id);
```

```
    wrapper.orderByAsc(ShoppingCart::getCreateTime);
    List<ShoppingCart> shoppingCartList = shoppingCartService.list(wrapper);
    return R.success(shoppingCartList);
}
/**
 * 清空购物车
 */
@DeleteMapping("/clean")
public R<String> clean(){
    Long id = BaseContext.getCurrentId();
    LambdaQueryWrapper<ShoppingCart> wrapper = new LambdaQueryWrapper<>();
    wrapper.eq(ShoppingCart::getUserId, id);
    shoppingCartService.remove(wrapper);
    return R.success("购物车已清空");
}
```

3.6.4 设置收货信息

在提交订单之前需要设置收货信息，编写文件 src/main/resources/front/page/address.html 提供设置收货信息的表单页面，主要实现代码如下所示。

```
<div id="address" class="app">
    <div class="divHead">
        <div class="divTitle">
            <i class="el-icon-arrow-left" @click="goBack"></i>地址管理
        </div>
    </div>
    <div class="divContent">
        <div class="divItem" v-for="(item,index) in addressList" :key="index"
            @click.capture="itemClick(item)">
            <div class="divAddress">
                <span :class="{spanCompany:item.label === '公司',spanHome:item.label ===
                    '家',spanSchool:item.label === '学校'}">{{item.label}}</span>
                {{item.detail}}
            </div>
            <div class="divUserPhone">
                <span>{{item.consignee}}</span>
                <span>{{item.sex === '0' ? '女士' : '先生'}}</span>
                <span>{{item.phone}}</span>
            </div>
            <img src="./../images/edit.png" @click.stop.prevent=
                "toAddressEditPage(item)"/>
            <div class="divSplit"></div>
            <div class="divDefault" >
                <img src="./../images/checked_true.png" v-if="item.isDefault === 1">
```

```
                <img src="./../images/checked_false.png" @click.stop.prevent=
                    "setDefaultAddress(item)" v-else>设为默认地址
            </div>
        </div>
    </div>
    <div class="divBottom" @click="toAddressCreatePage">+ 添加收货地址</div>
</div>
```

3.6.5 订单处理

(1) 编写文件 src/main/resources/front/page/order.html 显示订单内的信息,并且可以修改订单信息。文件 order.html 的主要实现代码如下所示。

```
<div class="divBody" v-if="orderList.length > 0">
    <van-list
        v-model="loading"
        :finished="finished"
        finished-text="没有更多了"
        @load="getList"
    >
        <van-cell v-for="(order,index) in orderList" :key="index" class="item">
            <div class="timeStatus">
                <span>{{order.orderTime}}</span>
                <span>{{getStatus(order.status)}}</span>
                <!-- <span>正在派送</span> -->
            </div>
            <div class="dishList">
                <div v-for="(item,index) in order.orderDetails" :key="index" class="item">
                    <span>{{item.name}}</span>
                    <span>x{{item.number}}</span>
                </div>
            </div>
            <div class="result">
                <span>共{{order.sumNum}} 件商品,实付</span><span class="price">
                    ¥{{order.amount}}</span>
            </div>
```

(2) 提交订单后会调用文件 src/main/java/com/itheima/reggie/controller/OrderController.java 中的方法将订单信息添加到数据库中,主要实现代码如下所示。

```
@PostMapping("/submit")
public R<String> submit(@RequestBody Orders orders){
    log.info("订单数据: {}", orders);
    orderService.submit(orders);
    return R.success("下单成功");
}
```

3.6.6 订单完成页面

提交订单后需要付款完成订单,编写文件 src/main/resources/front/page/pay-success.html 展示订单信息,主要实现代码如下所示。

```
<div class="divContent">
    <img src="./../images/success.png"/>
    <div class="divSuccess">下单成功</div>
    <div class="divDesc">预计{{finishTime}}到达</div>
    <div class="divDesc1">后厨正在加紧制作中,请耐心等待~</div>
    <div class="btnView" @click="toOrderPage">查看订单</div>
</div>
</div>
```

3.7 测试运行

系统前端主页的执行结果如图 3-16 所示,下单成功页面的执行结果如图 3-17 所示。

扫码看视频

图 3-16 系统前端主页

图 3-17 下单成功页面

系统后台菜品管理页面的执行结果如图 3-18 所示。

图 3-18 后台菜品管理页面

第 4 章

CMS 新闻资讯系统

　　随着互联网的普及和发展，人们对新闻信息的传递和要求越来越高，尤其是网络新闻已经融入人们生活的方方面面，从网上获取新闻信息已经成为人们生活中的必需。本章将详细讲解使用 Java 语言开发一个 CMS 新闻资讯系统的过程，具体流程由 Spring Boot+ Mybatis-Plus+ Thymeleaf+Layui +MySQL 来实现。

4.1 背景介绍

当今社会是信息化的社会，人们掌握的信息越多、越全面、越快速，就越会在社会竞争当中占据优势。信息的时效性越来越重要，传统的报纸等新闻媒介早已不能满足人们的要求。现如今，计算机已经被广泛应用于社会的各个方面，计算机网络飞速发展，对于新闻单位来讲，网络可以更广泛便捷地发布新闻信息，更好地让用户参与到新闻评论等交互之中，进而出现了新闻网站。

扫码看视频

新闻网站，是将网络上经常变化的信息，如时事政治、产品发布和体育比赛等最新信息收集起来，然后进行分类化的处理，最后发布到网页上的一种系统应用。新闻网站的出现，使得新闻信息的更新发布速度大大加快，新闻信息的时效性得到了很大的保障，给对信息的时效性要求很高的用户带来了福音。

4.2 系统分析

系统分析也称系统方法，以系统的整体最优为目标，对系统的各个方面进行定性和定量分析。系统分析是一个有目的、有步骤的探索和分析过程，为软件开发决策者提供直接判断和决定最优系统方案所需的信息和资料，从而成为系统开发工作的一个重要程序和核心组成部分。

扫码看视频

4.2.1 需求分析

随着 Internet 的普及，越来越多的企业建立了自己的网站，企业通过网站可以展示产品，发布最新动态，与用户进行交流和沟通，与合作伙伴建立联系，以及开展电子商务等。其中新闻管理系统是构成企业网站的一个重要组成部分，它担负着双层作用：

- 一方面可以用来动态发布有关新产品或新开发项目；
- 一方面又可以及时向顾客公告企业经营业绩、技术与研发进展、特别推荐或优惠的工程项目、产品和服务，从而吸引顾客，扩大顾客群。

随着信息时代的高速发展，传统的报纸杂志已经远远满足不了人们的需求，人们更加希望能够在网上了解更多的新闻和信息，于是我们就很有必要在网上创建一个新闻发布管理信息系统了。大部分网站都是采用静态的方式来发布和管理信息的，于是网站需要更新的信息量也越来越大，所以这很不利于网站管理人员的工作。为了更加方便地管理网站，我们迫切需要利用动态技术创建一个新闻发布管理信息系统。

4.2.2 技术分析

本项目将基于 CMS 实现一个新闻资讯系统,实现前端新闻展示和后端新闻管理的完整功能。CMS 是 Content Management System 的缩写,意为内容管理系统,是一种位于 Web 前端(Web 服务器)和后端办公系统或流程(内容创作、编辑)之间的软件系统。内容的创作人员、编辑人员、发布人员使用内容管理系统来提交、修改、审批、发布内容。这里指的"内容"可能包括文件、表格、图片、数据库中的数据甚至视频等一切用户想要发布到 Internet、Intranet 以及 Extranet 网站的信息。

本项目使用 Spring Boot 和 Mybatis 技术实现,并且借助于 MySQL 数据库,实现了动态 Web 功能。

4.2.3 功能分析

本项目分为前台模块和后台模块两部分,具体说明如下所示。

(1) 前台模块功能介绍

- 前台页面提供了用户注册/登录、新闻浏览、新闻搜索和发布、进入后台的接口。用户只有注册成为网站会员才可以发布新闻信息,系统中所有用户的密码都借助了 MD5 算法来进行加密,使得密码在数据库中不是明文显示,可以增加安全性。
- 注册会员后会发送激活邮件激活操作权限,用户只需点击激活邮件就会激活成功。如果没激活,在使用时会提示权限不够,用户登录后可在个人中心重新发送激活邮件(未激活情况下)。
- 用户在新闻发布时会有相应的敏感词过滤,若与词库中的词匹配则可用"*"替代,并且其新闻内容需要经过后台管理员审核通过才能给其他用户观看。这里的敏感词过滤算法为 DFA 算法,项目中可选最大或最小匹配规则。
- 登录激活成功的账号具有评论与收藏功能,并且评论也是具有敏感词过滤功能,可在个人中心查看评论或收藏。

(2) 后台模块功能介绍

管理员登录后台后,可以分别实现新闻分类、新闻审核、新闻评论、用户与新闻的操作管理功能,系统后台需要等级 2 或等级 3 的管理员用户才可登录。同时,后台使用拦截器拦截未登录的用户。

4.2.4 功能模块架构图

本项目功能模块的架构如图 4-1 所示。

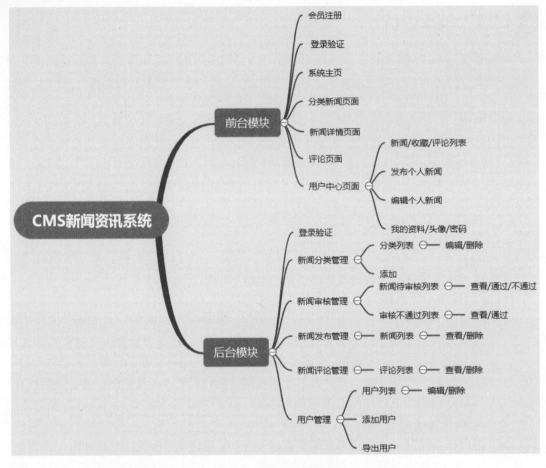

图 4-1　功能模块架构图

4.3　搭建数据库平台

本项目系统的开发工作主要包括三个方面：数据库设计、前台模块的设计以及后台模块的设计实现工作。其中数据库设计是本系统的核心功能之一，本节将详细讲解为本项目搭建数据库平台的过程。

扫码看视频

4.3.1　数据库设计

考虑到本项目所要处理的数据量比较大，且需要多用户同时运行访问，本项目将使用

MySQL 作为后台数据库管理平台。在 MySQL 中创建一个名为 "newsspingboot" 的数据库，然后在数据库中新建如下所示的表。

(1) 表 t_article 用于保存系统中的新闻信息，具体设计结构如图 4-2 所示。

名字	类型	排序规则	属性	空	默认	注释	额外
id	int(11)			否	无		AUTO_INCREMENT
title	varchar(50)	utf8_general_ci		是	NULL		
author_id	int(11)			是	NULL	作者ID	
content	mediumtext	utf8_general_ci		是	NULL		
cid	int(5)			否	0	标签	
create_time	datetime			是	NULL	时间	
status	tinyint(2)			否	0		
check_num	int(11)			是	0	点击数	
img_src	varchar(200)	utf8_general_ci		是	NULL		
edit_time	datetime		on update CURRENT_TIMESTAMP	是	NULL	修改时间	ON UPDATE CURRENT_TIMESTAMP
lid	int(11)			否	1	文章等级	

图 4-2 表 t_article 的设计结构

(2) 表 t_category 用于保存系统中新闻分类的信息，具体设计结构如图 4-3 所示。

名字	类型	排序规则	属性	空	默认	注释	额外
cid	int(5)			否	无		AUTO_INCREMENT
cname	varchar(10)	utf8_general_ci		是	NULL		

图 4-3 表 t_category 的设计结构

(3) 表 t_comment 用于保存系统中的新闻评论信息，具体设计结构如图 4-4 所示。

名字	类型	排序规则	属性	空	默认	注释	额外
comid	int(11)			否	无	评论表主键	AUTO_INCREMENT
aid	int(11)			否	无	被评论的新闻id	
uid	int(11)			否	无	用户评论的id	
content	text	utf8_general_ci		是	NULL	评论内容	
com_time	datetime		on update CURRENT_TIMESTAMP	是	NULL	评论时间	ON UPDATE CURRENT_TIMESTAMP
illegal	int(11)			否	0	查看评论是否非法,0为无1为有	

图 4-4 表 t_comment 的设计结构

(4) 表 t_favorite 用于保存系统中的收藏信息,具体设计结构如图 4-5 所示。

名字	类型	排序规则	属性	空	默认	注释	额外
fid	int(11)			否	无	收藏夹主键	AUTO_INCREMENT
uid	int(11)			否	无	用户的主键	
aid	int(11)			否	无	新闻主键	
add_time	datetime		on update CURRENT_TIMESTAMP	是	NULL	添加时间	ON UPDATE CURRENT_TIMESTAMP

图 4-5 表 t_favorite 的设计结构

(5) 表 t_level 用于保存系统中的用户等级信息,具体设计结构如图 4-6 所示。

名字	类型	排序规则	属性	空	默认	注释	额外
lid	int(11)			否	无		AUTO_INCREMENT
lname	varchar(30)	utf8_general_ci		是	NULL	等级名称	
level	int(3)			是	NULL	等级	

图 4-6 表 t_level 的设计结构

(6) 表 t_user 用于保存系统中的用户信息,具体设计结构如图 4-7 所示。

名字	类型	排序规则	属性	空	默认	注释	额外
uid	int(11)			否	无		AUTO_INCREMENT
uname	varchar(70)	utf8_general_ci		否			
password	varchar(100)	utf8_general_ci		否			
ad_role	int(2)			否	0	管理员?	
lid	int(3)			否	1	等级	
telephone	varchar(11)	utf8_general_ci		是			
email	varchar(50)	utf8_general_ci		是			
sex	varchar(6)	utf8_general_ci		是			
active	int(2)			是	0	激活?	
code	varchar(100)	utf8_general_ci		是		激活码	
head_image	varchar(200)	utf8_general_ci		是	NULL	头像	
create_time	datetime		on update CURRENT_TIMESTAMP	是	NULL		ON UPDATE CURRENT_TIMESTAMP
news_name	varchar(255)	utf8_general_ci		是		昵称	

图 4-7 表 t_user 的设计结构

4.3.2 数据库链接

在文件 src/main/resources/application.properties 中编写链接数据库的参数，主要实现代码如下所示。

```
#链接数据库
spring.datasource.url=jdbc:mysql:///newsspingboot?serverTimezone=UTC&useUnicode=true&characterEncoding=utf8
spring.datasource.username=root
spring.datasource.password=66688888
spring.datasource.driver-class-name=com.mysql.jdbc.Driver
spring.datasource.type=com.alibaba.druid.pool.DruidDataSource
```

4.3.3 实体类

在本项目中的 entity 层创建实体类，各个实体类与数据库中的属性值基本保持一致。在本项目中，需要创建如下所示的实体类。

(1) 实体类文件 src/main/java/cn/cms/news_demo/domain/Article.java 对应的数据库表是 t_article，主要代码如下所示。

```java
@TableName("t_article")
public class Article implements Serializable {
    @TableId(type= IdType.AUTO)
    private Integer id;
    private String title;
    private String content;
    private Integer cid;
    @JsonFormat(
            pattern = "yyyy-MM-dd HH:mm:ss",
            timezone = "GMT+8"
    )
    @DateTimeFormat(pattern = "yyyy-MM-dd HH:mm:ss")
    private Date createTime;
    private int authorId;
    private Integer status;  //文章状态，0为待审核，1为审核通过，2为审核不通过
    private Integer checkNum;
    private String imgSrc;//存放内容出现图片
    @JsonFormat(
            pattern = "yyyy-MM-dd HH:mm:ss",
            timezone = "GMT+8"
    )
    @DateTimeFormat(pattern = "yyyy-MM-dd HH:mm:ss")
    private Date editTime;//编辑时间
    private Integer lid;//文章等级
    @TableField(exist = false)//冗余字段，主要为了封装后面的类别
    private Category category;//文章类别
    @TableField(exist = false)
    private User user;//查询用户信息
}
```

(2) 实体类文件 src/main/java/cn/cms/news_demo/domain/Category.java 对应的数据库表是 t_category，主要代码如下所示。

```java
@Data
@TableName("t_category")
public class Category implements Serializable {
    @TableId(type= IdType.AUTO)
    private Integer cid;
    private String cname;
}
```

(3) 实体类文件 src/main/java/cn/cms/news_demo/domain/Comment.java 对应的数据库表是 t_comment，主要代码如下所示。

```java
@TableName("t_comment")
@Data
public class Comment implements Serializable {
```

```
    @TableId(type = IdType.AUTO)
    private Integer comid;//评论表主键
    private Integer aid;//评论新闻的 id
    private Integer uid;//评论人 id
    private String content;//评论内容
    private Date comTime;//评论时间
    private  Integer illegal;//用户评论是否非法，即包含敏感字符串

    @TableField(exist = false)
    private User user;//冗余字段，查询用户信息
}
```

（4）实体类文件 src/main/java/cn/cms/news_demo/domain/Favorite.java 对应的数据库表是 t_favorite，主要代码如下所示。

```
@TableName("t_favorite")
public class Favorite implements Serializable {
    @TableId(type = IdType.AUTO)
    private Integer fid;//主键
    private Integer uid;//用户 id
    private Integer aid;//文章 id
    private Date addTime;//添加时间
}
```

（5）实体类文件 src/main/java/cn/cms/news_demo/domain/Level.java 对应的数据库表是 t_level，主要代码如下所示。

```
@TableName("t_level")
@Data
public class Level implements Serializable {
    @TableId(type = IdType.AUTO)
    private Integer lid;
    private String lname;
    private Integer level;
}
```

（6）实体类文件 src/main/java/cn/cms/news_demo/domain/User.java 对应的数据库表是 t_user，主要代码如下所示。

```
@TableName("t_user")
public class User  implements Serializable {
    @TableId(type = IdType.AUTO)
    private Integer uid;//主键
    private String uname;
    private String password;
    private String telephone;
    private String email;
```

```
private String sex;//
private Integer lid;//等级
private Integer active;//激活状态
private String code;//激活码,普通用户需要,系统用户不需要
private String newsName;//新闻用户昵称
private String head_image;//用户头像
private String headImage;//用户头像
private Integer adRole;//是否管理员
@JsonFormat(
        pattern = "yyyy-MM-dd HH:mm:ss",
        timezone = "GMT+8"
)
@DateTimeFormat(pattern = "yyyy-MM-dd HH:mm:ss")
private Date createTime;//创建时间
}
```

4.3.4 数据持久化层

在 Java 项目中,数据持久化层(mapper 层)用于实现和数据库的交互工作。想要访问数据库并且操作数据,只能通过 mapper 层向数据库发送 SQL 语句,将这些结果通过接口传给 Service 层,对数据库进行数据持久化操作。在本项目中,需要创建如下所示的 mapper 类。

(1) 创建数据持久化类文件 src/main/java/cn/cms/news_demo/mapper/ArticleMapper.java,实现和数据库表 t_article 的映射,分别声明分页显示方法、通过 id 查找文章详细信息方法、查找未审核文章的多表查询方法,主要实现代码如下所示。

```
public interface ArticleMapper extends BaseMapper<Article> {
    public List<Article> addCateAll();

    //分页
    IPage<Article> findByPage(IPage<Article> page, @Param("ew")
                QueryWrapper<Article> queryWrapper) throws Exception;

    //通过 id 查找文章详细信息,多表查询
    Article findMessageId(Integer aid);

    //动态 sql,查找未审核文章的多表查询
    IPage<Article> findAllByStatus(IPage<Article> page, @Param("uname") String
        uname, @Param("cname") String cname, @Param("title") String title,
        @Param("lid") Integer lid, @Param("status") Integer status);
}
```

(2) 创建数据持久化类文件 src/main/java/cn/cms/news_demo/mapper/CommentMapper.java,实现和数据库表 t_comment 的映射,声明了查找未审核文章的多表查询方法,主要实现代码如下所示。

```
public interface CommentMapper extends BaseMapper<Comment> {
    //动态 sql，查找未审核文章的多表查询
    IPage<Comment> findComByStatus(IPage<Comment> page, @Param("lid") Integer lid,
                @Param("illegal") Integer illegal, @Param("uname") String uname,
                @Param("userLid") Integer userLid);
}
```

4.4 前台模块

在本项目的前台页面中，展示系统中的新闻信息和评论信息，并且实现了用户注册、登录验证和发布新闻信息等功能。本节将详细讲解本项目前台模块的实现过程。

扫码看视频

4.4.1 会员注册

在本系统中，只有注册成为会员用户才可以发布新闻信息，否则只能浏览新闻信息。

(1) 编写文件 src/main/resources/templates/register.html 创建一个用户表单，主要代码如下所示。

```
<div class="layui-container container layui-layer-border back ">
    <h2 class="register-title">注册信息</h2>
    <div class="register ">

        <form class="layui-form " >
            <div class="layui-form-item">
                <label class="layui-form-label">用户账号</label>
                <div class="layui-input-inline">
                    <input type="text" name="uname" required lay-verify="uname"
                        placeholder="请输入用户账号"
                        autocomplete="off" class="layui-input">
                </div>
                <div class="layui-form-mid layui-word-aux">用户名格式：4 到 10 位，由大小写
                    字母和数字组成</div>
            </div>
            <div class="layui-form-item">
                <label class="layui-form-label">密码框</label>
                <div class="layui-input-inline">
                    <input type="password" name="password" required lay-verify=
                        "password" placeholder="请输入密码"
                        autocomplete="off" class="layui-input" id="password">
                </div>
                <div class="layui-form-mid layui-word-aux">密码格式：至少 6 位，由英文
                    与数字组成</div>
```

```html
        </div>
//省略部分代码
        <div class="layui-form-item">
            <label class="layui-form-label">手机号</label>
            <div class="layui-input-block">
                <input type="tel" name="telephone" required lay-verify="tel"
                    placeholder="请输入个人手机号"
                    autocomplete="off" class="layui-input">
            </div>
        </div>
        <div class="layui-form-item">
            <label class="layui-form-label">邮箱</label>
            <div class="layui-input-block">
                <input type="email" name="email" required lay-verify="required"
                    placeholder="请输入个人邮箱"
                    autocomplete="off" class="layui-input">
            </div>
        </div>

        <div class="layui-form-item">
            <label class="layui-form-label">验证码</label>
            <div class="layui-input-inline">
                <input type="text" name="checkcode" required lay-verify=
                    "checkcode" placeholder="请输入验证码"
                    autocomplete="off" class="layui-input">
            </div>
            <div class="layui-form-mid layui-word-aux">
                <img src="/user/register/checkCode" onclick=
                    "changeCheckCode(this)" alt="更换验证码">
                <!--                    更换验证码-->
                <script type="text/javascript">
                    //图片点击事件
                    function changeCheckCode(img) {
                        img.src = "/user/register/checkCode?" + new Date().getTime();
                    }
                </script>
            </div>
        </div>

        <div class="layui-form-item">
            <div class="layui-input-block">
                <button class="layui-btn" type="button" lay-submit lay-filter=
                    "register">注册</button>
                <button type="reset" class="layui-btn layui-btn-primary">重置</button>
            </div>
        </div>
    </form>
```

(2) 当用户在表单中输入信息并单击"注册"按钮后会验证注册信息是否合法，编写文件 src/main/java/cn/cms/news_demo/controller/UserController.java，通过如下方法处理注册表单中的信息：

- 方法 register()：获取用户的注册信息；
- 方法 sendRegisterResult()：返回用户的注册结果。

对应代码如下所示。

```
//注册页面
@RequestMapping("/register")
public String register(Model model) {
    return "register";
}

//提供注册页面验证码
@RequestMapping("/register/checkCode")
@ResponseBody
public void getCheck(HttpServletResponse response, HttpServletRequest request) {
    //调用验证码工具类提供验证码
    CheckCodeUtil.getCheckCode(request,response);
}

//注册页面提交表单返回结果
@PostMapping("/register/result")
@ResponseBody
public Map sendRegisterResult(@RequestBody Map<String,String> map1
        ,HttpSession session){

    Map map = userService.registerResult(map1, session);
    return map;
}
```

(3) 在文件 src/main/java/cn/cms/news_demo/service/impl/UserServiceImpl.java 中编写方法 registerResult()验证注册信息的合法性，如果信息合法则将注册信息添加到数据库，并向邮箱发送激活邮件。方法 registerResult()的主要实现代码如下所示。

```
public Map registerResult(Map<String,String> map, HttpSession session) {
    String checkcode_server = (String)session.getAttribute("CHECKCODE_SERVER");
    User user = new User();
    user.setUname(map.get("uname"));
    user.setPassword(map.get("password"));
    user.setSex(map.get("sex"));
    user.setEmail(map.get("email"));
    user.setTelephone(map.get("telephone"));
    user.setNewsName(map.get("news_name"));
```

```java
        String checkcode=map.get("checkcode");
        Map<String, String> map1 = new HashMap<>();
        //存放返回码状态和查询信息结果
        Integer status;
        String msg="";
        if (checkcode.equals(checkcode_server)){
            msg=null;
            //验证码一致
            status=200;
            //进行用户保存
            QueryWrapper<User> queryWrapper = new QueryWrapper<>();
            queryWrapper.eq("uname",user.getUname());
            User user1 = userMapper.selectOne(queryWrapper);
            //用户名没有重复
            if (user1 == null) {
                //使用MD5算法进行加密后保存
                user.setPassword(MD5Util.MD5EncodeUtf8(user.getPassword()));
                //设置用户头像为默认图片
                user.setHeadImage("/images/none.jpg");
                user.setCreateTime(new Date());
            //设置激活码并发送邮件
                user = activeEmail(user);
                msg = "注册成功，已向您的邮箱发送激活邮件，请点击邮箱内链接进行账号激活";
                userMapper.insert(user);
            } else {
                status = 401;
                msg = "用户名已存在，请选择新的用户名";
            }

        }else{
        //log.info("这里执行2");
            status=400;
            msg="验证码输入错误，请重新输入";
        }

        map.put("msg",msg);
        map.put("status",status.toString());
        return map;
    }
```

（4）编写文件 src/main/java/cn/cms/news_demo/utils/MailUtils.java 向注册用户的邮箱中发送激活邮件，主要实现代码如下所示。

```java
public final class MailUtils {
    private static final String USER = "个人邮箱账号"; // 发件人账号，同邮箱地址
    private static final String PASSWORD = "密码或者授权码"; // 如果是qq邮箱可以客户端
        授权码，或者登录密码
```

```java
/**
 *
 * @param to 收件人邮箱
 * @param text 邮件正文
 * @param title 标题
 */
/* 发送验证信息的邮件 */
public static boolean sendMail(String to, String text, String title){
    try {
        final Properties props = new Properties();
        props.put("mail.smtp.auth", "true");
        props.put("mail.smtp.host", "smtp.qq.com");

        // 发件人的账号
        props.put("mail.user", USER);
        //发件人的密码
        props.put("mail.password", PASSWORD);
        // 构建授权信息，用于进行 SMTP 进行身份验证
        Authenticator authenticator = new Authenticator() {
            @Override
            protected PasswordAuthentication getPasswordAuthentication() {
                // 用户名、密码
                String userName = props.getProperty("mail.user");
                String password = props.getProperty("mail.password");
                return new PasswordAuthentication(userName, password);
            }
        };
        // 使用环境属性和授权信息，创建邮件会话
        Session mailSession = Session.getInstance(props, authenticator);
        // 创建邮件消息
        MimeMessage message = new MimeMessage(mailSession);
        // 设置发件人
        String username = props.getProperty("mail.user");
        InternetAddress form = new InternetAddress(username);
        message.setFrom(form);

        // 设置收件人
        InternetAddress toAddress = new InternetAddress(to);
        message.setRecipient(Message.RecipientType.TO, toAddress);
        // 设置邮件标题
        message.setSubject(title);
        // 设置邮件的内容体
        message.setContent(text, "text/html;charset=UTF-8");
        // 发送邮件
        Transport.send(message);
        return true;
    }catch (Exception e){
```

```
            e.printStackTrace();
        }
        return false;
    }
    public static void main(String[] args) throws Exception {  // 做测试用
        //MailUtils.sendMail("个人邮箱@qq.com","你好,这是一封测试邮件,无须回复。","测试邮件");
        //System.out.println("发送成功");
    }
}
```

4.4.2 登录验证

在本系统中提供了登录验证表单，只有输入合法的用户信息才可以登录系统发布新闻信息。

(1) 编写文件 src/main/resources/templates/login.html 实现登录表单页面，供管理员输入用户名和密码，主要实现代码如下所示。

```
<div class="layui-container container layui-layer-border back">
    <h2 class="register-title">用户登录</h2>
    <div class="login">
        <form class="layui-form " >
            <div class="layui-form-item">
                <label class="layui-form-label">用户名</label>
                <div class="layui-input-inline">
                    <input type="text" name="uname" required lay-verify="uname"
                        placeholder="请输入用户名"
                        autocomplete="off" class="layui-input">
                </div>
            </div>
            <div class="layui-form-item">
                <label class="layui-form-label">密码</label>
                <div class="layui-input-inline">
                    <input type="password" name="password" required lay-verify=
                        "password" placeholder="请输入密码"
                        autocomplete="off" class="layui-input" id="password">
                </div>
            </div>

            <div class="layui-form-item">
                <label class="layui-form-label">验证码</label>
                <div class="layui-input-inline">
                    <input type="text" name="checkcode" required lay-verify=
                        "checkcode" placeholder="请输入验证码"
                        autocomplete="off" class="layui-input">
                </div>
```

```html
<div class="layui-form-mid layui-word-aux">
    <img src="/user/register/checkCode" onclick=
        "changeCheckCode(this)" alt="更换验证码">
    <!--                更换验证码-->
    <script type="text/javascript">
        //图片点击事件
        function changeCheckCode(img) {
            img.src = "/user/register/checkCode?" + new Date().getTime();
        }
    </script>
</div>
</div>

<div class="layui-form-item">
    <div class="layui-input-block">
        <button class="layui-btn" type="button" lay-submit lay-filter=
            "login">登录</button>
        <button type="reset" class="layui-btn layui-btn-primary">重置</button>
```

(2) 在文件 src/main/java/cn/cms/news_demo/controller/UserController.java 中编写方法 userLogin()和 sendLoginResult()，实现登录验证并返回登录结果。对应的实现代码如下所示。

```java
//前端登录页面
@RequestMapping("/login")
public String userLogin(Model model){
    return "login";
}
//返回用户的前端登录页面的登录结果
@PostMapping("/login/result")
@ResponseBody
public Map sendLoginResult(@RequestBody Map<String,String> map1
    ,HttpSession session){

    Map map = userService.loginResult(map1, session);
    log.info("用户属性{}",map1);
    log.info("map{}",map);
    return map;
}
```

(3) 在文件 src/main/java/cn/cms/news_demo/service/impl/UserServiceImpl.java 中编写方法 loginResult()，实现验证登录信息的合法性并验证激活结果。对应的实现代码如下所示。

```java
public Map loginResult(Map<String, String> map, HttpSession session) {
    //数据取出与查询
    String uname=map.get("uname");
    String password=MD5Util.MD5EncodeUtf8(map.get("password"));
    QueryWrapper<User> wrapper = new QueryWrapper<>();
```

```
wrapper.eq("uname",uname).eq("password",password);
User user = userMapper.selectOne(wrapper);
String checkcode=map.get("checkcode");
//取出验证码
String checkcode_server = (String)session.getAttribute("CHECKCODE_SERVER");
HashMap<String, Object> map1 = new HashMap<>();
//存放返回码状态和查询信息结果
Integer status;
String msg="";

if (checkcode.equals(checkcode_server)){
    msg=null;
    //验证码一致
    //查询数据库是否有用户账户信息
    if (user==null){
        //查询不到，重新登录
        msg="用户名或密码输入错误，请重新输入";
        status=401;
    }else {
        //用户输入正确
        status=200;
        Integer active = user.getActive();//判断激活状态
        if (active==1){
            msg="登录成功，即将返回首页";
        }else {
            msg="登录成功，账号尚未激活，请进行激活验证解封功能";
        }

        //将用户数据保存到session中
        session.setAttribute("user",user);
    }

}else{
    status=400;
    msg="验证码输入错误，请重新输入";
}
map1.put("msg",msg);
map1.put("status",status.toString());
return map1;
}
```

4.4.3 系统主页

在系统主页顶部显示系统内的新闻类别链接，下方左侧显示系统内的新闻列表，在右侧分别显示"点击排行""最新新闻""最新评论新闻"列表。

(1) 编写文件 src/main/resources/templates/index.html 展示主页信息，主要实现代码如下所示。

```html
<body>
<div th:replace="common :: #top_start"></div>
<div class="layui-container container">
    <!--    次级导航-->
    <div th:replace="common :: #ci_nav"></div>
    <div class="layui-row layui-col-space20">
        <div class="layui-col-md8">
            <div class="carousel">
                <div class="layui-carousel" id="images-carousel">
                    <!--      轮播图-->
                    <div carousel-item>
                        <div>
                            <a ><img lay-src="/images/1.jpeg" width="100%" height="280px;"/></a>
                        </div>
                        <div>
                            <img lay-src="/images/2.jpeg" width="100%" height="280px;"/>
                        </div>
                        <div>
                            <img lay-src="/images/3.jpg" width="100%" height="280px;"/>
                        </div>
                        <div>
                            <img lay-src="/images/4.jpg" width="100%" height="280px;"/>
                        </div>
                        <div>
                            <img lay-src="/images/5.jpg" width="100%" height="280px;"/>
                        </div>
                    </div>
                </div>
            </div>
            <div class="article-main">
                <h2>
                    新闻推荐
                </h2>
<!--            个人-->
                <div id="news"></div>
                <div id="pages"></div>

                <!--       分页处理-->
                <script  th:inline="javascript">
                    $(function(){
                        // console.log("1");
                        //数字 1 为从第一页开始访问，8 为每页显示数据
                        queryAll(1,8);
```

```
            })
            function queryAll(pageNum,pageSize){
                $.ajax({
                    type: 'POST',
                    url: "/index/queryAll", // ajax 请求路径
                    async:false,
                    dataType: 'json',
///省略部分代码
        </script>
    </div>
    <!--    左边栏-->
    <div class="layui-col-md4">
        <form class="layui-form" method="post" action="/article/search">
            <div class="layui-form-item">
                <div class="layui-input-inline" style="width:76%;">
                    <input type="text" name="keyword" lay-verify="required"
                        placeholder="请输入关键字" class="layui-input">
                </div>
                <button type="submit" class="layui-btn" lay-filter="search"
                    lay-submit>搜索</button>
            </div>
        </form>

        <div class="ad"><img lay-src="/images/ad.jpg"></div>
        <div class="ms-top">
            <ul class="hd" id="tab">
                <li class="cur"><a>点击排行</a></li>
            </ul>
        </div>
        <div class="ms-main" id="ms-main">
            <div style="display: block;" class="bd bd-news">
                <ul >
                    <li th:each="rowlist:${session.rowLists}"><a   href="#"
                        target="_blank" th:text="${rowlist.getTitle()}"
                            th:href="@{/article/details/{id}(id=${rowlist.getId()})}">
                                住在手机里的朋友</a></li>
                </ul>
            </div>
        </div>
        <div>
            <div class="bd-news">
                <h3 class="per_test">最新新闻</h3>
                <ul >
                    <li th:each="newList:${session.newLists}"><a href="#" target=
                        "_blank" th:text="${newList.getTitle()}"
                        th:href="@{/article/details/{id}(id=${newList.getId()})}">
                            原来以为,一个人的勇敢是,删掉他的手机号码...</a></li>
```

```html
                </ul>
            </div>
        </div>
        <div class="tuwen">
            <h3>最新评论新闻</h3>
            <ul>
<!--                <li><a href="#"><img lay-src="/images/01.jpg"><b>住在手机里的
                            朋友</b></a>-->
                <li th:each="newArt:${session.newComArt}" style="width: 320px;">
                    <a href="#" th:href="@{/article/details/{id}(id=
                        ${newArt.getId()})}" ><b th:text="${newArt.getTitle()}"
                            class="newComArt">住在手机里的朋友</b></a>
                    <p><span class="tulanmu">
                        <a th:each="category:${session.cateList}" target="_blank"
                            href="#" th:if="${category.cid==newArt.cid}" th:text=
                            "${category.getCname()}" th:href=
                            "@{/cate/CateArticle/{cid}(cid=${category.cid})}">
                            手机配件</a></span>
                        <span class="tutime" th:text=
                            "${#dates.format(newArt?.createTime,
                            'yyyy-MM-dd')}">2015-02-15</span>
                    </p>
                </li>
            </ul>
        </div>
```

(2) 编写文件 src/main/java/cn/cms/news_demo/controller/IndexController.java，实现获取数据库中的新闻信息，列表展示新闻标题、所属分类、发布时间和浏览次数，主要实现代码如下所示。

```java
// 网站首页
@RequestMapping( value = {"/index","/"})
public String index(@RequestParam(value = "pn",defaultValue = "1")Integer pn,
        Model model,HttpSession session) {
    //查询所有文章信息
    List<Article> articleList = articleService.list();
    //使用MP自带的分页插件分页查询数据
    Page<Article> articlePage = new Page<>(pn, 8);
    //分页查询结果
    Page<Article> pages = articleService.page(articlePage, null);
    //所有记录放在record里面
    model.addAttribute("pages",pages);
    model.addAttribute("currPn",pn);

    //将分类的cid保存到session中
    List<Category> list = cateService.list();
```

```
        session.setAttribute("cateList",list);
        //调用排行榜方法
        articleService.getRowData(session);
        //调用最新评论新闻方法
        List<Article> newComArt = articleService.getNewComArt(session);
        session.setAttribute("newComArt",newComArt);
        return "index";
}

//首页列表请求数据
@RequestMapping("/index/queryAll")
@ResponseBody
public Map queryAll(Integer pageNum, Integer pageSize, HttpSession session) {
    Map<String, Object> map = new HashMap<>();
    try {
        IPage<Article> page = articleService.findByPage(pageNum, pageSize,session);
        List<Article> addCateList = page.getRecords();
        long total = page.getTotal();
        map.put("data",addCateList);
        map.put("count",total);
        map.put("status",200);
    } catch (Exception e) {
        log.error(e.getMessage());
    }
    return map;
}
```

4.4.4 分类新闻页面

单击网页顶部的新闻类别链接后会列表显示系统内此类新闻的信息，分别展示新闻标题、发布时间、浏览次数和内容简介。

(1) 编写文件 src/main/resources/templates/article.html 展示某类信息，主要实现代码如下所示。

```
<a><cite th:text="${cateById.cname}">文章类型</cite></a>
</span>
    <hr class="layui-bg-red">

    <div id="cateNews"></div>
    <div id="catePages"></div>
    <!--    分页处理-->
    <script th:inline="javascript">
        $(function(){
            //数字1为从第一页开始访问，8为每页显示数据
            queryAll(1,8);
```

```javascript
})
function queryAll(pageNum,pageSize){
    $.ajax({
        type: 'POST',
        url: "/cate/queryCaetAll", // ajax 请求路径
        async:false,
        dataType: 'json',
        data: {
            "pageNum":pageNum,
            "pageSize":pageSize,
            "cateId":[[${cateById.cid}]]
        },
        success: function(data)
        {
            console.log(data)
            var rec = data;
            // console.log("res 里的内容"+rec)
            newsNum = rec.data.length;
            // console.log("分类内容"+newsNum)
            count = rec.count;
            layui.use('laypage', function()
            {
                var laypage = layui.laypage;
                laypage.render({
                    elem: 'catePages' //注意，这里的 pages 是 ID，不用加 # 号
                    ,curr: pageNum //获取起始页
                    , limit: pageSize     //每页显示条数
                    ,count: count  //数据总数,从服务端得到
                    ,limits:[8,16,24]
                    ,layout:['prev', 'page', 'next', 'limit','count','skip']
                    //跳转页码时调用
                    , jump: function (obj, first) { //obj 为当前页的属性和方法，
                        第一次加载 first 为 true
                        //非首次加载 do something
                        if (!first) {
                            //调用加载函数加载数据
                            queryAll(obj.curr,obj.limit);
                            layer.msg('第 '+ obj.curr +' 页');
                            //返回顶部
                            $(window).scrollTop(0);
                            // window.location.href='/';
                        }
                    }
                });
                $("#cateNews").children().remove();
                for(let i=0;i<newsNum;i++){
                    //图片详细路径
```

```javascript
                    var detId="/article/details/"+rec.data[i].id;
                    // console.log(detId)
                    var div='<div class="article-list">'+
                        // '<figure><img th:src="${articles.imgSrc}"
                                src="'+rec.data[i].imgSrc+'"></figure>'+
                        '<ul>'+
                        '    <h3>'+
                        // '<a href="/article/details/"'+res.data[i].id+'>
                                '+res.data[i].title+'</a>'+
                        '<a href='+detId+'>'+rec.data[i].title+'</a>'+
                        '</h3>'+
                        '<div class="areahigh">'+
                        '<p>'+rec.data[i].content+'</p>'+
                        '</div>'+
                        '<p class="autor">'+
                        '    <span class="lm f_l"><a href="/cate/CateArticle/'+
                            [[${cateById.cid}]]+'"> '+[[${cateById.cname}]]+
                        '</a></span>'+
                        '<span class="dtime f_l">'+rec.data[i].createTime+
                            '</span>'+
                        '<span class="viewnum f_r">浏览(<a href="#">'+
                                rec.data[i].checkNum+'</a>)</span>'+
                        '</p>'+
                        '</ul>'+'</div>';
                    $("#cateNews").append(div);
                }
            })
        }
    });
    }
</script>
```

(2) 在文件 src/main/java/cn/cms/news_demo/controller/ArticleController.java 中编写方法 CateArticle()，实现获取指定 id 编号新闻分类信息并列表展示出来，主要实现代码如下所示。

```java
//访问指定新闻分类
@GetMapping("/cate/CateArticle/{cid}")
public String CateArticle(@PathVariable("cid")Integer cid, Model model){

    Category cateById = cateService.getById(cid);
    model.addAttribute("cateById",cateById);

    return "article";
}
```

4.4.5 新闻详情页面

单击某条新闻标题链接后弹出新闻详情页面，展示这条新闻的详细信息，包括新闻标题、发布时间、发布者、新闻内容、评论信息和发布评论表单。

(1) 编写文件 src/main/resources/templates/article_details.html 展示某条新闻的详细信息，主要实现代码如下所示。

```html
<span class="layui-breadcrumb">
  <a href="/index">首页</a>
  <!--            <a href="/article">新闻</a>-->
  <a th:href="@{/cate/CateArticle/{cid}(cid=${articleById.cid})}">
[[${articleById.category.cname}]]</a>
  <a><cite th:text="${articleById.getTitle()}">标题信息</cite></a>
  </span>
  <hr class="layui-bg-red">
  <div class="content" id="photos">
      <h2 class="c_titile" th:text="${articleById.getTitle()}">文章标题</h2>
      <p class="box_c"><span class="d_time">发布时间：[[${#dates.format
            (articleById.createTime, 'yyyy-MM-dd HH:mm')}]]</span>
          <span>作者：[[${articleById.user.newsName}]]</span><span>
            阅读([[${articleById.checkNum}]])</span>
      </p>
      <div class="detail-body">

          <div th:utext="${articleById.content}">文章内容</div>

      </div>

      <fieldset class="layui-elem-field layui-field-title" style="margin:
            0px 0px; text-align: center;">
          <!--                        <legend><a href="#" th:href=
            "@{temp/{id}(id=${articleById.getId()})}">收藏</a></legend>-->
          <legend><a th:onclick="fav(this,[[${articleById.id}]])">收藏</a></legend>
      </fieldset>
      <!--              评论区-->
      <!--              无评论-->
      <div th:if="${#lists.isEmpty(commentList)}"><h1 class="no_comment" >
            暂无评论，赶紧来发表评论吧</h1></div>
      <!--              有评论-->
      <div class="detail-box" >
          <!--                        <a name="comment"></a>-->
          <ul class="jieda" id="jieda" th:if="!${#lists.isEmpty(commentList)}">

              <li th:each="comment,stat:${commentList}">
```

```html
<a name="item-121212121212"></a>
<div class="detail-about detail-about-reply"
        th:each="user:${comUser}"
     th:if="${comment?.uid==user?.uid}">
    <div class="jie-user">
        <img src="/images/none.jpg" alt="用户头像" th:src=
            "@{${user?.headImage}}">
        <cite>
            <i th:text="${user?.newsName}">用户名</i>
        </cite>
    </div>

    <div class="detail-hits">
        <span>发表于[[${#dates.format(comment?.comTime,
                'yyyy-MM-dd HH:mm')}]]</span>
    </div>
    <div class="comment_floor">
        [[${stat.count}]]楼
    </div>
</div>

<!--                               评论内容-->
<div class="detail-body jieda-body" value="" th:utext=
        "${comment?.content}">
    评论的主体内容
    <p>蓝瘦</p>
</div>
</li>
</ul>
<!--分页,暂未考虑-->
<!--                <div id="page_reply"></div>-->
<form>
    <div class="layui-form layui-form-pane">
        <input type="hidden" name="aid" th:value=
                "${articleById.getId()}">
        <div class="layui-form-item layui-form-text">
            <div class="layui-input-block">
                <textarea id="reply" name="content" lay-verify="content"
                    class="layui-textarea fly-editor"></textarea>
            </div>
        </div>
        <div class="layui-form-item">
            <input type="button" class="layui-btn" lay-filter=
                "subComment" lay-submit
                value="发表评论"/>
            <!--              <input type="button" class="layui-btn"
                    onclick="getReply();" lay-filter="*" lay-submit
                    value="发表评论"/>-->
        </div>
```

```
            </div>
        </form>
    </div>
```

(2) 在文件 src/main/java/cn/cms/news_demo/controller/ArticleController.java 中编写方法 findArticalDetail()，显示指定编号的新闻的详情信息，主要实现代码如下所示。

```java
@GetMapping("/article/details/{id}")
public String findArticalDetail(@PathVariable("id")Integer id,Model model){
    //获取点击新闻的内容
    Article articleById = articleService.findMessageId(id);
    //获取在该新闻下评论
    QueryWrapper<Comment> wrapper = new QueryWrapper<>();
    List<Comment> commentList = commentService.list(wrapper.eq("aid",
            id).orderByAsc("com_time"));
    //获取相关评论的用户信息
    List<User> comUser = commentService.getComUser(id);

    model.addAttribute("articleById",articleById);
    model.addAttribute("commentList",commentList);
    model.addAttribute("comUser",comUser);
    return "article_details";
}
```

4.4.6 评论页面

在某条新闻详情页面下面的发布评论表单中输入评论信息，单击"发布评论"按钮后将评论信息添加到数据库中，并在此新闻下面显示评论信息。编写文件 src/main/java/cn/cms/news_demo/controller/CommentController.java，将"发布评论"表单中的信息添加到数据库，主要实现代码如下所示。

```java
@RequestMapping("/comment")
public class CommentController {
    @Autowired
    CommentService commentService;
    @Autowired
    UserService userService;
    //用户添加评论
    @PostMapping("/addCom")
    @ResponseBody
    public Map addComment(@RequestBody Comment comment, HttpSession session){
        Map map = commentService.addComment(comment, session);
        return map;
    }
}
```

4.4.7 用户中心页面

当会员登录系统后,在用户中心页面显示当前用户发布的新闻、收藏的新闻和发布的评论信息,并且可以编辑修改或删除某条新闻,也可以删除某条评论。

(1) 编写文件 src/main/resources/templates/user_center.html,实现列表展示当前用户发布的新闻、收藏的新闻和发布的评论信息,主要实现代码如下所示。

```html
<div class="fly-panel fly-panel-user">
    <div class="layui-tab layui-tab-brief" lay-filter="user">
        <ul class="layui-tab-title" id="LAY_mine">
            <li data-type="mine-jie" lay-id="index" class="layui-this">我发表的新闻
                (<span th:text="${lists.size()}">89</span>)
            </li>
            <li data-type="collection" data-url="/collection/find/" lay-id="collection">
                我收藏的新闻(<span th:text="${favArts.size()}">16</span>)
            </li>
            <li data-type="collection" data-url="/collection/find/" lay-id="collection">
                我的评论(<span th:text="${commentList.size()}">16</span>)
            </li>
        </ul>
        <div class="layui-tab-content" style="padding: 20px 0;">
            <!--            发表的板块-->
            <div class="layui-tab-item layui-show">
                <ul class="mine-view jie-row">

                    <li th:each="list:${lists}">
                        <!--           a 标签加上 target='_blank'新页面打开-->
                        <a class="jie-title" th:href=
                            "@{/article/details/{id}(id=${list?.id})}"
                            th:text="${list?.title}">LayIM 3.5.0 发布,移动端版本
                            大更新(带演示图)</a>
                        <i th:text="${#dates.format(list?.createTime, 'yyyy-MM-dd
                            HH:mm:ss')}">2017/3/14 上午 8:30:00</i>
                        <a class="mine-edit"  th:href=
                            "@{/article_pub(id=${list?.id})}">编辑</a>
                        <button style="margin-left: 15px;height: 25px;" class=
                            "layui-btn" th:onclick="delArt(this,[[${list?.id}]])" >删除</button>
<!--                                   判断新闻状态-->
                        <span th:if="${list?.status eq 1}" >审核通过</span>
                        <span th:if="${list?.status eq 0}" style="color: #ffffff;
                            background-color: #0a30d0">待审核</span>
                        <span th:if="${list?.status eq 2}" style="color: #ffffff;
                            background-color: #ff0000">审核不通过</span>
```

```html
                <em>[[${list?.checkNum}]]阅</em>
            </li>
        </ul>
        <div id="LAY_page"></div>
</div>

<!--收藏的板块-->
<div class="layui-tab-item">
    <ul class="mine-view jie-row">
        <div th:each="favorite:${favorites}">
            <li th:each="favArt:${favArts}" th:if=
               "${favorite?.aid==favArt.id}" >
                <a class="jie-title"
                    th:href="@{/article/details/{id}(id=${favArt?.id})}"
                    th:text="${favArt?.title}">layui
                    常见问题的处理和实用干货集锦</a>
                <i>收藏于</i>
                <i th:if="${favorite?.aid==favArt.id}"
                    th:text="${#dates.format(favorite?.addTime,
                    'yyyy-MM-dd HH:mm')}">收藏于 23 小时前</i>
                <a style="position: absolute;right: 0; top: 0;"
                    th:onclick="delFav(this,[[${favArt?.id}]])">删除</a>
                <!--     th:href="@{/user/deleFav(aid=${favArt?.id})}"-->
            </li>
        </div>
    </ul>
    <div id="LAY_page1"></div>
</div>
<!--评论的板块-->
<div class="layui-tab-item">
    <ul class="mine-view jie-row">
        <div th:each="comment:${commentList}">
            <li >
                <a class="jie-title"
                    th:href="@{/article/details/{id}(id=${comment?.aid})}"
                    th:utext="${comment?.content}">layui 常见问题的处理和实用
                    干货集锦</a>
                <i>评论于</i>
                <i
                    th:text="${#dates.format(comment?.comTime,
                    'yyyy-MM-dd HH:mm')}">收藏于 23 小时前</i>
                <a style="position: absolute;right: 0; top: 0;"
                    th:onclick="delCom(this,[[${comment?.comid}]])">删除</a>
                <!--     th:href="@{/user/deleFav(aid=${favArt?.id})}"-->
            </li>
        </div>
```

            </ul>

(2) 在文件 src/main/java/cn/cms/news_demo/controller/UserController.java 中编写如下方法，实现删除功能。

- 方法 delArt()：删除指定编号的用户个人新闻信息。
- 方法 delFavorite()：删除指定编号的用户个人收藏信息。

主要实现代码如下所示。

```java
//用户中心，返回用户发帖和帖子收藏以及评论
@RequestMapping("/user_center")
public String user_center(Model model,HttpSession session) {
    //返回用户发表的新闻
    User user =(User) session.getAttribute("user");
    QueryWrapper<Article> wrapper = new QueryWrapper<>();
    wrapper.eq("author_id",user.getUid()).orderByDesc("create_time");
    List<Article> list = articleService.list(wrapper);
    model.addAttribute("lists",list);

    //返回用户的收藏
    List<Article> favArts = userService.getFavArt(user.getUid());
    model.addAttribute("favArts",favArts);
    //需要返回添加时间
    QueryWrapper<Favorite> queryWrapper = new QueryWrapper<>();
    queryWrapper.eq("uid",user.getUid()).orderByDesc("add_time");
    List<Favorite> favorites = favoriteService.list(queryWrapper);
    model.addAttribute("favorites",favorites);
    //返回用户评论
    QueryWrapper<Comment> comWrapper = new QueryWrapper<>();
    comWrapper.eq("uid",user.getUid()).orderByDesc("com_time");
    List<Comment> commentList = commentService.list(comWrapper);
    model.addAttribute("commentList",commentList);
    return "user_center";
}

//进行用户个人新闻的删除
@RequestMapping("/delArt")
@ResponseBody
public Map delArt(Integer aid,HttpSession session){
    log.info("{}", aid);
    boolean b = articleService.removeById(aid);
    HashMap<String, Object> map = new HashMap<>();
    if (b){
        map.put("flag",200);
```

```java
        map.put("msg","删除成功");
    }else {
        map.put("flag",400);
        map.put("msg","删除失败,请稍后尝试");
    }
    return map;
}

//进行用户收藏夹的删除
@RequestMapping("/delFav")
@ResponseBody
public Map delFavorite(Integer aid,HttpSession session){
    User user =(User) session.getAttribute("user");
    QueryWrapper<Favorite> wrapper = new QueryWrapper<>();
    wrapper.eq("aid",aid).eq("uid",user.getUid());
    boolean b = favoriteService.remove(wrapper);
    HashMap<String, Object> map = new HashMap<>();
    if (b){
        map.put("flag",200);
        map.put("msg","删除成功");
    }else {
        map.put("flag",400);
        map.put("msg","删除失败,请稍后尝试");
    }
    return map;
}

//进行用户评论的删除
@RequestMapping("/delCom")
@ResponseBody
public Map delComment(Integer comid,HttpSession session){
    User user =(User) session.getAttribute("user");
    QueryWrapper<Comment> wrapper = new QueryWrapper<>();
    wrapper.eq("comid",comid);
    boolean b = commentService.remove(wrapper);
    HashMap<String, Object> map = new HashMap<>();
    if (b){
        map.put("flag",200);
        map.put("msg","删除成功");
    }else {
        map.put("flag",400);
        map.put("msg","删除失败,请稍后尝试");
    }
    return map;
}
```

4.4.8 发布/编辑个人新闻

当会员登录系统后,在用户中心页面可以发布新的新闻,也可以编辑修改已经发布的某条新闻。

(1) 编写文件 src/main/resources/templates/article_pub.html,实现提供一个表单供用户发布新的新闻信息。如果是修改某条信息,则使用当前表单页面显示此条新闻原来的信息。

(2) 在文件 src/main/java/cn/cms/news_demo/controller/ArticleController.java 中编写方法 Pub()实现新闻发布或编辑修改功能,主要实现代码如下所示。

```
@RequestMapping("article_pub")
public String article_Pub(@RequestParam(value = "id",required = false)Integer id,Model model) {
    Article byId = articleService.getById(id);
    model.addAttribute("byId",byId);

    List<Category> categories = cateService.list();
    model.addAttribute("categories",categories);
    return "article_pub";
}
```

4.5 后台模块

本项目的后台模块功能包括新闻分类管理、新闻审核管理、新闻发布管理、新闻评论管理和用户管理,具体原理和前台模块中的用户中心页面的原理类似。为节省本书篇幅,本节只简要介绍新闻分类管理和新闻审核管理的实现过程。

扫码看视频

4.5.1 新闻分类管理

(1) 编写文件 src/main/resources/templates/back/cate-manage.html,实现列表展示系统内的新闻列表信息的功能,在列表中的每一条分类名后面提供编辑和删除图标。

(2) 编写文件 src/main/java/cn/cms/news_demo/controller/back_system/BackCateController.java,通过自定义方法实现新闻分类列表展示、修改分类和删除分类功能,主要实现代码如下所示。

```
@Controller
@RequestMapping("/back")
@Slf4j
```

```java
public class BackCateController {
    @Autowired
    CateService cateService;
    //分类页管理
    @RequestMapping("/cate")
    public String cateManage(Model model){
        List<Category> list = cateService.list();
        int count = cateService.count();
        model.addAttribute("cates",list);
        model.addAttribute("count",count);
        return "/back/cate-manage";
    }
    //分类页添加结果反馈
    @RequestMapping("/cateadd")
    @ResponseBody
    public Map<String, Object> cateAdd(@RequestBody Category category){
//        log.info("添加的分类为:{}",category);
        QueryWrapper<Category> queryWrapper = new QueryWrapper<>();
        //添加限制条件为1条，多个结果即会报错
        queryWrapper.eq("cname",category.getCname()).last("LIMIT 1");
        Category one = cateService.getOne(queryWrapper);
        Map<String, Object> map = new HashMap<>();
        //判断分类是否存在
        if (one==null){
            cateService.save(category);
            map.put("code",200);
        }else {
            map.put("code",410);
        }
        return map;
    }
    //分类的删除
    @RequestMapping("/cate/delete")
    @ResponseBody
    public String cateDelete(Integer cid){
        Category byId = cateService.getById(cid);
        boolean result=false;
        try {

            result = cateService.removeById(cid);
            log.info("结果是{}",result);
            return ""+result;
        }catch (Exception e){
```

```
            e.printStackTrace();
            
        }finally {
            return ""+result;
        }
}
//分类的修改
@RequestMapping("/cate_update")
@ResponseBody
public Map<String, Object> cateUpdate(@RequestBody Category category){
    log.info("修改的分类为:{}",category);
    QueryWrapper<Category> wrapper = new QueryWrapper<>();
    wrapper.eq("cname",category.getCname());
    Category one = cateService.getOne(wrapper);
    boolean flag;
    //判断修改分类是否存在
    if (one==null){
        cateService.updateById(category);
        flag=true;
    }else {
        flag = false;
    }
    Map<String, Object> map = new HashMap<>();
    map.put("flag",flag);
    return map;
}
```

4.5.2 新闻审核管理

(1) 编写文件 src/main/resources/templates/back/article-review.html，列表展示系统内需要审核的新闻信息，在列表中的每一条新闻后面提供查看、通过和不通过按钮。

(2) 编写文件 src/main/java/cn/cms/news_demo/controller/back_system/BackArticleController.java，分别通过自定义方法实现新闻审核的查看、通过和不通过功能，主要实现代码如下所示。

```
//新闻审核
@RequestMapping("/review")
public String reviewPage(@RequestParam(value = "pn",defaultValue = "1")Integer pn,
            @RequestParam(value = "uname",required = false)String uname,
            @RequestParam(value = "cname",required = false)String cname,
            @RequestParam( value = "title",required = false)String title,
            Model model, HttpSession session){
    //默认第一页开始，一页20条
```

```java
        IPage<Article> page = new Page<>(pn, 20);
        //多表查询,status 为未审核文章
        IPage<Article> pageStatus = articleService.findAllByStatus(page, uname,
                    cname, title, session,0);
        model.addAttribute("pageStatus",pageStatus);
        //返回总页数
        long pageTotal = pageStatus.getPages();

        model.addAttribute("pageTotal",pageTotal);
        return "/back/article-review";
    }

    //后台审核查看文章详情页面
    @RequestMapping("/view")
    public String viewArticle(Integer id,Model model){
        Article article = articleService.findMessageId(id);
        model.addAttribute("article",article);
        return "/back/article-view";

    }

    //后台审核文章通过
    @RequestMapping("/permit")
    @ResponseBody
    public String articlePermit(Integer id){
        Article article = articleService.getById(id);
        article.setStatus(1);
        boolean flag = articleService.updateById(article);
        return ""+flag;
    }
    //后台审核文章否决
    @RequestMapping("/deny")
    @ResponseBody
    public String articleDeny(Integer id){
        Article article = articleService.getById(id);
        article.setStatus(2);
        boolean flag = articleService.updateById(article);
        return ""+flag;
    }

    //新闻审核不通过页面
    @RequestMapping("/denyPage")
    public String dengPage(@RequestParam(value = "pn",defaultValue = "1") Integer pn,
```

```java
                    @RequestParam(value = "uname",required = false)String uname,
                    @RequestParam(value = "cname",required = false)String cname,
                    @RequestParam(value = "title",required = false)String title,
                    Model model, HttpSession session){

    //默认第一页开始,一页 20 条
    IPage<Article> page = new Page<>(pn, 20);
    //多表查询,status 为未审核文章
    IPage<Article> denyStatus = articleService.findAllByStatus(page, uname,
                cname, title, session,2);
    model.addAttribute("denyStatus",denyStatus);
    //返回总页数
    long denyTotal = denyStatus.getPages();
    model.addAttribute("denyTotal",denyTotal);
    return "/back/article-deny";
}

//新闻审核通过页面
@RequestMapping("/permitPage")
public String permitPage(@RequestParam(value = "pn",defaultValue = "1")Integer pn,
                    @RequestParam(value = "uname",required = false)String uname,
                    @RequestParam(value = "cname",required = false)String cname,
                    @RequestParam(value = "title",required = false)String title,
                    Model model, HttpSession session){

    //默认第一页开始,一页 20 条
    IPage<Article> page = new Page<>(pn, 20);
    //多表查询,status 为未审核文章
    IPage<Article> permitStatus = articleService.findAllByStatus(page, uname,
                cname, title, session,1);
    model.addAttribute("permitStatus",permitStatus);
    //返回总页数
    long permitTotal = permitStatus.getPages();
    model.addAttribute("permitTotal",permitTotal);
    return "/back/article-permit";
}
```

4.6 测试运行

系统前台主页的执行结果如图 4-8 所示。

第 4 章　CMS 新闻资讯系统

图 4-8　系统前台主页

系统后台新闻分类管理页面的执行结果如图 4-9 所示。

图 4-9　后台新闻分类管理页面

第 5 章

蘑菇博客系统

随着 Internet 的普及和发展,互联网应用越来越广。在线博客系统作为网络交流方式之一,更是深受人们的青睐。通过在线博客系统,不但可以发布自己的文章信息,也可以与网络用户实现在线交流。本章将使用 Java 语言开发一个在线博客系统,通过 Spring Boot+Redis+SpringCloud+ MySQL+Nginx+Vue+uni-app+微信小程序,展示主流 Java 框架在大型项目中的应用过程。

5.1 背景介绍

"博客"一词是从英文单词 Blog 音译(不是翻译)而来，Blog 是 Weblog 的简称，而 Weblog 则是由 Web 和 Log 两个英文单词组合而成。Weblog 是在网络上发布和阅读的流水记录，通常称为"网络日志"，简称"网志"。博客概念解释为网络出版(Web Publishing)、发表和张贴(Post-这个字当名词用时就是指张贴的文章)文章。

扫码看视频

随着网络出版、发表和张贴文章等网络活动的急速增长，博客已成为一个指称这种网络出版和发表文章的专有名词。博客通常是由简短且经常更新的张贴构成，这些张贴的文章都按照年份和日期排列。博客的内容和目的有很大的不同，从对其他网站的超链接和评论，到有关公司的新闻或构想，或者是个人的日记、照片、诗歌、散文，甚至科幻小说的发表或张贴。许多博客是个人将自己的想法表达出来，或者是一群人根据某个特定主题或共同目标进行合作，每个人都可以随时把自己的思想火花或灵感更新到博客站点之上。

Blog 是继 Email、BBS、ICQ 之后出现的第四种网络交流方式，如今很受大家的欢迎，是网络时代的个人"读者文摘"，是以超链接为入口的网络日记，代表着新的生活方式和新的工作方式，更代表着新的学习方式。

5.2 系统分析

在讲解本项目的源码之前，首先对本项目的来源和架构知识进行梳理，让大家对本项目有一个初步认识，为大家进入后面知识的学习打下基础。

扫码看视频

5.2.1 需求分析

作为一个在线博客系统，必须具备的功能如下所示。

(1) 用户注册、登录模块。新用户可以注册成为系统会员，这样可以拥有一个属于自己的博客。用户在登录系统时，需要验证登录信息的合法性。

(2) 发布博客信息。会员用户可以发布博客信息，也可以管理自己的博客信息。

(3) 系统管理模块。本模块主要提供用户管理、评论审核管理、文章审核管理等功能，管理员可以对注册用户的博客内容与个人信息进行管理。

5.2.2 项目介绍

本章介绍的蘑菇博客(MoguBlog)系统，是一个基于微服务架构的前后端分离博客系统，本项目的源码在 gitee 网托管。

5.2.3 技术架构分析

(1) Web 端，主要使用 Vue + Element 框架实现，项目构成模块的具体说明如下：
- mogu_web：提供 Web 端的 API 接口服务；
- vue_mogu_web：是基于 Vue 框架的门户网站。

(2) 移动端，主要使用 uniapp 和 ColorUI 框架实现，实现源码在 uniapp_mogu_web 目录。

(3) 后端，主要使用 Spring Cloud + Spring Boot + MyBatis-Plus 框架进行开发，主要技术说明如下：
- 使用 JWT 和 Spring Security 框架实现用户登录验证和权限校验功能；
- 使用 ElasticSearch 和 Solr 框架实现全文检索服务；
- 使用 Github Actions 实现博客的持续集成；
- 使用 ELK 收集博客日志信息；
- 使用七牛云和 Minio 实现文件上传处理功能；
- 使用 Docker Compose 脚本实现一键部署。

本项目后端涉及的程序模块如下所示：
- mogu_admin：提供 admin 后台的 API 接口服务；
- mogu_eureka：服务发现和注册，用 Nacos 作为服务发现组件；
- mogu_picture：实现图片的上传和下载功能；
- mogu_sms：分别实现更新 ElasticSearch、Solr 索引、邮件和短信发送功能；
- mogu_monitor：实现监控服务功能，集成了 SpringBootAdmin 框架，用于管理和监控 Spring Boot 应用程序；
- mogu_zipkin：实现链路追踪服务功能，使用 java -jar 的方式启动；
- mogu_search：实现搜索服务功能，使用 ElasticSearch 和 Solr 作为全文检索工具，支持可插拔配置，默认使用 SQL 搜索；
- mogu_commons：是本博客的公共模块，主要用于存放 Entity 实体类、Feign 远程调用接口，以及公共 config 配置信息；
- mogu_utils：用于保存项目中用到的工具类；
- mogu_xo：用于存放 VO(Value Object 的缩写，主要用于传输数据、向页面返回数据)层、Service 层和 Dao 层的程序代码；
- mogu_base：用于保存 Base 基类的程序代码。

5.2.4 功能架构分析

整个项目的功能架构如图 5-1 所示。

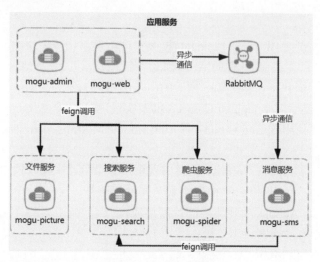

图 5-1 功能架构图

5.2.5 技术支持

本项目是一个开源项目，原创开发者是"陌溪"。目前就职于字节跳动的 Data 商业化广告部门，是字节跳动全线产品的商业变现研发团队。如果读者朋友们想获得本项目的详细信息和升级信息，获取相关的在线技术支持，请登录 gitee 搜索本项目的关键字"mogu_blog_doc"，获取本项目的技术文档。同时，也可以加入上面网址中介绍的技术交流群，和志同道合的朋友一起学习进步。

5.3 搭建数据库平台

本项目系统的开发主要包括后台数据库的建立、维护以及前端应用程序的开发两个方面。数据库设计是开发本博客系统的一个重要组成部分，本节将讲解搭建数据库平台的过程。

扫码看视频

5.3.1 数据库设计

从本节开始搭建系统数据库，开发数据库管理信息系统需要选择后台数据库和相应的数据库访问接口。后台数据库的选择需要考虑用户需求、系统功能和性能要求等因素。考虑到系统所要管理的数据量比较大，且需要多用户同时运行访问，本项目将使用 MySQL 作为后台数据库管理平台。

5.3.2 实体类设计

在 Spring Boot 项目中，entity 实体类的功能是建立 Java 程序类和数据库表的映射。在本项目中，在公共模块 mogu_commons 中实现了实体类，如图 5-2 所示。

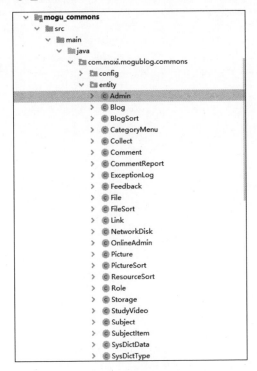

图 5-2 实体类文件

图 5-2 中的每一个实体类文件和 MySQL 数据库中的表相对应，类中的每一个属性和表中的字段相对应，实现了 Java 程序类和数据库表的关系映射。具体说明如下。

(1) 实体类文件 Admin.java 和数据库表 admin 相对应，用于保存系统中的管理员信息，主要代码如下所示。

```java
public class Admin extends SuperEntity<Admin> {
    private static final long serialVersionUID = 1L;
    /**
     * 用户名
     */
    private String userName;
    /**
     * 角色Uid
     */
    private String roleUid;
    /**
     * 密码
     */
    private String passWord;
    /**
     * 昵称
     */
    @TableField(updateStrategy = FieldStrategy.IGNORED)
    private String nickName;
    /**
     * 性别(1:男 2:女)
     */
    private String gender;
    /**
     * 个人头像
     */
    @TableField(updateStrategy = FieldStrategy.IGNORED)
    private String avatar;
    /**
     * 邮箱
     */
    @TableField(updateStrategy = FieldStrategy.IGNORED)
    private String email;

    /**
     * 出生年月日
     */
    @DateTimeFormat(pattern = "yyyy-MM-dd HH:mm:ss")
    @JsonFormat(pattern = "yyyy-MM-dd HH:mm:ss")
    private Date birthday;
    /**
     * 手机
     * updateStrategy = FieldStrategy.IGNORED：表示更新时候忽略非空判断
     */
    @TableField(updateStrategy = FieldStrategy.IGNORED)
```

```java
private String mobile;
/**
 * QQ 号
 */
@TableField(updateStrategy = FieldStrategy.IGNORED)
private String qqNumber;
/**
 * 微信号
 */
@TableField(updateStrategy = FieldStrategy.IGNORED)
private String weChat;
/**
 * 职业
 */
@TableField(updateStrategy = FieldStrategy.IGNORED)
private String occupation;
/**
 * 自我简介最多150字
 */
@TableField(updateStrategy = FieldStrategy.IGNORED)
private String summary;
/**
 * 个人履历(Markdown)
 */
@TableField(updateStrategy = FieldStrategy.IGNORED)
private String personResume;
/**
 * 登录次数
 */
private Integer loginCount;
/**
 * 最后登录时间
 */
@DateTimeFormat(pattern = "yyyy-MM-dd HH:mm:ss")
@JsonFormat(pattern = "yyyy-MM-dd HH:mm:ss")
private Date lastLoginTime;
/**
 * 最后登录IP
 */
private String lastLoginIp;
/**
 * github 地址
 */
@TableField(updateStrategy = FieldStrategy.IGNORED)
private String github;
/**
 * gitee 地址
```

```java
 */
@TableField(updateStrategy = FieldStrategy.IGNORED)
private String gitee;
// 以下字段不存入数据库
/**
 * 用户头像
 */
@TableField(exist = false)
private List<String> photoList;
/**
 * 所拥有的角色名
 */
@TableField(exist = false)
private List<String> roleNames;
/**
 * 所拥有的角色名
 */
@TableField(exist = false)
private Role role;
/**
 * 验证码
 */
@TableField(exist = false)
private String validCode;
/**
 * 已用网盘容量
 */
@TableField(exist = false)
private Long storageSize;
/**
 * 最大网盘容量
 */
@TableField(exist = false)
private Long maxStorageSize;
/**
 * 令牌UID【主要用于换取token令牌,防止token直接暴露到在线用户管理中】
 */
@TableField(exist = false)
private String tokenUid;
}
```

(2) 实体类文件 Blog.java 和数据库表 blog 相对应,用于保存系统中的博客信息。为节省本书篇幅,其他实体类的代码不再一一列出。

5.3.3 数据持久化

在 Java Web 项目中,数据持久化层(mapper 层)用于实现和数据库的交互工作。想要访问数据库并且操作数据，只能通过 mapper 层向数据库发送 SQL 语句，将这些结果通过接口传给 Service 层，对数据库进行数据持久化操作。在本项目中，需要创建多个 mapper 类，每一个 mapper 类和一个数据库表相对应。下面列出两个 mapper 类的实现代码。

（1）创建接口类 AdminMapper，实现和数据库表 admin 的映射，通过 uid 编号获取表 admin 中的管理员信息，主要代码如下所示。

```
public interface AdminMapper extends SuperMapper<Admin> {

    /**
     * 通过 uid 获取管理员
     */
    public Admin getAdminByUid(@Param("uid") String uid);
}
```

（2）创建接口类 BlogMapper，实现和数据库表 blog 的映射，并声明了如下三个方法：
- 方法 getBlogCountByTag()：通过标签获取博客数量。
- 方法 getBlogCountByBlogSort()：通过分类获取博客数量。
- 方法 getBlogContributeCount()：获取最近一年内的文章贡献数。

接口类 BlogMapper 的主要实现代码如下所示。

```
public interface BlogMapper extends SuperMapper<Blog> {
    @Select("SELECT tag_uid, COUNT(tag_uid) as count FROM t_blog where status = 1 GROUP BY tag_uid")
    List<Map<String, Object>> getBlogCountByTag();

    @Select("SELECT blog_sort_uid, COUNT(blog_sort_uid) AS count FROM t_blog where status = 1 GROUP BY blog_sort_uid")
    List<Map<String, Object>> getBlogCountByBlogSort();

    @Select("SELECT DISTINCT DATE_FORMAT(create_time, '%Y-%m-%d') DATE, COUNT(uid) COUNT FROM t_blog WHERE 1=1 && status = 1 && create_time >= #{startTime} && create_time < #{endTime} GROUP BY DATE_FORMAT(create_time, '%Y-%m-%d')")
    List<Map<String, Object>> getBlogContributeCount(@Param("startTime") String startTime, @Param("endTime") String endTime);

}
```

5.3.4 VO 层

在 Java 项目中，VO 层用于封装值对象，将需要经常传输的值封装到类中作为属性来传递。VO 层的存在目的就是方便前端获取数据，在后端将前端需要的数据做一个整合，打包成一个类。在本项目的 VO 层中，对每个数据库表中的字段都进行了封装，这样便于向前端传递数据库中的数据。例如在下面列出了针对数据库表 admin 和 blog 中各个字段的 VO 封装。

(1) 编写封装类 AdminVO 实现对数据库表 admin 的封装，主要实现代码如下所示。

```java
public class AdminVO extends BaseVO<AdminVO> {
    /**
     * 用户名
     */
    private String userName;

    /**
     * 密码
     */
    private String passWord;

    /**
     * 昵称
     */
    private String nickName;

    /**
     * 性别(1:男 2:女)
     */
    private String gender;

    /**
     * 个人头像
     */
    private String avatar;

    /**
     * 邮箱
     */
    private String email;

    /**
     * 出生年月日
     */
    @DateTimeFormat(pattern = "yyyy-MM-dd HH:mm:ss")
    @JsonFormat(pattern = "yyyy-MM-dd HH:mm:ss")
    private Date birthday;

    /**
     * 手机
     */
    private String mobile;
```

```java
/**
 * QQ号
 */
private String qqNumber;

/**
 * 微信号
 */
private String weChat;

/**
 * 职业
 */
private String occupation;

/**
 * 自我简介最多150字
 */
private String summary;

/**
 * 个人履历
 */
private String personResume;

/**
 * github地址
 */
private String github;

/**
 * gitee地址
 */
private String gitee;

/**
 * 角色Uid
 */
private String roleUid;

/**
 * 已用网盘容量
 */
private Long storageSize;

/**
```

```
     * 最大网盘容量
     */
    private Long maxStorageSize;
}
```

(2) 编写封装类 BlogVO 实现对数据库表 blog 的封装，主要实现代码如下所示。

```
public class BlogVO extends BaseVO<BlogVO> {
    /**
     * 博客标题
     */
    @NotBlank(groups = {Insert.class, Update.class})
    private String title;
    /**
     * 博客简介
     */
    private String summary;
    /**
     * 博客内容
     */
    @NotBlank(groups = {Insert.class, Update.class})
    private String content;
    /**
     * 标签 uid
     */
    @NotBlank(groups = {Insert.class, Update.class})
    private String tagUid;
    /**
     * 博客分类 UID
     */
    @NotBlank(groups = {Insert.class, Update.class})
    private String blogSortUid;
    /**
     * 标题图片 UID
     */
    private String fileUid;
    /**
     * 管理员 UID
     */
    private String adminUid;
    /**
     * 是否发布
     */
    @NotBlank(groups = {Insert.class, Update.class})
    private String isPublish;
    /**
     * 是否原创
     */
    @NotBlank(groups = {Insert.class, Update.class})
```

```java
private String isOriginal;
/**
 * 如果原创，作者为管理员名
 */
@NotBlank(groups = {Update.class})
private String author;
/**
 * 文章出处
 */
private String articlesPart;
/**
 * 推荐级别，用于首页推荐
 * 0：正常
 * 1：一级推荐(轮播图)
 * 2：二级推荐(top)
 * 3：三级推荐 ()
 * 4：四级推荐 (特别推荐)
 */
@IntegerNotNull(groups = {Insert.class, Update.class})
private Integer level;
/**
 * 类型【0 博客，1：推广】
 */
@NotBlank(groups = {Insert.class, Update.class})
private String type;

/**
 * 外链【如果是推广，那么将跳转到外链】
 */
private String outsideLink;
/**
 * 标签,一篇博客对应多个标签
 */
private List<Tag> tagList;

// 以下字段不存入数据库，封装是为了方便使用
/**
 * 标题图
 */
private List<String> photoList;
/**
 * 博客分类
 */
private BlogSort blogSort;
/**
 * 点赞数
 */
private Integer praiseCount;
/**
```

```java
 * 版权声明
 */
private String copyright;
/**
 * 博客等级关键字，仅用于 getList
 */
private String levelKeyword;
/**
 * 使用 Sort 字段进行排序(0：不使用，1：使用)，默认为 0
 */
private Integer useSort;

/**
 * 排序字段，数值越大，越靠前
 */
private Integer sort;
/**
 * 是否开启评论(0:否，1:是)
 */
private String openComment;
/**
 * OrderBy 排序字段(desc：降序)
 */
private String orderByDescColumn;
/**
 * OrderBy 排序字段(asc：升序)
 */
private String orderByAscColumn;
/**
 * 无参构造方法，初始化默认值
 */
BlogVO() {
    this.level = 0;
    this.useSort = 0;
}
}
```

5.4 后台管理模块

系统管理员可以登录后台管理系统中的各种信息，整个后台管理模块的结构如图 5-3 所示。

本项目的后台管理模块的核心功能由如下两个分组的源码组成：

❑ mogu_admin：后台管理模块的后端 API 接口；

扫码看视频

❑ vue_mogu_admin：后台管理模块的 Vue 前端页面。

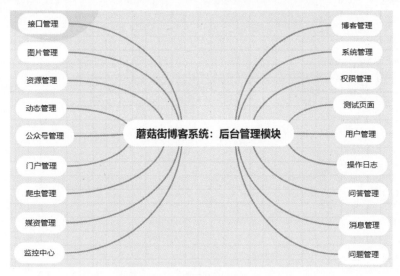

图 5-3 后台管理模块的结构

本节将简要介绍后台管理模块的核心功能。

5.4.1 登录验证

（1）编写前端文件 vue_mogu_admin/src/views/login/index.vue，实现登录表单页面功能，管理员可以在表单中输入用户名和密码，并确保输入的信息符合格式要求。对应的实现代码如下所示。

```
<h3 class="title">{{webSiteName}}后台管理系统</h3>
<el-form-item prop="username">
  <span class="svg-container svg-container_login">
    <svg-icon icon-class="user"/>
  </span>
  <el-input
    v-model="loginForm.username"
    ref="userNameInput"
    name="username"
    type="text"
    auto-complete="on"
    placeholder="username"
    @keyup.enter.native="handleLogin"
  />
</el-form-item>
```

```html
       <el-form-item prop="password">
         <span class="svg-container">
           <svg-icon icon-class="password"/>
         </span>
         <el-input
           :type="pwdType"
           v-model="loginForm.password"
           name="password"
           auto-complete="on"
           placeholder="password"
           @keyup.enter.native="handleLogin"
         />
         <span class="show-pwd" @click="showPwd">
           <svg-icon icon-class="eye"/>
         </span>
       </el-form-item>
       <el-checkbox v-model="loginForm.isRememberMe" style="margin:0px 0px 25px 0px;"><span style="color: #eee">七天免登录</span></el-checkbox>
       <el-form-item>
         <el-button:loading="loading" type="primary" style="width:100%;"
                  @click.native.prevent="handleLogin">登录</el-button>
       </el-form-item>
     </el-form>
```

(2) 登录表单会调用前端文件 vue_mogu_admin/src/utils/validate.js，验证表单信息格式的合法性，主要验证用户名、密码的格式。对应的实现代码如下所示。

```javascript
/* 合法uri*/
export function validateURL(textval) {
  const urlregex =
/^(https?|ftp):\/\/([a-zA-Z0-9.-]+(:[a-zA-Z0-9.&%$-]+)*@)*((25[0-5]|2[0-4][0-9]|1[0-9]{2}|[1-9][0-9]?)(\.(25[0-5]|2[0-4][0-9]|1[0-9]{2}|[1-9]?[0-9])){3}|([a-zA-Z0-9-]+\.)*[a-zA-Z0-9-]+\.(com|edu|gov|int|mil|net|org|biz|arpa|info|name|pro|aero|coop|museum|[a-zA-Z]{2}))(:[0-9]+)*(\/($|[a-zA-Z0-9.,?'\\+&%$#=~_-]+))*$/
  return urlregex.test(textval)
}

/* 小写字母*/
export function validateLowerCase(str) {
  const reg = /^[a-z]+$/
  return reg.test(str)
}

/* 大写字母*/
export function validateUpperCase(str) {
  const reg = /^[A-Z]+$/
  return reg.test(str)
```

```
}
/* 大小写字母*/
export function validatAlphabets(str) {
  const reg = /^[A-Za-z]+$/
  return reg.test(str)
}
```

(3) 编写后端文件 src/main/java/com/moxi/mogublog/admin/restapi/LoginRestApi.java，验证登录信息的合法性，验证数据库中是否存在当前输入的登录信息。如果登录信息存在，则说明当前用户是合法的管理员，允许登录后台系统；如果登录信息不存在，则说明当前用户是非法用户，不允许登录后台系统。主要实现代码如下所示。

```
@ApiOperation(value = "用户登录", notes = "用户登录")
@PostMapping("/login")
public String login(HttpServletRequest request,
      @ApiParam(name = "username", value = "用户名或邮箱或手机号")
      @RequestParam(name = "username", required = false) String username,
      @ApiParam(name = "password", value = "密码")
      @RequestParam(name = "password", required = false) String password,
      @ApiParam(name = "isRememberMe", value = "是否记住账号密码")
      @RequestParam(name = "isRememberMe", required = false, defaultValue = "false")
              Boolean isRememberMe) {

   if (StringUtils.isEmpty(username) || StringUtils.isEmpty(password)) {
       return ResultUtil.result(SysConf.ERROR, "账号或密码不能为空");
   }
   String ip = IpUtils.getIpAddr(request);
   String limitCount = redisUtil.get(RedisConf.LOGIN_LIMIT +
                       RedisConf.SEGMENTATION + ip);
   if (StringUtils.isNotEmpty(limitCount)) {
       Integer tempLimitCount = Integer.valueOf(limitCount);
       if (tempLimitCount >= Constants.NUM_FIVE) {
           return ResultUtil.result(SysConf.ERROR, "密码输错次数过多,已被锁定30分钟");
       }
   }
   Boolean isEmail = CheckUtils.checkEmail(username);
   Boolean isMobile = CheckUtils.checkMobileNumber(username);
   QueryWrapper<Admin> queryWrapper = new QueryWrapper<>();
   if (isEmail) {
       queryWrapper.eq(SQLConf.EMAIL, username);
   } else if (isMobile) {
       queryWrapper.eq(SQLConf.MOBILE, username);
   } else {
       queryWrapper.eq(SQLConf.USER_NAME, username);
   }
```

```java
queryWrapper.last(SysConf.LIMIT_ONE);
queryWrapper.eq(SysConf.STATUS, EStatus.ENABLE);
Admin admin = adminService.getOne(queryWrapper);
if (admin == null) {
    // 设置错误登录次数
    log.error("该管理员不存在");
    return ResultUtil.result(SysConf.ERROR,
            String.format(MessageConf.LOGIN_ERROR, setLoginCommit(request)));
}
// 对密码进行加盐加密验证
PasswordEncoder encoder = new BCryptPasswordEncoder();
boolean isPassword = encoder.matches(password, admin.getPassWord());
if (!isPassword) {
    //密码错误，返回提示
    log.error("管理员密码错误");
    return ResultUtil.result(SysConf.ERROR,
            String.format(MessageConf.LOGIN_ERROR, setLoginCommit(request)));
}
List<String> roleUids = new ArrayList<>();
roleUids.add(admin.getRoleUid());
List<Role> roles = (List<Role>) roleService.listByIds(roleUids);

if (roles.size() <= 0) {
    return ResultUtil.result(SysConf.ERROR, MessageConf.NO_ROLE);
}
String roleNames = null;
for (Role role : roles) {
    roleNames += (role.getRoleName() + Constants.SYMBOL_COMMA);
}
String roleName = roleNames.substring(0, roleNames.length() - 2);
long expiration = isRememberMe ? isRememberMeExpiresSecond :
                  audience.getExpiresSecond();
String jwtToken = jwtTokenUtil.createJWT(admin.getUserName(),
        admin.getUid(),
        roleName,
        audience.getClientId(),
        audience.getName(),
        expiration * 1000,
        audience.getBase64Secret());
String token = tokenHead + jwtToken;
Map<String, Object> result = new HashMap<>(Constants.NUM_ONE);
result.put(SysConf.TOKEN, token);

//进行登录相关操作
Integer count = admin.getLoginCount() + 1;
admin.setLoginCount(count);
admin.setLastLoginIp(IpUtils.getIpAddr(request));
```

```
admin.setLastLoginTime(new Date());
admin.updateById();
// 设置 token 到 validCode，用于记录登录用户
admin.setValidCode(token);
// 设置 tokenUid，【主要用于换取 token 令牌，防止 token 直接暴露到在线用户管理中】
admin.setTokenUid(StringUtils.getUUID());
admin.setRole(roles.get(0));
// 添加在线用户到 Redis 中【设置过期时间】
adminService.addOnlineAdmin(admin, expiration);
return ResultUtil.result(SysConf.SUCCESS, result);
}
```

5.4.2 后台主页

管理员登录后台后进入后台主页，在左侧导航中显示管理链接导航，在右侧显示后台主页。本项目的后台主页主要显示系统数据的统计信息，例如用户数、文章数、贡献度、文章分类统计饼形图、访问量统计曲线图等信息。

(1) 编写前端文件 vue_mogu_admin/src/views/dashboard/index.vue 显示后台主页的内容，主要实现代码如下所示。

```
<el-row class="panel-group" :gutter="40">
  <el-col :xs="12" :sm="12" :lg="6" class="card-panel-col">
    <div class="card-panel">
      <div class="card-panel-icon-wrapper icon-money" @click="btnClick('1')">
        <svg-icon icon-class="eye" class-name="card-panel-icon"/>
      </div>
      <div class="card-panel-description">
        <div class="card-panel-text">今日 IP 数：</div>
        <count-to class="card-panel-num" :startVal="0" :endVal=
                  "visitAddTotal" :duration="3200"></count-to>
      </div>
    </div>
  </el-col>

  <el-col :xs="12" :sm="12" :lg="6" class="card-panel-col">
    <div class="card-panel">
      <div class="card-panel-icon-wrapper icon-people" @click="btnClick('2')">
        <svg-icon icon-class="peoples" class-name="card-panel-icon"/>
      </div>
      <div class="card-panel-description">
        <div class="card-panel-text">用户数：</div>
        <count-to class="card-panel-num" :startVal="0" :endVal=
                  "userTotal" :duration="2600"></count-to>
      </div>
    </div>
```

```html
      </el-col>

      <el-col :xs="12" :sm="12" :lg="6" class="card-panel-col">
        <div class="card-panel">
          <div class="card-panel-icon-wrapper icon-message" @click="btnClick('3')">
            <svg-icon icon-class="message" class-name="card-panel-icon"/>
          </div>
          <div class="card-panel-description">
            <div class="card-panel-text">评论数: </div>
            <count-to class="card-panel-num" :startVal="0" :endVal=
                "commentTotal" :duration="3000"></count-to>
          </div>
        </div>
      </el-col>
      <el-col :xs="12" :sm="12" :lg="6" class="card-panel-col">
        <div class="card-panel">
          <div class="card-panel-icon-wrapper icon-shoppingCard"
              @click="btnClick('4')">
            <svg-icon icon-class="form" class-name="card-panel-icon"/>
          </div>
          <div class="card-panel-description">
            <div class="card-panel-text">文章数:</div>
            <count-to class="card-panel-num" :startVal="0" :endVal=
                "blogTotal" :duration="3600"></count-to>
          </div>
        </div>
      </el-col>
    </el-row>

    <!--文章贡献度-->
    <el-row>
      <CalendarChart></CalendarChart>
    </el-row>

    <!-- 分类图-->
    <el-row :gutter="32">
      <el-col :xs="24" :sm="24" :lg="8">
        <div class="chart-wrapper">
          <pie-chart
            ref="blogSortPie"
            @clickPie="clickBlogSortPie"
            v-if="showPieBlogSortChart"
            :value="blogCountByBlogSort"
            :tagName="blogSortNameArray"
          ></pie-chart>
        </div>
      </el-col>
```

```
        <el-col :xs="24" :sm="24" :lg="8">
          <div class="chart-wrapper">
            <pie-chart
              v-if="showPieChart"
              @clickPie="clickBlogTagPie"
              :value="blogCountByTag"
              :tagName="tagNameArray"
            ></pie-chart>
          </div>
        </el-col>

        <el-col
          :xs="{span: 24}"
          :sm="{span: 12}"
          :md="{span: 12}"
          :lg="{span: 6}"
          :xl="{span: 6}"
          style="margin-bottom:30px;"
        >
          <div class="chart-wrapper" v-permission="'/todo/getList'">
            <todo-list></todo-list>
          </div>
        </el-col>
      </el-row>

      <!--访问量统计-->
      <el-row style="background:#fff;padding:16px 16px 0;margin-bottom:32px;">
        <line-chart v-if="showLineChart" :chart-data="lineChartData"></line-chart>
      </el-row>

      <!--仪表盘弹框通知-->
      <el-dialog
        title="通知"
        :visible.sync="notificationDialogVisible"
        v-if="systemConfig.openDashboardNotification == 1"
        width="50%"
        :closeOnClickModal="false"
        :closeOnPressEscape="false"
        :before-close="closeNotificationDialogVisible"
        center>
        <span v-html="systemConfig.dashboardNotification"></span>
      </el-dialog>

    </div>
</template>
```

(2) 上述后台前端主页会调用前端接口文件 vue_mogu_admin/src/api/index.js，在接口文件中提供了各个统计功能对应的接口 API，主要实现代码如下所示。

```javascript
export function init() {
  return request({
    url: process.env.ADMIN_API + '/index/init',
    method: 'get'
  })
}

export function getVisitByWeek() {
  return request({
    url: process.env.ADMIN_API + '/index/getVisitByWeek',
    method: 'get'
  })
}

export function getBlogCountByTag() {
  return request({
    url: process.env.ADMIN_API + '/index/getBlogCountByTag',
    method: 'get'
  })
}

export function getBlogCountByBlogSort() {
  return request({
    url: process.env.ADMIN_API + '/index/getBlogCountByBlogSort',
    method: 'get'
  })
}

export function getBlogContributeCount() {
  return request({
    url: process.env.ADMIN_API + '/index/getBlogContributeCount',
    method: 'get'
  })
}
```

(3) 上述接口文件 index.js 中的 API 会调用后端文件 src/main/java/com/moxi/mogublog/admin/restapi/IndexRestApi.java 中的功能方法，通过功能方法获取数据库中的数据并统计，最后在前端以文字方式或统计图格式显示结果。文件 IndexRestApi.java 的主要实现代码如下所示。

```java
    @ApiOperation(value = "首页初始化数据", notes = "首页初始化数据", response = String.class)
    @RequestMapping(value = "/init", method = RequestMethod.GET)
```

```java
public String init() {
    Map<String, Object> map = new HashMap<>(Constants.NUM_FOUR);
    map.put(SysConf.BLOG_COUNT, blogService.getBlogCount(EStatus.ENABLE));
    map.put(SysConf.COMMENT_COUNT, commentService.getCommentCount(EStatus.ENABLE));
    map.put(SysConf.USER_COUNT, userService.getUserCount(EStatus.ENABLE));
    map.put(SysConf.VISIT_COUNT, webVisitService.getWebVisitCount());
    return ResultUtil.result(SysConf.SUCCESS, map);
}

@ApiOperation(value = "获取最近一周用户独立IP数和访问量", notes = 
                    "获取最近一周用户独立IP数和访问量", response = String.class)
@RequestMapping(value = "/getVisitByWeek", method = RequestMethod.GET)
public String getVisitByWeek() {
    Map<String, Object> visitByWeek = webVisitService.getVisitByWeek();
    return ResultUtil.result(SysConf.SUCCESS, visitByWeek);
}

@ApiOperation(value = "获取每个标签下文章数目", notes = "获取每个标签下文章数目",
            response = String.class)
@RequestMapping(value = "/getBlogCountByTag", method = RequestMethod.GET)
public String getBlogCountByTag() {
    List<Map<String, Object>> blogCountByTag = blogService.getBlogCountByTag();
    return ResultUtil.result(SysConf.SUCCESS, blogCountByTag);
}

@ApiOperation(value = "获取每个分类下文章数目", notes = "获取每个分类下文章数目",
            response = String.class)
@RequestMapping(value = "/getBlogCountByBlogSort", method = RequestMethod.GET)
public String getBlogCountByBlogSort() {

    List<Map<String, Object>> blogCountByTag = blogService.getBlogCountByBlogSort();
    return ResultUtil.result(SysConf.SUCCESS, blogCountByTag);
}

@ApiOperation(value = "获取一年内的文章贡献度", notes = "获取一年内的文章贡献度",
            response = String.class)
@RequestMapping(value = "/getBlogContributeCount", method = RequestMethod.GET)
public String getBlogContributeCount() {

    Map<String, Object> resultMap = blogService.getBlogContributeCount();
    return ResultUtil.result(SysConf.SUCCESS, resultMap);
}
```

5.4.3 博客管理

管理员登录后台后，可以通过"博客管理"模块管理系统内的博客信息。在"博客管理"模块下面又包含几个子模块：博客管理、分类管理、标签管理、推荐管理、专题管理、专题元素管理。下面只讲解博客管理和分类管理两个子模块的实现过程。

1. 博客管理

在"博客管理"页面列表展示了系统内的博客信息，并且可以对博客信息分别实现添加、编辑、删除、搜索、上传、导出等操作。

（1）编写前端文件 vue_mogu_admin/src/views/blog/blog.vue，实现显示"博客管理"页面的内容。

（2）上述"博客管理"前端页面会调用前端接口文件 vue_mogu_admin/src/api/blog.js，在接口文件中提供了各个功能(如博客列表、添加博客、修改博客、删除博客等)对应的接口API，主要实现代码如下所示。

```javascript
export function getBlogList(params) {
  return request({
    url: process.env.ADMIN_API + '/blog/getList',
    method: 'post',
    data: params
  })
}

export function addBlog(params) {
  return request({
    url: process.env.ADMIN_API + '/blog/add',
    method: 'post',
    data: params
  })
}
export function uploadLocalBlog(params) {
  return request({
    url: process.env.ADMIN_API + '/blog/uploadLocalBlog',
    method: 'post',
    data: params
  })
}

export function editBlog(params) {
  return request({
    url: process.env.ADMIN_API + '/blog/edit',
    method: 'post',
    data: params
  })
}
```

```
export function editBatchBlog(params) {
  return request({
    url: process.env.ADMIN_API + '/blog/editBatch',
    method: 'post',
    data: params
  })
}

export function deleteBlog(params) {
  return request({
    url: process.env.ADMIN_API + '/blog/delete',
    method: 'post',
    data: params
  })
}

export function deleteBatchBlog(params) {
  return request({
    url: process.env.ADMIN_API + '/blog/deleteBatch',
    method: 'post',
    data: params
  })
}
```

(3) 上述接口文件 blog.js 中的 API 会调用后端文件 src/main/java/com/moxi/mogublog/admin/restapi/BlogRestApi.java 中的功能方法，通过功能方法实现博客的列表展示、添加、删除和修改等功能。文件 BlogRestApi.java 的主要实现代码如下所示。

```
@RestController
@RequestMapping("/blog")
@Api(value = "博客相关接口", tags = {"博客相关接口"})
@Slf4j
public class BlogRestApi {

    @Autowired
    private BlogService blogService;

    @AuthorityVerify
    @ApiOperation(value = "获取博客列表", notes = "获取博客列表", response = String.class)
    @PostMapping("/getList")
    public String getList(@Validated({GetList.class}) @RequestBody BlogVO blogVO,
            BindingResult result) {

        ThrowableUtils.checkParamArgument(result);
        return ResultUtil.successWithData(blogService.getPageList(blogVO));
    }
```

```java
@AvoidRepeatableCommit
@AuthorityVerify
@OperationLogger(value = "增加博客")
@ApiOperation(value = "增加博客", notes = "增加博客", response = String.class)
@PostMapping("/add")
public String add(@Validated({Insert.class}) @RequestBody BlogVO blogVO,
        BindingResult result) {

    // 参数校验
    ThrowableUtils.checkParamArgument(result);
    return blogService.addBlog(blogVO);
}

@AuthorityVerify
@OperationLogger(value = "本地博客上传")
@ApiOperation(value = "本地博客上传", notes = "本地博客上传", response = String.class)
@PostMapping("/uploadLocalBlog")
public String uploadPics(@RequestBody List<MultipartFile> filedatas) throws
        IOException {

    return blogService.uploadLocalBlog(filedatas);
}

@AuthorityVerify
@OperationLogger(value = "编辑博客")
@ApiOperation(value = "编辑博客", notes = "编辑博客", response = String.class)
@PostMapping("/edit")
public String edit(@Validated({Update.class}) @RequestBody BlogVO blogVO,
        BindingResult result) {

    // 参数校验
    ThrowableUtils.checkParamArgument(result);
    return blogService.editBlog(blogVO);
}

@AuthorityVerify
@OperationLogger(value = "推荐博客排序调整")
@ApiOperation(value = "推荐博客排序调整", notes = "推荐博客排序调整", response =
            String.class)
@PostMapping("/editBatch")
public String editBatch(@RequestBody List<BlogVO> blogVOList) {
    return blogService.editBatch(blogVOList);
}

@AuthorityVerify
@OperationLogger(value = "删除博客")
@ApiOperation(value = "删除博客", notes = "删除博客", response = String.class)
```

```java
@PostMapping("/delete")
public String delete(@Validated({Delete.class}) @RequestBody BlogVO blogVO,
        BindingResult result) {
    // 参数校验
    ThrowableUtils.checkParamArgument(result);
    return blogService.deleteBlog(blogVO);
}

@AuthorityVerify
@OperationLogger(value = "删除选中博客")
@ApiOperation(value = "删除选中博客", notes = "删除选中博客", response = String.class)
@PostMapping("/deleteBatch")
public String deleteBatch(@RequestBody List<BlogVO> blogVoList) {
    return blogService.deleteBatchBlog(blogVoList);
}
}
```

2. 分类管理

在"分类管理"页面中，列表展示了系统内博客分类的信息，并且可以对博客分类信息息分别实现添加、编辑、搜索、置顶、排序等操作。

(1) 编写前端文件 vue_mogu_admin/src/views/blog/blogSort.vue，实现列表显示系统内的博客分类信息。

(2) 上述后台前端"分类管理"页面会调用前端接口文件 vue_mogu_admin/src/api/blogSort.js，在接口文件中提供了各个统计功能(如分类列表、添加分类、修改分类、删除分类等)对应的接口 API，主要实现代码如下所示。

```javascript
export function getBlogSortList(params) {
  return request({
    url: process.env.ADMIN_API + '/blogSort/getList',
    method: 'post',
    data: params
  })
}

export function addBlogSort(params) {
  return request({
    url: process.env.ADMIN_API + '/blogSort/add',
    method: 'post',
    data: params
  })
}

export function editBlogSort(params) {
```

```
    return request({
      url: process.env.ADMIN_API + '/blogSort/edit',
      method: 'post',
      data: params
    })
}

export function deleteBatchBlogSort(params) {
    return request({
      url: process.env.ADMIN_API + '/blogSort/deleteBatch',
      method: 'post',
      data: params
    })
}

export function stickBlogSort(params) {
    return request({
      url: process.env.ADMIN_API + '/blogSort/stick',
      method: 'post',
      data: params
    })
}

export function blogSortByClickCount(params) {
    return request({
      url: process.env.ADMIN_API + '/blogSort/blogSortByClickCount',
      method: 'post',
      params
    })
}

export function blogSortByCite(params) {
    return request({
      url: process.env.ADMIN_API + '/blogSort/blogSortByCite',
      method: 'post',
      params
    })
}
```

（3）上述接口文件 blogSort.js 中的 API 会调用后端文件 src/main/java/com/moxi/mogublog/admin/restapi/BlogSortRestApi.java 中的功能方法，通过功能方法实现对博客分类信息的列表展示、添加、删除和修改等功能。文件 BlogSortRestApi.java 的主要实现代码如下所示。

```
@RestController
@RequestMapping("/blogSort")
```

```java
@Api(value = "博客分类相关接口", tags = {"博客分类相关接口"})
@Slf4j
public class BlogSortRestApi {

    @Autowired
    private BlogSortService blogSortService;

    @AuthorityVerify
    @ApiOperation(value = "获取博客分类列表", notes = "获取博客分类列表", response =
                String.class)
    @PostMapping("/getList")
    public String getList(@Validated({GetList.class}) @RequestBody BlogSortVO
            blogSortVO, BindingResult result) {

        // 参数校验
        ThrowableUtils.checkParamArgument(result);
        log.info("获取博客分类列表");
        return ResultUtil.successWithData(blogSortService.getPageList(blogSortVO));
    }

    @AvoidRepeatableCommit
    @AuthorityVerify
    @OperationLogger(value = "增加博客分类")
    @ApiOperation(value = "增加博客分类", notes = "增加博客分类", response = String.class)
    @PostMapping("/add")
    public String add(@Validated({Insert.class}) @RequestBody BlogSortVO blogSortVO,
            BindingResult result) {

        // 参数校验
        ThrowableUtils.checkParamArgument(result);
        log.info("增加博客分类");
        return blogSortService.addBlogSort(blogSortVO);
    }

    @AuthorityVerify
    @OperationLogger(value = "编辑博客分类")
    @ApiOperation(value = "编辑博客分类", notes = "编辑博客分类", response = String.class)
    @PostMapping("/edit")
    public String edit(@Validated({Update.class}) @RequestBody BlogSortVO
            blogSortVO, BindingResult result) {

        // 参数校验
        ThrowableUtils.checkParamArgument(result);
        log.info("编辑博客分类");
        return blogSortService.editBlogSort(blogSortVO);
    }
```

```java
@AuthorityVerify
@OperationLogger(value = "批量删除博客分类")
@ApiOperation(value = "批量删除博客分类", notes = "批量删除博客分类", response =
        String.class)
@PostMapping("/deleteBatch")
public String delete(@Validated({Delete.class}) @RequestBody List<BlogSortVO>
        blogSortVoList, BindingResult result) {

    // 参数校验
    ThrowableUtils.checkParamArgument(result);
    log.info("批量删除博客分类");
    return blogSortService.deleteBatchBlogSort(blogSortVoList);
}

@AuthorityVerify
@ApiOperation(value = "置顶分类", notes = "置顶分类", response = String.class)
@PostMapping("/stick")
public String stick(@Validated({Delete.class}) @RequestBody BlogSortVO
        blogSortVO, BindingResult result) {

    // 参数校验
    ThrowableUtils.checkParamArgument(result);
    log.info("置顶分类");
    return blogSortService.stickBlogSort(blogSortVO);

}

@AuthorityVerify
@OperationLogger(value = "通过点击量排序博客分类")
@ApiOperation(value = "通过点击量排序博客分类", notes = "通过点击量排序博客分类",
        response = String.class)
@PostMapping("/blogSortByClickCount")
public String blogSortByClickCount() {
    log.info("通过点击量排序博客分类");
    return blogSortService.blogSortByClickCount();
}

/**
 *通过引用量排序标签，引用量就是所有的文章中，有多少使用了该标签，
 *如果该标签使用得越多，引用量越大，那么排名就越靠前
 */
@AuthorityVerify
@OperationLogger(value = "通过引用量排序博客分类")
@ApiOperation(value = "通过引用量排序博客分类", notes = "通过引用量排序博客分类",
        response = String.class)
@PostMapping("/blogSortByCite")
public String blogSortByCite() {
```

```
        log.info("通过引用量排序博客分类");
        return blogSortService.blogSortByCite();
    }
}
```

5.5 Web 前端模块

本蘑菇博客系统有两种前端，分别是 Web 前端和移动前端，其中前者主要是运行在 PC 电脑端，实现程序分为如下两部分：

- mogu_web：提供 Web 端的 API 接口服务；
- vue_mogu_web：Vue 门户网站。

Web 前端模块的结构如图 5-4 所示。

扫码看视频

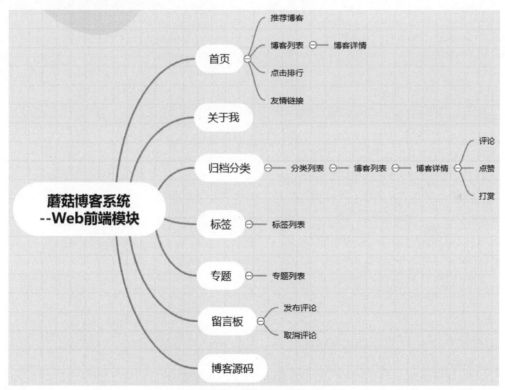

图 5-4　Web 前端模块的结构

本节将简要介绍本项目 Web 前端模块的实现过程。

5.5.1　Web 前端主页

（1）编写文件 vue_mogu_web/src/views/index.vue 实现 Web 前端主页，主要包含如下三部分功能：

- 在顶部显示广告信息；
- 在主页面中列表显示系统内的推荐博客，并显示每条博客的作者、分类、浏览数、发布时间等信息；
- 在页面右侧显示标签、各级别的推荐信息和友情链接等信息。

（2）上述 Web 前端主页会调用前端接口文件 vue_mogu_web/src/api/index.js，在接口文件中提供了各个主页功能对应的接口 API，主要实现代码如下所示。

```
export function getBlogByLevel (params) {
  return request({
    url: process.env.WEB_API + '/index/getBlogByLevel',
    method: 'get',
    params
  })
}

export function getNewBlog (params) {
  return request({
    url: process.env.WEB_API + '/index/getNewBlog',
    method: 'get',
    params
  })
}

export function getBlogByTime (params) {
  return request({
    url: process.env.WEB_API + '/index/getBlogByTime',
    method: 'get',
    params
  })
}

export function getHotBlog (params) {
  return request({
    url: process.env.WEB_API + '/index/getHotBlog',
    method: 'get',
    params
  })
}
```

```js
export function getHotTag (params) {
  return request({
    url: process.env.WEB_API + '/index/getHotTag',
    method: 'get',
    params
  })
}

export function getLink (params) {
  return request({
    url: process.env.WEB_API + '/index/getLink',
    method: 'get',
    params
  })
}

export function addLinkCount (params) {
  return request({
    url: process.env.WEB_API + '/index/addLinkCount',
    method: 'get',
    params
  })
}

export function getWebConfig (params) {
  return request({
    url: process.env.WEB_API + '/index/getWebConfig',
    method: 'get',
    params
  })
}

export function getWebNavbar (params) {
  return request({
    url: process.env.WEB_API + '/index/getWebNavbar',
    method: 'get',
    params
  })
}

export function recorderVisitPage (params) {
  return request({
    url: process.env.WEB_API + '/index/recorderVisitPage',
    method: 'get',
    params
  })
}
```

(3) 上述接口文件 index.js 中的 API 会调用后端文件 src/main/java/com/moxi/mogublog/web/restapi/IndexRestApi.java 中的功能方法，通过功能方法获取数据库中的数据。文件 IndexRestApi.java 的主要实现代码如下所示。

```java
@RestController
@RequestMapping("/index")
@Api(value = "首页相关接口", tags = {"首页相关接口"})
@Slf4j
public class IndexRestApi {

    @Autowired
    private TagService tagService;
    @Autowired
    private LinkService linkService;
    @Autowired
    private WebConfigService webConfigService;
    @Autowired
    private SysParamsService sysParamsService;
    @Autowired
    private BlogService blogService;
    @Autowired
    private WebNavbarService webNavbarService;
    @Autowired
    private RedisUtil redisUtil;

    @RequestLimit(amount = 200, time = 60000)
    @ApiOperation(value = "通过推荐等级获取博客列表", notes = "通过推荐等级获取博客列表")
    @GetMapping("/getBlogByLevel")
    public String getBlogByLevel(HttpServletRequest request,
            @ApiParam(name = "level", value = "推荐等级", required = false)
            @RequestParam(name = "level", required = false, defaultValue = "0")
                    Integer level,
            @ApiParam(name = "currentPage", value = "当前页数", required = false)
            @RequestParam(name = "currentPage", required = false,
                    defaultValue = "1") Long currentPage,
            @ApiParam(name = "useSort", value = "使用排序", required = false)
            @RequestParam(name = "useSort", required = false, defaultValue = "0")
                Integer useSort) {

        return ResultUtil.result(SysConf.SUCCESS,
                blogService.getBlogPageByLevel(level,currentPage,useSort));
    }

    @ApiOperation(value = "获取首页排行博客", notes = "获取首页排行博客")
    @GetMapping("/getHotBlog")
    public String getHotBlog() {
```

```java
        log.info("获取首页排行博客");
        return ResultUtil.result(SysConf.SUCCESS, blogService.getHotBlog());
}

@ApiOperation(value = "获取首页最新的博客", notes = "获取首页最新的博客")
@GetMapping("/getNewBlog")
public String getNewBlog(HttpServletRequest request,
            @ApiParam(name = "currentPage", value = "当前页数", required = false)
            @RequestParam(name = "currentPage", required = false,
                    defaultValue = "1") Long currentPage,
            @ApiParam(name = "pageSize", value = "每页显示数目", required = false)
            @RequestParam(name = "pageSize", required = false,
                    defaultValue = "10") Long pageSize) {

    log.info("获取首页最新的博客");
    return ResultUtil.result(SysConf.SUCCESS,
                    blogService.getNewBlog(currentPage, null));
}

@ApiOperation(value = "mogu-search 调用获取博客的接口[包含内容]", notes =
                "mogu-search 调用获取博客的接口")
@GetMapping("/getBlogBySearch")
public String getBlogBySearch(HttpServletRequest request,
            @ApiParam(name = "currentPage", value = "当前页数", required = false)
            @RequestParam(name = "currentPage", required = false,
                    defaultValue = "1") Long currentPage,
            @ApiParam(name = "pageSize", value = "每页显示数目", required = false)
            @RequestParam(name = "pageSize", required = false,
                    defaultValue = "10") Long pageSize) {

    log.info("获取首页最新的博客");
    return ResultUtil.result(SysConf.SUCCESS,
                    blogService.getBlogBySearch(currentPage, null));
}

@ApiOperation(value = "按时间戳获取博客", notes = "按时间戳获取博客")
@GetMapping("/getBlogByTime")
public String getBlogByTime(HttpServletRequest request,
            @ApiParam(name = "currentPage", value = "当前页数", required = false)
            @RequestParam(name = "currentPage", required = false,
                    defaultValue = "1") Long currentPage,
            @ApiParam(name = "pageSize", value = "每页显示数目", required = false)
            @RequestParam(name = "pageSize", required = false,
                    defaultValue = "10") Long pageSize) {
```

```java
        String blogNewCount = sysParamsService.getSysParamsValueByKey
            (SysConf.BLOG_NEW_COUNT);
        return ResultUtil.result(SysConf.SUCCESS, blogService.getBlogByTime
            (currentPage, Long.valueOf(blogNewCount)));
    }

    @ApiOperation(value = "获取最热标签", notes = "获取最热标签")
    @GetMapping("/getHotTag")
    public String getHotTag() {
        String hotTagCount = sysParamsService.getSysParamsValueByKey
            (SysConf.HOT_TAG_COUNT);
        // 从Redis中获取友情链接
        String jsonResult = redisUtil.get(RedisConf.BLOG_TAG +
            Constants.SYMBOL_COLON + hotTagCount);
        if (StringUtils.isNotEmpty(jsonResult)) {
            List jsonResult2List = JsonUtils.jsonArrayToArrayList(jsonResult);
            return ResultUtil.result(SysConf.SUCCESS, jsonResult2List);
        }
        List<Tag> tagList = tagService.getHotTag(Integer.valueOf(hotTagCount));
        if (tagList.size() > 0) {
            redisUtil.setEx(RedisConf.BLOG_TAG + Constants.SYMBOL_COLON +
                hotTagCount, JsonUtils.objectToJson(tagList), 1, TimeUnit.HOURS);
        }
        return ResultUtil.result(SysConf.SUCCESS, tagList);
    }

    @ApiOperation(value = "获取友情链接", notes = "获取友情链接")
    @GetMapping("/getLink")
    public String getLink() {
        String friendlyLinkCount = sysParamsService.getSysParamsValueByKey
            (SysConf.FRIENDLY_LINK_COUNT);
        // 从Redis中获取友情链接
        String jsonResult = redisUtil.get(RedisConf.BLOG_LINK +
            Constants.SYMBOL_COLON + friendlyLinkCount);
        if (StringUtils.isNotEmpty(jsonResult)) {
            List jsonResult2List = JsonUtils.jsonArrayToArrayList(jsonResult);
            return ResultUtil.result(SysConf.SUCCESS, jsonResult2List);
        }
        List<Link> linkList = linkService.getListByPageSize
            (Integer.valueOf(friendlyLinkCount));
        if (linkList.size() > 0) {
            redisUtil.setEx(RedisConf.BLOG_LINK + Constants.SYMBOL_COLON +
                friendlyLinkCount, JsonUtils.objectToJson(linkList), 1,
                TimeUnit.HOURS);
        }
        return ResultUtil.result(SysConf.SUCCESS, linkList);
    }
```

```java
@BussinessLog(value = "点击友情链接", behavior = EBehavior.FRIENDSHIP_LINK)
@ApiOperation(value = "增加友情链接点击数", notes = "增加友情链接点击数")
@GetMapping("/addLinkCount")
public String addLinkCount(@ApiParam(name = "uid", value = "友情链接 UID",
        required = false) @RequestParam(name = "uid", required = false)
        String uid) {
    log.info("点击友链");
    return linkService.addLinkCount(uid);
}

@ApiOperation(value = "获取网站配置", notes = "获取友情链接")
@GetMapping("/getWebConfig")
public String getWebConfig() {
    log.info("获取网站配置");
    return ResultUtil.result(SysConf.SUCCESS,
            webConfigService.getWebConfigByShowList());
}

@ApiOperation(value = "获取网站导航栏", notes = "获取网站导航栏")
@GetMapping("/getWebNavbar")
public String getWebNavbar() {
    log.info("获取网站导航栏");
    return ResultUtil.result(SysConf.SUCCESS, webNavbarService.getAllList());
}

@BussinessLog(value = "记录访问页面", behavior = EBehavior.VISIT_PAGE)
@ApiOperation(value = "记录访问页面", notes = "记录访问页面")
@GetMapping("/recorderVisitPage")
public String recorderVisitPage(@ApiParam(name = "pageName", value =
        "页面名称", required = false) @RequestParam(name = "pageName",
        required = true) String pageName) {

    if (StringUtils.isEmpty(pageName)) {
        return ResultUtil.result(SysConf.SUCCESS, MessageConf.PARAM_INCORRECT);
    }
    return ResultUtil.result(SysConf.SUCCESS, MessageConf.INSERT_SUCCESS);
}
```

5.5.2 博客详情页面

(1) 编写文件 vue_mogu_web\src\views\info.vue 实现 Web 前端博客详情页面，主要包含如下三部分功能：

- 博客详情信息：包括博客标题、内容、发布者、类别、发布时间、浏览数、收藏数；
- 相关文章：和当前博客相关的博客标题列表；
- 评论信息：包括发布评论表单、评论列表等信息。

（2）上述 Web 前端博客详情页面会调用前端接口文件 vue_mogu_web/src/api/comment.js，在接口文件中提供了和评论功能相关的接口 API，主要实现代码如下所示。

```
export function getCommentList (params) {
  return request({
    url: process.env.WEB_API + '/web/comment/getList',
    method: 'post',
    data: params
  })
}

export function getCommentListByUser (params) {
  return request({
    url: process.env.WEB_API + '/web/comment/getListByUser',
    method: 'post',
    data: params
  })
}

export function getPraiseListByUser (params) {
  return request({
    url: process.env.WEB_API + '/web/comment/getPraiseListByUser',
    method: 'post',
    data: params
  })
}

export function addComment (params) {
  return request({
    url: process.env.WEB_API + '/web/comment/add',
    method: 'post',
    data: params
  })
}

export function deleteComment (params) {
  return request({
    url: process.env.WEB_API + '/web/comment/delete',
    method: 'post',
    data: params
  })
}
```

```javascript
export function reportComment (params) {
  return request({
    url: process.env.WEB_API + '/web/comment/report',
    method: 'post',
    data: params
  })
}

export function getUserReceiveCommentCount (params) {
  return request({
    url: process.env.WEB_API + '/web/comment/getUserReceiveCommentCount',
    method: 'get',
    params
  })
}

export function readUserReceiveCommentCount (params) {
  return request({
    url: process.env.WEB_API + '/web/comment/readUserReceiveCommentCount',
    method: 'post',
    params
  })
}
```

(3) 上述接口文件 comment.js 中的 API 会调用后端文件 src/main/java/com/moxi/mogublog/web/restapi/CommentRestApi.java 中的功能方法，通过方法 getList()获取当前日志下的评论信息。文件 CommentRestApi.java 的主要实现代码如下所示。

```java
@ApiOperation(value = "获取评论列表", notes = "获取评论列表")
@PostMapping("/getList")
public String getList(@Validated({GetList.class}) @RequestBody CommentVO
        commentVO, BindingResult result) {
    ThrowableUtils.checkParamArgument(result);
    QueryWrapper<Comment> queryWrapper = new QueryWrapper<>();
    if (StringUtils.isNotEmpty(commentVO.getBlogUid())) {
        queryWrapper.like(SQLConf.BLOG_UID, commentVO.getBlogUid());
    }
    queryWrapper.eq(SQLConf.SOURCE, commentVO.getSource());
    //分页
    Page<Comment> page = new Page<>();
    page.setCurrent(commentVO.getCurrentPage());
    page.setSize(commentVO.getPageSize());
    queryWrapper.eq(SQLConf.STATUS, EStatus.ENABLE);
    queryWrapper.isNull(SQLConf.TO_UID);
    queryWrapper.orderByDesc(SQLConf.CREATE_TIME);
    queryWrapper.eq(SQLConf.TYPE, ECommentType.COMMENT);
    // 查询出所有的一级评论，进行分页显示
```

```java
IPage<Comment> pageList = commentService.page(page, queryWrapper);
List<Comment> list = pageList.getRecords();
List<String> firstUidList = new ArrayList<>();
list.forEach(item -> {
    firstUidList.add(item.getUid());
});
if (firstUidList.size() > 0) {
    // 查询一级评论下的子评论
    QueryWrapper<Comment> notFirstQueryWrapper = new QueryWrapper<>();
    notFirstQueryWrapper.in(SQLConf.FIRST_COMMENT_UID, firstUidList);
    notFirstQueryWrapper.eq(SQLConf.STATUS, EStatus.ENABLE);
    List<Comment> notFirstList = commentService.list(notFirstQueryWrapper);
    // 将子评论加入总的评论中
    if (notFirstList.size() > 0) {
        list.addAll(notFirstList);
    }
}
List<String> userUidList = new ArrayList<>();
list.forEach(item -> {
    String userUid = item.getUserUid();
    String toUserUid = item.getToUserUid();
    if (StringUtils.isNotEmpty(userUid)) {
        userUidList.add(item.getUserUid());
    }
    if (StringUtils.isNotEmpty(toUserUid)) {
        userUidList.add(item.getToUserUid());
    }
});
Collection<User> userList = new ArrayList<>();
if (userUidList.size() > 0) {
    userList = userService.listByIds(userUidList);
}
// 过滤掉用户的敏感信息
List<User> filterUserList = new ArrayList<>();
userList.forEach(item -> {
    User user = new User();
    user.setAvatar(item.getAvatar());
    user.setUid(item.getUid());
    user.setNickName(item.getNickName());
    user.setUserTag(item.getUserTag());
    filterUserList.add(user);
});
// 获取用户头像
StringBuffer fileUids = new StringBuffer();
filterUserList.forEach(item -> {
    if (StringUtils.isNotEmpty(item.getAvatar())) {
        fileUids.append(item.getAvatar() + SysConf.FILE_SEGMENTATION);
```

```java
    });
    String pictureList = null;
    if (fileUids != null) {
        pictureList = this.pictureFeignClient.getPicture(fileUids.toString(),
            SysConf.FILE_SEGMENTATION);
    }
    List<Map<String, Object>> picList = webUtil.getPictureMap(pictureList);
    Map<String, String> pictureMap = new HashMap<>();
    picList.forEach(item -> {
        pictureMap.put(item.get(SQLConf.UID).toString(),
            item.get(SQLConf.URL).toString());
    });
    Map<String, User> userMap = new HashMap<>();
    filterUserList.forEach(item -> {
        if (StringUtils.isNotEmpty(item.getAvatar()) &&
             pictureMap.get(item.getAvatar()) != null) {
            item.setPhotoUrl(pictureMap.get(item.getAvatar()));
        }
        userMap.put(item.getUid(), item);
    });
    Map<String, Comment> commentMap = new HashMap<>();
    list.forEach(item -> {
        if (StringUtils.isNotEmpty(item.getUserUid())) {
            item.setUser(userMap.get(item.getUserUid()));
        }
        if (StringUtils.isNotEmpty(item.getToUserUid())) {
            item.setToUser(userMap.get(item.getToUserUid()));
        }
        commentMap.put(item.getUid(), item);
    });
    // 设置一级评论下的子评论
    Map<String, List<Comment>> toCommentListMap = new HashMap<>();
    for (int a = 0; a < list.size(); a++) {
        List<Comment> tempList = new ArrayList<>();
        for (int b = 0; b < list.size(); b++) {
            if (list.get(a).getUid().equals(list.get(b).getToUid())) {
                tempList.add(list.get(b));
            }
        }
        toCommentListMap.put(list.get(a).getUid(), tempList);
    }
    List<Comment> firstComment = new ArrayList<>();
    list.forEach(item -> {
        if (StringUtils.isEmpty(item.getToUid())) {
            firstComment.add(item);
        }
    });
```

```
            pageList.setRecords(getCommentReplys(firstComment, toCommentListMap));
            return ResultUtil.result(SysConf.SUCCESS, pageList);
    }
```

5.6 移动端模块

本蘑菇博客系统的移动端运行在移动设备，实现程序分为如下两部分：

- uniapp_mogu_web：基于 uniapp 和 ColorUi 的蘑菇博客移动端门户页面(Nacos 分支)；
- mogu_web：提供 API 接口服务，同 5.5 节中的 Web 端 API 相同。

本节将简要介绍本项目移动端模块的实现过程。

扫码看视频

5.6.1 移动端主页

(1) 编写文件 uniapp_mogu_web/pages/index/index.vue 实现移动端主页，主要实现代码如下所示。

```
<view>
    <blogHome :isRefresh='isRefresh' v-if="PageCur=='blogHome'"></blogHome>
    <blogSort :isRefresh='isRefresh' v-if="PageCur=='blogSort'"></blogSort>
    <blogTag :isRefresh='isRefresh' v-if="PageCur=='blogTag'"></blogTag>
    <blogClassify :isRefresh='isRefresh' v-if="PageCur=='blogClassify'">
        </blogClassify>
    <myCenter :isRefresh='isRefresh' v-if="PageCur=='myCenter'"></myCenter>
    <view class="cu-bar tabbar bg-white shadow foot">

        <view class="action" @click="NavChange" data-cur="blogHome">
            <view class='cuIcon-cu-image'>
                <image :src="'/static/tabbar/home' + [PageCur=='blogHome'?'_cur':'']
                    + '.png'"></image>
            </view>
            <view :class="PageCur=='blogHome'?'text-blue':'text-gray'">首页</view>
        </view>

        <view class="action" @click="NavChange" data-cur="blogClassify">
            <view class='cuIcon-cu-image'>
                <image :src="'/static/tabbar/classify' + [PageCur ==
                    'blogClassify'?'_cur':''] + '.png'"></image>
            </view>
            <view :class="PageCur=='blogClassify'?'text-blue':'text-gray'">
                    分类</view>
        </view>

        <view class="action" @click="NavChange" data-cur="blogTag">
            <view class='cuIcon-cu-image'>
```

```
                <image :src="'/static/tabbar/tag' + [PageCur ==
                            'blogTag'?'_cur':''] + '.png'"></image>
            </view>
            <view :class="PageCur=='blogTag'?'text-blue':'text-gray'">标签</view>
        </view>

        <view class="action" @click="NavChange" data-cur="blogSort">
            <view class='cuIcon-cu-image'>
                <image :src="'/static/tabbar/sort' + [PageCur ==
                            'blogSort'?'_cur':''] + '.png'"></image>
            </view>
            <view :class="PageCur=='blogSort'?'text-blue':'text-gray'">归档</view>
        </view>

        <view class="action" @click="NavChange" data-cur="myCenter">
            <view class='cuIcon-cu-image'>
                <image :src="'/static/tabbar/about' + [PageCur ==
                            'myCenter'?'_cur':''] + '.png'"></image>
            </view>
            <view :class="PageCur=='myCenter'?'text-blue':'text-gray'">我的</view>
        </view>

    </view>
</view>
```

(2) 上述移动端主页会调用前端接口文件 uniapp_mogu_web/api/index.js，在接口文件中提供了各个主页功能对应的接口 API。

(3) 上述接口文件 index.js 中的 API 会调用后端文件 src/main/java/com/moxi/mogublog/web/restapi/IndexRestApi.java 中的功能方法，通过功能方法获取数据库中的数据。

5.6.2 博客详情页面

(1) 编写文件 uniapp_mogu_web/pages/info/home.vue 实现移动端博客详情页面，主要实现代码如下所示。

```
<scroll-view scroll-y class="DrawerPage page" @scrolltolower="loadData">
    <view class="cf">
        <view class="margin-sm">
            <view class="cu-capsule round">
                <view class="cu-tag bg-blue sm">
                    <text class="cuIcon-peoplefill"></text>
                </view>
                <view class="cu-tag line-blue sm">
                    {{blogData.author}}
                </view>
            </view>
```

```html
<view class="cu-capsule round">
    <view class="cu-tag bg-mauve sm">
        <text class="cuIcon-file"></text>
    </view>
    <view class="cu-tag line-mauve sm" v-if="blogData.isOriginal == 1">
        原创
    </view>
    <view class="cu-tag line-blue sm" v-else>
        转载
    </view>
</view>

<view class="cu-capsule round">
    <view class="cu-tag bg-orange sm">
        <text class="cuIcon-attentionfill"></text>
    </view>
    <view class="cu-tag line-orange sm">
        {{blogData.clickCount}}
    </view>
</view>

<view class="cu-capsule round">
    <view class="cu-tag bg-red sm">
        <text class="cuIcon-appreciatefill"></text>
    </view>
    <view class="cu-tag line-red sm">
        {{blogData.collectCount}}
    </view>
</view>

<view class="cu-capsule round">
    <view class="cu-tag bg-blue sm">
        <text class="cuIcon-timefill"></text>
    </view>
    <view class="cu-tag line-gray sm">
        {{blogData.createTime}}
    </view>
</view>
<text class="cu-capsule"> </text>
    </view>
</view>

<view class="text-gray text-sm flex justify-start">
    <view class="text-gray text-sm" v-for="(tag, index) in
            blogData.tagList" :key="tag.uid" style="margin-left: 20px;">
        <view v-if="index%3==0" class="cu-tag bg-red light sm
                round">{{tag.content}}</view>
        <view v-if="index%3==1" class="cu-tag bg-green light sm
                round">{{tag.content}}</view>
```

```html
                <view v-if="index%3==2" class="cu-tag bg-brown light sm
                    round">{{tag.content}}</view>
        </view>
    </view>

    <!--        <view class="padding">
        <view class="padding bg-grey radius">{{blogData.copyright}}</view>
    </view> -->

    <!-- <jyf-parser class="ck-content margin-sm" :html="blogData.content">
                </jyf-parser> -->

    <jyf-parser class="ck-content" :html="blogData.content" lazy-load ref=
                    "article" selectable show-with-animation
     use-anchor @error="error" @imgtap="imgtap" @linkpress="linkpress" @ready=
                    "ready">加载中...</jyf-parser>

    <view class="box">
        <view class="cu-bar">
            <view class="action border-title">
                <text class="text-xl text-bold text-blue">支持</text>
                <text class="bg-gradual-blue" style="width:3rem"></text>
            </view>
        </view>
    </view>

    <view class="margin-tb-sm text-center">
        <button class="cu-btn bg-orange round" @click="praiseBlog">很赞哦!
                    <text v-if="praiseCount > 0">({{praiseCount}})</text></button>
        <button class="cu-btn bg-brown round margin-lr-xs" v-if=
            "openMobileAdmiration == '1'" @click="goAppreciate">打赏本站</button>
    </view>

    <view class="box" v-if="openMobileComment == '1'">
        <view class="cu-bar">
            <view class="action border-title">
                <text class="text-xl text-bold text-blue">评论</text>
                <text class="bg-gradual-blue" style="width:3rem"></text>
            </view>
        </view>
    </view>

    <CommentList v-if="openMobileComment == '1'" :comments="comments"
            @deleteSuccess="deleteSuccess" @commentSuccess="commentSuccess"
     source="BLOG_INFO" :blogUid="blogUid"></CommentList>
```

（2）上述移动端主页会调用前端接口文件 uniapp_mogu_web/api/comment.js，在接口文件中提供了和评论处理相关的 API 接口。

（3）接口文件 comment.js 中的 API 会调用后端文件 src/main/java/com/moxi/mogublog/

web/restapi/CommentRestApi.java 中的功能方法，通过功能方法实现评论操作处理。

5.7 测试运行

本项目 Web 前端主页的执行结果如图 5-5 所示。

图 5-5 Web 前端主页

本项目移动端主页的执行结果如图 5-6 所示。

图 5-6 移动端主页

本项目后台管理系统主页的执行结果如图 5-7 所示。

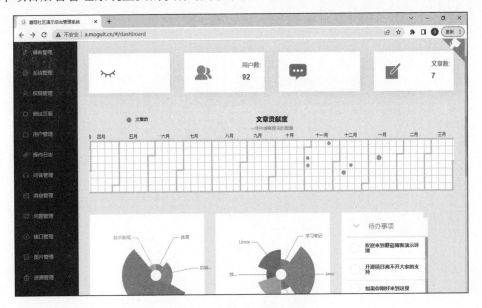

图 5-7 后台管理系统主页

第 6 章 企业 SCRM 系统

SCRM 是 Social Customer Relationship Management 的缩写，是社会化客户关系管理的简称。特点是基于互动的双边关系，建立和客户的完美关系体验。本章将详细讲解使用 Java 语言开发一个 SCRM 系统的过程，具体流程由 Spring Boot+Spring Cloud+Vue+RuoYi-Cloud +MySQL 来实现。

6.1 背景介绍

在 SCRM 系统诞生之前，人们所熟知并使用的是客户关系管理(Customer Relationship Management，CRM)系统，是指企业为提高核心竞争力，利用相应的信息技术以及互联网技术协调企业与顾客间在销售、营销和服务上的交互，从而提升其管理方式，向客户提供创新式的个性化的客户交互和服务的过程。其最终目标是吸引新客户、保留老客户以及将已有客户转为忠实客户，增加市场。

扫码看视频

传统 CRM 是一种通过系统和技术手段实现的服务和商业策略，目的是提高客户在与企业交互时的体验。随着社会化媒体的诞生、发展，越来越多的消费者聚集在社会化媒体中，企业品牌的客户管理也随之发生了改变。

- 交互模式的变换：传统的企业与客户是一对一的交互关系，而随着社交媒体的产生，客户之间、客户与企业之间的关系错综复杂。传统的 CRM 系统需要适应这种变换，企业需要倾听客户的需求，并与客户进行交流。
- 大数据时代下的挑战：随着大数据的普及和发展，传统的企业通过调研等固定的方式了解客户，而社交媒体中客户的声音无处不在，企业需要从这些大量的声音中找到客户的需求、意见等。这时，企业就需要一个适应这种趋势的分析、管理系统，从形色各异的社交用户中寻找企业的目标群体。

6.2 系统分析

SCRM 系统是社会发展下的必然产物，在大数据和网络时代发挥着巨大作用，为企业打造或提升自己的品牌赋能。

扫码看视频

6.2.1 需求分析

无论是什么类型的企业和单位，都有自己的客户和员工，所以需要一个好的工具来管理客户和员工，这样就可以理解和管理业务员工与客户的沟通。当企业的业务众多时，业务监督和指导不到位，甚至不知道经营者每天都在做什么，业务进展情况如何，员工的工作是否需要辅导与监督，这样就不可能掌握和管理每个销售员的业务。

例如在外贸企业中，业务员每天要开拓新客户、服务老客户、协调跟单等，如果忘了回复客户、下错单、报错价、重复报价不一样、送错样、发错货等都是有可能的，怎样帮助业务人员把工作变得井井有条，这就是 SCRM 系统的重要性。

- 在企业起步阶段，客户积累至关重要，需要一个能准确积累和管理客户资料的工具，可以利用该工具对客户进行积极的营销，如定期发邮件、通知新产品等，与客户交流。因此，我们必须用一个工具设定固定的管理规则，自动保持所有业务记录，不管业务如何发展都不怕人员流动。
- 在企业的不断发展中，客户信息、产品、业务流程等变得越来越有价值，保密工作不容忽视。这需要一个工具来帮助保密。为了企业的更好发展，需要服务好的客户，开发好的产品，还需要一个工具来帮助跟踪客户的业务流程，一个工具来培养员工的态度。
- 客户信息，特别是潜在客户信息，可能来自展览、网络推广等多个渠道。通常每个运营商保存自己的部分客户信息，存储方式和数据格式不统一，客户信息不能集中和查询统计，致使领导者很难及时获取客户资源的最新信息，造成客户信息丢失。同时，业务流程查询不方便，每个客户的历史跟踪、联系记录查询、业务人员工作进度查询等都是非常重要的业务数据，需要简单的查询手段。
- 企业发展积累了大量的交易、潜在客户，有些可能长期没有联系；业务发展需要积极主动和持续，但面对大量的客户信息资源，很难记住何时跟踪客户；发送每封客户邮件可能需要几天时间，循环或重复发送电子邮件给客户，可能会被作为垃圾邮件拒绝。利用 SCRM 系统管理顾客资源，会使客户跟踪效率更有效。

6.2.2 功能分析

1) 基于互动的关系管理

SCRM 系统强调消费者的参与和互动，消费者不再以单纯的物品(服务)的消费者或产权拥有者静态存在，而更多是以品牌的关注者、聆听者、建议者、共同创造者存在。SCRM 让用户更加拥有归属感、趣味感和成就感。互动的关系，让消费者的需求同品牌定位的发展紧密结合，使品牌和消费者真正融为一体。

2) 消费者之间的网状沟通

随着社会化媒体的兴起，使消费者之间的交流和互动日趋频繁。这种交流与企业、品牌及产品相关内容就是品牌口碑。通过现在互联网技术，实现了品牌口碑的聚合和呈现；SCRM 让品牌第一时间知道，哪些消费者对品牌发出声音，同时第一时间、实时参与到这种网状沟通中去；品牌基于 SCRM 搭建起品牌的交流圈(或者叫品牌社区)，提升了消费者对企业、品牌及产品的忠诚度。

3) 内容泛化

传统的 CRM 系统主要是销售导向，买方市场的出现，以及消费市场更新换代的频次加快，企业推出新品的速度也越来越快，甚至有很多产品、服务的消费模式也发生了变化。

现在的市场，"长期消费"成为一种趋势。例如汽车售后常年的维修和保养；商品房购买后的物业消费；快速消费品（FMCG）也已经不单纯是功能满足，而变成一种文化、符号消费等。SCRM 强调的是消费者的参与，通过消费者的参与来维持与消费者长期的关系。交易成为附属品，成为结果的一个必然部分。在这种情况下，企业与消费者互动，不应简单地停留在企业、品牌及产品信息方面，适当的延展、拔高成为一种必要。

4) 规则透明

SCRM 邀请消费者参与，而且消费者之间也有互动。企业和众消费者成为不同互动方，互动的内容也不局限于交易，在这样一种类似熟人社会中，一定规则基础上的透明成为必然。因为只有透明才能让消费者觉得自己得到了信赖，反过来他们才会信赖企业，信赖企业的产品，帮着企业去说话。信赖(trust)可以说是建立关系的基础，尤其是长期稳定的关系。传统 CRM 更多的是内部使用，加上受销售导向的影响，对基于透明的信赖关系的要求会低一些。但 SCRM 则完全不同，透明是 SCRM 范式的特征之一。

6.3 LinkWeChat 系统介绍

LinkWeChat 系统是基于企业微信的开源 SCRM 系统，是企业私域流量管理与营销的综合解决方案。LinkWeChat 基于企业微信开放能力，不仅集成了企微强大的后台管理及基础的客户管理功能，而且提供了多种渠道、多个方式连接微信客户。并通过客情维系、聊天增强等灵活高效的客户运营模块，让客户与企业之间建立强链接，从而进一步通过多元化的营销工具，帮助企业提高客户运营效率，强化营销能力，拓展盈利空间。主要运用于电商、零售、教育、金融、政务等服务行业领域。

扫码看视频

6.3.1 项目介绍

LinkWeChat 系统是一个著名的开源项目，在 Gitee 网站发布源码并维护。LinkWeChat 凭借出色的产品能力和专业的技术能力，目前已经获取如下奖项：

- 2020 年度 Gitee 最有价值开源项目；
- 2020 年度开源中国最佳人气奖；
- 2022 年度中国技术力量开发者最爱项目奖；
- 2022 年国家工信部重点孵化开源项目；
- 腾讯企业微信官方推荐项目；
- 国家级木兰社区孵化项目。

6.3.2 功能模块

本节内容来自 LinkWeChat 官方文档，整个系统共分为 11 大模块：
- 运营中心：客户、客群、会话等全功能数据报表，数据一目了然；
- 引流获客：活码、群活码、公海、客服等多渠道引流，实现精准获客；
- 销售中心：承接引流获客模块客户线索，高效协作跟进；
- 客户中心：助力企业搭建私域流量池，高效运营客户；
- 客群中心：客群运营场景全覆盖；
- 客情维系：企业客户运营精细化，朋友圈、红包工具提高客户活跃度；
- 内容中心：搭建企业自有内容库，多类型素材一键调用；
- 全能营销：提供多类型、多场景客户营销工具；
- 商城中心：自有小程序商城，快捷搭建企业转化链路；
- 企业风控：会话合规存档，敏感内容全局风控；
- 企业管理：组织架构、自建应用全融合，实现"一个后台"。

6.3.3 技术分析

本项目分为前端和后端，实现了前端和后端的分离：
- 后端技术栈：Spring Boot、Spring Cloud & Alibaba、Nacos、Mybatis-plus、xxljob、RabbitMQ、Forest。
- 前端技术栈：ES6、Vue、Vuex、Vue-router、Vue-cli、Axios、Element-ui。

6.4 搭建数据库平台

本项目系统的开发工作主要包括三个方面：后端开发、Web 前端和移动前端。数据库设计是本系统的核心功能之一，上述三个方面的工作都要涉及和数据库相关的操作。

扫码看视频

6.4.1 数据库设计

考虑到本项目所要处理的数据量比较大，且需要多用户同时运行访问，本项目将使用 MySQL 作为后台数据库管理平台。在 MySQL 中创建一个名为"lw-cloud"的数据库，然后在数据库中新建数据，下面列出几个常用的数据库的设计结构。

(1) 表 we_agent_info 用于系统中的应用信息，具体设计结构如下所示。

字段名	字段说明	字段类型	默认值	是否为空
id	id	int	null	不为空
agent_id	应用ID	int	null	不为空
secret	应用密钥	varchar	null	不为空
name	应用名称	varchar	null	是
logo_url	企业应用方形头像	varchar	null	是
description	应用详情	varchar	null	是
allow_userinfo_id	应用可见范围员工ID	varchar	null	是
allow_party_id	应用可见范围部门ID	varchar	null	是
allow_tag_id	应用可见范围标签ID	varchar	null	是
close	是否被停用	tinyint	null	是
redirect_domain	可信域名	varchar	null	是
report_location_flag	是否打开地理位置上报 0：不上报；1：进入会话上报	tinyint	null	是
is_reporter	上报用户进入应用事件 0-不接收 1-接收	tinyint	null	是
home_url	应用主页 url	varchar	null	是
customized_publish_status	发布状态。0-待开发 1-开发中 2-已上线 3-存在未上线版本	int	null	是
create_time	创建时间	datetime	CURRENT_TIMESTAMP	不为空
create_by	创建人	varchar	null	是
create_by_id	创建人id	bigint	null	是
update_time	更新时间	datetime	null	是
update_by	更新人	varchar	null	是
update_by_id	更新人id	bigint	null	是
del_flag	删除标识 0 正常 1 删除	tinyint	0	不为空

(2) 表 we_corp_account 用于系统中的企业信息，具体设计结构如下所示。

字段名	字段说明	字段类型	默认值	是否为空
id	id	int	null	不为空
company_name	企业名称	varchar	null	是
logo_url	企业 logo	varchar	null	是
corp_id	企业ID	varchar	null	是
corp_secret	通讯录密钥	varchar	null	是
contact_secret	外部联系人密钥	varchar	null	是
live_secret	直播密钥	varchar	null	是
chat_secret	会话存档密钥	varchar	null	是
kf_secret	客服密钥	varchar	null	是
agent_id	应用id	varchar	null	是
agent_secret	应用密钥	varchar	null	是
back_url	回调url	varchar	null	是
token	回调token	varchar	null	是
encoding_aes_key	回调EncodingAESKey	varchar	null	是
finance_private_key	会话存档私钥	text	null	是

```
|mer_chant_number    |商户号      |varchar  |null               |是  |
|mer_chant_name      |商户名称    |varchar  |null               |是  |
|mer_chant_secret    |商户密钥    |varchar  |null               |是  |
|cert_p12_url        |API 证书文件 p12 |varchar |null          |是  |
|wx_app_id           |公众号 id   |varchar  |null               |是  |
|wx_secret           |公众号密钥  |varchar  |null               |是  |
|customer_churn_notice_switch |客户流失通知开关 0:关闭 1:开启 |char |0 |是 |
|bill_secret         |对外收款密钥 |varchar |null               |是  |
|mini_app_id         |微信小程序 ID |varchar |null             |是  |
|mini_secret         |微信小程序密钥 |varchar |null            |是  |
|wx_applet_original_id |微信小程序原始 ID |varchar |null     |是  |
|create_by           |创建人      |varchar  |null               |是  |
|create_by_id        |创建人 ID   |bigint   |null               |是  |
|create_time         |创建时间    |datetime |CURRENT_TIMESTAMP  |是  |
|update_by           |更新人      |varchar  |null               |是  |
|update_by_id        |更新人 ID   |bigint   |null               |是  |
|update_time         |更新时间    |datetime |null               |是  |
|del_flag            |删除标志(0 代表存在 1 代表删除) |tinyint |0 |是 |
```

本项目包含多个数据库表，表的具体设计结构请参考文件"sql/lw 数据库字典.md"。同时，本项目还提供了创建数据库表的脚本文件，这些文件被保存在数据库"sql"目录中。

6.4.2 Service 层

在 Java 项目中，通过数据持久化层(mapper)实现 Java 程序和数据库的交互工作。想要访问数据库并且操作数据，只能通过数据持久化层向数据库发送 SQL 语句，将这些结果通过接口传给 Service 层，对数据库进行数据持久化操作。

在本项目的"linkwe-service"目录中实现了系统 Service 层，功能是实现与数据库相关的交互操作。在本系统中，Service 层主要由如下三个方面的程序组成。

1) 数据持久化层(mapper)

在本项目中，需要创建多个 mapper 接口类，每一个 mapper 接口类和一个数据库表的操作相对应。例如接口类 WeAgentInfoMapper 建立了和数据库表 we_agent_info 的映射，具体实现代码如下所示。

```
@Repository()
@Mapper
public interface WeAgentInfoMapper extends BaseMapper<WeAgentInfo> {
    List<LwAgentListVo> getList();
}
```

2) Service 层

在本项目中，上面的数据持久化接口类会调用 Service 层中接口类的功能方法，实现对数据库的操作。例如在 Service 层中创建了接口类 IWeAgentInfoService,在此接口类中声明了操作数据库表 we_agent_info 的方法,例如添加应用信息的方法 addAgent(WeAgentAddQuery query)、编辑修改某 id 编号信息的方法 update(WeAgentEditQuery query)。

3) 领域(domain)层

在 Java 项目中,domain 层专注于数据库数据领域的开发工作。本项目的 domain 层分为如下三个部分:

- 表操作类:创建类实现对数据库表数据的操作。例如类 WeAgentMsgAddQuery 的功能是向数据库表 we_agent_msg 中添加信息,主要实现代码如下所示。

```java
public class WeAgentMsgAddQuery {
    @ApiModelProperty(hidden = true)
    private Long id;
    /**
     * 消息标题
     */
    @ApiModelProperty(value = "消息标题")
    private String msgTitle;
    @ApiModelProperty(value = "应用ID")
    private Integer agentId;
    @ApiModelProperty(value = "消息状态:0-草稿 1-待发送 2-已发送 3-发送失败 6-已撤回")
    private Integer status;
    /**
     * 范围类型 1-全部 2-自定义
     */
    @ApiModelProperty(value = "范围类型 1-全部 2-自定义")
    private Integer scopeType;
    /**
     * 接收消息的成员
     */
    @ApiModelProperty(value = "接收消息的成员",example = "['weuserid1','weuserid2','weuserid3']")
    private List<String> toUser;
    /**
     * 接收消息的部门
     */
    @ApiModelProperty(value = "接收消息的部门",example = "[1,2,3,4]")
    private List<String> toParty;
    /**
     * 接收消息的标签
     */
    @ApiModelProperty(value = "接收消息的标签",example = "[1,2,3,4]")
    private List<String> toTag;
    /**
     * 发送方式 1-立即发送 2-定时发送
```

```
        */
        @ApiModelProperty(value = "发送方式 1-立即发送 2-定时发送")
        private Integer sendType;
        /**
         * 发送时间
         */
        @ApiModelProperty(value = "发送时间")
        @JsonFormat(pattern = "yyyy-MM-dd HH:mm:ss", timezone = "GMT+8")
        private Date sendTime;
        /**
         * 计划时间
         */
        @ApiModelProperty(value = "计划时间")
        @JsonFormat(pattern = "yyyy-MM-dd HH:mm:ss", timezone = "GMT+8")
        private Date planSendTime;
        @NotNull(message = "消息不能为空")
        @ApiModelProperty(value = "消息体")
        private WeMessageTemplate weMessageTemplate;
}
```

- entity 实体类：实现建立 Java 程序类和数据库表的映射。例如类 WeAgentMsg 的功能是建立和数据库表 we_agent_msg 的映射，主要实现代码如下所示。

```
@TableName("we_agent_msg")
public class WeAgentMsg extends BaseEntity implements Serializable {
    private static final long serialVersionUID = 1L; //1
    /**
     * 主键 ID
     */
    @ApiModelProperty(value = "主键 ID")
    @TableId(type = IdType.AUTO)
    @TableField("id")
    private Long id;
    /**
     * 应用消息标题
     */
    @ApiModelProperty(value = "应用消息标题")
    @TableField("msg_title")
    private String msgTitle;

    @ApiModelProperty(value = "应用 ID")
    @TableField("agent_id")
    private Integer agentId;
    /**
     * 范围类型 1-全部 2-自定义
     */
    @ApiModelProperty(value = "范围类型 1-全部 2-自定义")
```

```java
@TableField("scope_type")
private Integer scopeType;
/**
 * 接收消息的成员
 */
@ApiModelProperty(value = "接收消息的成员")
@TableField("to_user")
private String toUser;
/**
 * 接收消息的部门
 */
@ApiModelProperty(value = "接收消息的部门")
@TableField("to_party")
private String toParty;
/**
 * 接收消息的标签
 */
@ApiModelProperty(value = "接收消息的标签")
@TableField("to_tag")
private String toTag;
/**
 * 发送方式 1-立即发送 2-定时发送
 */
@ApiModelProperty(value = "发送方式 1-立即发送 2-定时发送")
@TableField("send_type")
private Integer sendType;
/**
 * 发送时间
 */
@ApiModelProperty(value = "发送时间")
@TableField("send_time")
private Date sendTime;
///省略部分代码
/**
 * 文件路径
 */
@ApiModelProperty(value = "文件路径")
@TableField("file_url")
private String fileUrl;
/**
 * 消息链接
 */
@ApiModelProperty(value = "消息链接")
@TableField("link_url")
private String linkUrl;
/**
 * 消息图片地址
```

```
        */
        @ApiModelProperty(value = "消息图片地址")
        @TableField("pic_url")
        private String picUrl;
        /**
         * 小程序 appid
         */
        @ApiModelProperty(value = "小程序 appid")
        @TableField("app_id")
        private String appId;
        @TableField("del_flag")
        private Integer delFlag;
}
```

- VO 层：在 Java 项目中，VO 层用于封装值对象，将需要经常传输的值封装到类中作为属性来传递。在本项目的 VO 层中，对每个数据库表中的字段都进行了封装，这样便于向前端传递数据库中的数据。例如类 WeAgentMsgVo 实现了对据库表 we_agent_msg 的封装，主要实现代码如下所示。

```
public class WeAgentMsgVo {
    @ApiModelProperty(value = "ID")
    private Long id;
    @ApiModelProperty(value = "应用消息标题")
    private String msgTitle;
    /**
     * 范围类型 1-全部 2-自定义
     */
    @ApiModelProperty(value = "范围类型 1-全部 2-自定义")
    private Integer scopeType;
    /**
     * 接收消息的成员
     */
    @ApiModelProperty(value = "接收消息的成员",example = "userid1,userid2")
    private String toUser;
    private String toUserName;
    /**
     * 接收消息的部门
     */
    @ApiModelProperty(value = "接收消息的部门",example = "partyid1,partyid2")
    private String toParty;
    private String toPartyName;
    /**
     * 接收消息的标签
     */
    @ApiModelProperty(value = "接收消息的标签",example = "tagid1|tagid2")
    private String toTag;
```

```java
/**
 * 发送方式 1-立即发送 2-定时发送
 */
@ApiModelProperty(value = "发送方式 1-立即发送 2-定时发送")
private Integer sendType;
/**
 * 发送时间
 */
@ApiModelProperty(value = "发送时间")
@JsonFormat(pattern = "yyyy-MM-dd HH:mm:ss", timezone = "GMT+8")
private String sendTime;
/**
 * 计划时间
 */
@ApiModelProperty(value = "计划时间")
@JsonFormat(pattern = "yyyy-MM-dd HH:mm:ss", timezone = "GMT+8")
private String planSendTime;
/**
 * 消息状态：0-草稿 1-待发送 2-已发送 3-发送失败 6-已撤回
 */
@ApiModelProperty(value = "消息状态：0-草稿 1-待发送 2-已发送 3-发送失败 6-已撤回")
private Integer status;
/**
 * 无效成员 ID
 */
@ApiModelProperty(value = "无效成员 ID")
private String invalidUser;
/**
 * 无效部门 ID
 */
@ApiModelProperty(value = "无效部门 ID")
private String invalidParty;
/**
 * 无效标签 ID
 */
@ApiModelProperty(value = "无效标签 ID")
private String invalidTag;
/**
 * 没有基础接口许可(包含已过期)的 userid
 */
@ApiModelProperty(value = "没有基础接口许可(包含已过期)的 userid")
private String unlicensedUser;
/**
 * 消息 ID
 */
@ApiModelProperty(value = "消息 ID")
private String msgId;
```

```
/**
 * 更新模版卡片消息 CODE
 */
@ApiModelProperty(value = "更新模版卡片消息CODE")
private String responseCode;
@ApiModelProperty(value = "消息体")
private WeMessageTemplate weMessageTemplate;
}
```

6.5 后台管理模块

系统管理员可以登录后台管理系统中的各种信息,本节将简要讲解后台登录验证模块的实现过程。

扫码看视频

6.5.1 登录验证

为提高系统安全性,只有输入正确的用户名和密码才能登录后台。在本项目中,linkwe-auth 模块实现角色权限部门用户认证等功能。

(1) 编写文件 src/main/java/com/linkwechat/web/controller/system/SysLoginController.java,获取用户的登录信息,并验证登录信息的合法性。然后分别编写方法实现扫码登录和账号密码登录功能。文件 SysLoginController.java 的主要实现代码如下所示。

```
/**
 * 获取登录相关参数
 */
@GetMapping("/findLoginParam")
public AjaxResult findLoginParam(){
    WeCorpAccount weCorpAccount = iWeCorpAccountService.getCorpAccountByCorpId(null);
    if(Objects.isNull(weCorpAccount)){
        return AjaxResult.error(HttpStatus.NOT_TO_CONFIG,"请使用超管账号登录系统做相关
            配置");
    }
    String joinCorpQr="";

    if(!linkWeChatConfig.isDemoEnviron()){
        joinCorpQr = redisService.getCacheObject(WeConstans.JOINCORPQR);
        if(StringUtils.isEmpty(joinCorpQr)){
            joinCorpQr=qwUserClient.getJoinQrcode(new
                    WeCorpQrQuery()).getData().getJoinQrcode();
            redisService.setCacheObject(WeConstans.JOINCORPQR,joinCorpQr,
                    WeConstans.JOINCORPQR_EFFETC_TIME , TimeUnit.SECONDS);
        }
```

```java
        }else{
            joinCorpQr=linkWeChatConfig.getCustomerServiceQrUrl();
        }
        return AjaxResult.success(LoginParamVo.builder().loginQr
                (MessageFormat.format(linkWeChatConfig.getWecomeLoginUrl(),
                    weCorpAccount.getCorpId(), weCorpAccount.getAgentId()))
                    .joinCorpQr(
                            joinCorpQr
                    )
                    .build()
        );
}
/**
 * 扫码登录
 */
@GetMapping("/qrLogin")
public AjaxResult<Map<String, Object>> customerLogin(String authCode) {
    Map<String, Object> map = sysLoginService.customerLogin(authCode);
    return AjaxResult.success(map);
}
/**
 * 账号密码登录
 */
@PostMapping("/accountLogin")
public AjaxResult<Map<String, Object>> login(@RequestBody LoginBody loginBody) {

    return AjaxResult.success(
            sysLoginService.login(loginBody.getUsername(),loginBody.getPassword())
    );
}
```

(2) 编写文件 src/main/java/com/linkwechat/web/controller/monitor/SysLogininforController.java，如果用户登录成功，则统计当前用户的登录信息，并将登录信息写入登录日志中。文件 SysLogininforController.java 的主要实现代码如下所示。

```java
@RequestMapping("/monitor/logininfor")
public class SysLogininforController extends BaseController
{
    @Autowired
    private ISysLogininforService logininforService;

    @GetMapping("/list")
    public TableDataInfo list(SysLogininfor logininfor)
    {
        startPage();
        List<SysLogininfor> list = logininforService.selectLogininforList(logininfor);
        return getDataTable(list);
```

```java
@Log(title = "登录日志", businessType = BusinessType.EXPORT)
//@PreAuthorize("@ss.hasPermi('monitor:logininfor:export')")
@GetMapping("/export")
public AjaxResult export(SysLogininfor logininfor)
{
    List<SysLogininfor> list = logininforService.selectLogininforList(logininfor);
    ExcelUtil<SysLogininfor> util = new ExcelUtil<SysLogininfor>(SysLogininfor.class);
    return util.exportExcel(list, "登录日志");
}

//@PreAuthorize("@ss.hasPermi('monitor:logininfor:remove')")
@Log(title = "登录日志", businessType = BusinessType.DELETE)
@DeleteMapping("/{infoIds}")
public AjaxResult remove(@PathVariable Long[] infoIds)
{
    return toAjax(logininforService.deleteLogininforByIds(infoIds));
}

//@PreAuthorize("@ss.hasPermi('monitor:logininfor:remove')")
@Log(title = "登录日志", businessType = BusinessType.CLEAN)
@DeleteMapping("/clean")
public AjaxResult clean()
{
    logininforService.cleanLogininfor();
    return AjaxResult.success();
}
```

6.5.2 后台主页——运营中心

管理员登录后台后进入后台主页，在左侧导航中显示管理链接导航，在右侧显示后台主页。本项目的后台主页显示"运营模块"的信息，例如数据总览(包括客户总数、客群总数、客群成员总数)、客户数据(今日新增客户、今日跟进客户等)折线图、客群数据(今日新增客群、今日跟进客群等)折线图等信息。编写文件 src/main/java/com/linkwechat/controller/WeOperationCenterController.java 实现运营中心主页功能，通过功能方法分别获取客户数据、客群数据，然后实现不同客户数据(今日新增客户、今日跟进客户等)和不同客群数据(今日新增客群、今日跟进客群等)的可视化工作。文件 WeOperationCenterController.java 的主要实现代码如下所示。

```java
@Api(tags = "运营中心管理")
@Slf4j
@RestController
```

```java
@RequestMapping("operation")
public class WeOperationCenterController extends BaseController {

    @Autowired
    private IWeOperationCenterService weOperationCenterService;
    /**
     * 客户数据分析
     */
    @GetMapping("/customer/getAnalysis")
    public AjaxResult<WeCustomerAnalysisVo> getCustomerAnalysis() {
        return AjaxResult.success(weOperationCenterService.getCustomerAnalysis());
    }

    /**
     * 客户数据-客户总数
     */
    @GetMapping("/customer/getTotalCnt")
    public AjaxResult<List<WeCustomerTotalCntVo>>
            getCustomerTotalCnt(WeOperationCustomerQuery query) {
        return AjaxResult.success(weOperationCenterService.getCustomerTotalCnt(query));
    }

    /**
     * 客户数据-实时数据
     */
    @GetMapping("/customer/getRealCnt")
    public AjaxResult<List<WeCustomerRealCntVo>>
            getCustomerRealCnt(WeOperationCustomerQuery query) {
        return AjaxResult.success(weOperationCenterService.getCustomerRealCnt(query));
    }

    /**
     * 客户数据-员工客户排行
     */
    @GetMapping("/customer/getRankCnt")
    public AjaxResult<List<WeUserCustomerRankVo>>
            getCustomerRank(WeOperationCustomerQuery query) {
        return AjaxResult.success(weOperationCenterService.getCustomerRank(query));
    }

    /**
     * 客户数据-实时数据(分页)
     */
    @GetMapping("/customer/getCustomerRealPageCnt")
    public TableDataInfo<WeCustomerRealCntVo>
            getCustomerRealPageCnt(WeOperationCustomerQuery query) {
        startPage();
```

```java
    return getDataTable(weOperationCenterService.getCustomerRealCntPage(query));
}

/**
 * 客群数据分析
 * @return
 */
@GetMapping("/group/getAnalysis")
public AjaxResult<WeGroupAnalysisVo> getGroupAnalysis() {
    return AjaxResult.success(weOperationCenterService.getGroupAnalysis());
}

/**
 * 客群数据-客群总数
 */
@GetMapping("/group/getTotalCnt")
public AjaxResult<List<WeGroupTotalCntVo>>
        getGroupTotalCnt(WeOperationGroupQuery query) {
    return AjaxResult.success(weOperationCenterService.getGroupTotalCnt(query));
}

/**
 * 客群数据-客群成员总数
 */
@GetMapping("/group/member/getTotalCnt")
public AjaxResult<List<WeGroupTotalCntVo>>
        getGroupMemberTotalCnt(WeOperationGroupQuery query) {
    return AjaxResult.success(weOperationCenterService.getGroupMemberTotalCnt
        (query));
}

/**
 * 客群数据-客群实时数据
 */
@GetMapping("/group/getRealCnt")
public AjaxResult<List<WeGroupRealCntVo>>
        getGroupRealCnt(WeOperationGroupQuery query) {
    return AjaxResult.success(weOperationCenterService.getGroupRealCnt(query));
}
```

6.5.3 引流获客

在企业运营过程中，可以通过个人微信激活码、群活码、公海(在企业微信 SCRM 系统中，"公海"通常指的是一个公共的客户资源地)、客服等多渠道引流，实现精准获客。在后台"引流获客"模块中可以管理和引流相关的信息，例如新建员工激活码、删除激活码、查看详情信息等操作。编写文件 src/main/java/com/linkwechat/controller/WeQrCodeController.java 实现"引流获客"模块功能。文件 WeQrCodeController.java 的主要实现代码如下所示。

```java
@RestController
@RequestMapping(value = "qr")
@Api(tags = "活码管理")
public class WeQrCodeController extends BaseController {
    @Autowired
    private IWeQrCodeService weQrCodeService;
    @ApiOperation(value = "新增活码", httpMethod = "POST")
    @Log(title = "活码管理", businessType = BusinessType.INSERT)
    @PostMapping("/add")
    public AjaxResult addQrCode(@RequestBody @Validated WeQrAddQuery weQrAddQuery) {
        weQrCodeService.addQrCode(weQrAddQuery);
        return AjaxResult.success();
    }

    @ApiOperation(value = "修改活码", httpMethod = "POST")
    @Log(title = "活码管理", businessType = BusinessType.UPDATE)
    @PutMapping("/update")
    public AjaxResult updateQrCode(@RequestBody @Validated WeQrAddQuery weQrAddQuery) {
        if(Objects.isNull(weQrAddQuery.getQrId())){
            throw new WeComException("活码ID不能为空!");
        }
        weQrCodeService.updateQrCode(weQrAddQuery);
        return AjaxResult.success();
    }

    @ApiOperation(value = "获取活码详情", httpMethod = "GET")
    @Log(title = "活码管理", businessType = BusinessType.SELECT)
    @GetMapping("/get/{id}")
    public AjaxResult<WeQrCodeDetailVo> getQrDetail(@PathVariable("id") Long Id) {
        WeQrCodeDetailVo qrDetail = weQrCodeService.getQrDetail(Id);
        return AjaxResult.success(qrDetail);
    }

    @ApiOperation(value = "获取活码列表", httpMethod = "GET")
    @Log(title = "活码管理", businessType = BusinessType.SELECT)
    @GetMapping("/list")
    public TableDataInfo<WeQrCodeDetailVo> getQrCodeList(WeQrCodeListQuery
            qrCodeListQuery) {
        startPage();
        PageInfo<WeQrCodeDetailVo> qrCodeList =
            weQrCodeService.getQrCodeList(qrCodeListQuery);
        return getDataTable(qrCodeList);
    }
```

```java
@ApiOperation(value = "删除活码", httpMethod = "DELETE")
@Log(title = "活码管理", businessType = BusinessType.SELECT)
@DeleteMapping("/del/{ids}")
public AjaxResult<WeQrCodeDetailVo> delQrCode(@PathVariable("ids") List<Long> ids) {
    weQrCodeService.delQrCode(ids);
    return AjaxResult.success();
}

@ApiOperation(value = "获取活码统计", httpMethod = "GET")
@Log(title = "活码管理", businessType = BusinessType.SELECT)
@GetMapping("/scan/count")
public AjaxResult<WeQrCodeScanCountVo> getWeQrCodeScanCount(WeQrCodeListQuery
        qrCodeListQuery) {
    WeQrCodeScanCountVo weQrCodeScanCount =
        weQrCodeService.getWeQrCodeScanCount(qrCodeListQuery);
    return AjaxResult.success(weQrCodeScanCount);
}

/**
 * 员工活码批量下载
 *
 * @param ids      员工活码ids
 * @param request  请求
 * @param response 输出
 */
@ApiOperation(value = "员工活码批量下载", httpMethod = "GET")
@Log(title = "活码管理", businessType = BusinessType.OTHER)
@GetMapping("/batch/download")
public void batchDownload(@RequestParam("ids") List<Long> ids, HttpServletRequest
        request, HttpServletResponse response) throws IOException {
    List<WeQrCodeDetailVo> qrCodeList = weQrCodeService.getQrDetailByQrIds(ids);
    if (CollectionUtil.isNotEmpty(qrCodeList)) {
        List< FileUtils.FileEntity> fileList = qrCodeList.stream().map(item -> {
            List<WeQrScopeUserVo> userVoList =
                    item.getQrUserInfos().stream().map(WeQrScopeVo::getWeQrUserList).
                flatMap(Collection::stream).collect(Collectors.toList());
            String fileName = userVoList.stream().map
                (WeQrScopeUserVo::getUserName).collect(Collectors.joining(","));

            return  FileUtils.FileEntity.builder()
                    .fileName( fileName + "-" + item.getName())
                    .url(item.getQrCode())
                    .suffix(".jpg")
                    .build();
        }).collect(Collectors.toList());
        FileUtils.batchDownloadFile(fileList, response.getOutputStream());
    }
```

```
    }
    
    /**
     * 员工活码下载
     *
     * @param id        员工活码id
     * @param request   请求
     * @param response  输出
     * @throws Exception
     */
    @ApiOperation(value = "员工活码下载", httpMethod = "GET")
    @Log(title = "活码管理", businessType = BusinessType.OTHER)
    @GetMapping("/download")
    public void download(@RequestParam("id") Long id, HttpServletRequest request,
            HttpServletResponse response) throws IOException {
        WeQrCodeDetailVo qrDetail = weQrCodeService.getQrDetail(id);
        if (StringUtils.isEmpty(qrDetail.getQrCode())) {
            throw new CustomException("活码不存在");
        } else {
            FileUtils.downloadFile(qrDetail.getQrCode(), response.getOutputStream());
        }
    }

    @ApiOperation(value = "删除活码分组", httpMethod = "GET")
    @GetMapping("/deleteGroup")
    public AjaxResult deleteQrGroup(@RequestParam("groupId") Long groupId){
        weQrCodeService.deleteQrGroup(groupId);
        return AjaxResult.success();
    }
```

6.5.4 客户中心

在企业运营过程中，客户是最宝贵的财富。在后台"客户中心"模块中可以管理系统中的信息，包括客户查询、列表展示、给客户打标签、同步客户、在职继承、查看客户详情等功能。编写文件 src/main/java/com/linkwechat/controller/WeCustomerController.java 实现"客户中心"模块功能。文件 WeCustomerController.java 的主要实现代码如下所示。

```
    /**
     * 查询企业微信客户列表(分页),索引优化客户列表,未使用默认分页
     */
    @GetMapping("/findWeCustomerList")
    public TableDataInfo findWeCustomerList(WeCustomersQuery weCustomersQuery)
    {
        weCustomersQuery.setDelFlag(Constants.COMMON_STATE);
```

```java
        List<WeCustomersVo> list = weCustomerService.findWeCustomerList
            (weCustomersQuery, TableSupport.buildPageRequest());
        TableDataInfo dataTable = getDataTable(list);
        //设置总条数
        dataTable.setTotal(
                weCustomerService.countWeCustomerList(weCustomersQuery)
        );
        dataTable.setLastSyncTime(iWeSynchRecordService.findUpdateLatestTime
            (SynchRecordConstants.SYNCH_CUSTOMER)
        );//最近同步时间
        dataTable.setNoRepeatCustomerTotal(
                weCustomerService.noRepeatCountCustomer(weCustomersQuery)
        );//去重客户数
        return dataTable;
    }

    /**
     * 移动应用客户列表(分页)
     * @param weCustomersQuery
     */
    @GetMapping("/findWeCustomerListByApp")
    public TableDataInfo<List<WeCustomersVo>>
            findWeCustomerListByApp(WeCustomersQuery weCustomersQuery){

        return weCustomerService.findWeCustomerListByApp(
            weCustomersQuery,TableSupport.buildPageRequest()
        );
    }
    /**
     * 查询企业微信客户列表(不分页)
     */
    @GetMapping("/findAllWeCustomerList")
    public AjaxResult findAllWeCustomerList(WeCustomersQuery weCustomersQuery)
    {
        weCustomersQuery.setDelFlag(Constants.COMMON_STATE);
        return AjaxResult.success(
                weCustomerService.findWeCustomerList(weCustomersQuery,null)
        );
    }

    /**
     * 客户同步接口
     */
    @Log(title = "企业微信客户同步接口", businessType = BusinessType.DELETE)
    @GetMapping("/synchWeCustomer")
    public AjaxResult synchWeCustomer() {
        try {
```

```java
            weCustomerService.synchWeCustomer();
        }catch (CustomException e){
            log.error("客户同步失败: ex:{}",e.getStackTrace());
            return AjaxResult.error(e.getMessage());
        }
        return AjaxResult.success(WeConstans.SYNCH_TIP);
    }

    /**
     * 客户打标签
     */
    @Log(title = "客户打标签", businessType = BusinessType.UPDATE)
    @PostMapping("/makeLabel")
    public AjaxResult makeLabel(@RequestBody WeMakeCustomerTag weMakeCustomerTag){
        weCustomerService.makeLabel(weMakeCustomerTag);
        return AjaxResult.success();
    }

    /**
     * 在职继承
     */
    @Log(title="在职继承",businessType = BusinessType.UPDATE)
    @PostMapping("/jobExtends")
    public AjaxResult jobExtends(@RequestBody WeOnTheJobCustomerQuery
            weOnTheJobCustomerQuery){
        try {
            weCustomerService.allocateOnTheJobCustomer(
                    weOnTheJobCustomerQuery
            );
        }catch (Exception e){
            e.printStackTrace();
            return AjaxResult.error(e.getMessage());
        }
        return AjaxResult.success();
    }

    /**
     * 客户详情基础(基础信息+社交关系)
     * @param externalUserid
     */
    @GetMapping("/findWeCustomerBaseInfo")
    public AjaxResult<WeCustomerDetailInfoVo> findWeCustomerBaseInfo(String
            externalUserid, String userId, @RequestParam(defaultValue = "0") Integer
            delFlag){

        return AjaxResult.success(
                weCustomerService.findWeCustomerDetail(externalUserid,userId,delFlag)
```

```java
    );
}

/**
 * 客户画像汇总
 */
@GetMapping("/findWeCustomerInfoSummary")
public AjaxResult<WeCustomerDetailInfoVo> findWeCustomerInfoSummary(String
        externalUserid,@RequestParam(defaultValue = "0") Integer delFlag){
    return AjaxResult.success(
            weCustomerService.findWeCustomerInfoSummary(externalUserid,null,delFlag)
    );
}
/**
 * 批量添加或删除客户标签
 */
@Log(title = "批量添加或删除客户标签", businessType = BusinessType.UPDATE)
@PostMapping("/batchMakeLabel")
public AjaxResult batchMakeLabel(@RequestBody WeBacthMakeCustomerTag
        makeCustomerTags){
    weCustomerService.batchMakeLabel(makeCustomerTags);
    return AjaxResult.success();
}
```

6.5.5 内容中心

在后台"内容中心"模块中，可以管理系统中的内容信息，这些信息文本文章内容、图片内容、轨迹内容、话术内容和模板中心等功能。

(1) 编写文件 src/main/java/com/linkwechat/controller/WeTalkController.java，通过方法 list()列表展示系统内的"话术内容"数据，主要实现代码如下所示。

```java
@ApiOperation("话术列表")
@GetMapping("/list")
private TableDataInfo list(WeTalkQuery weTalkQuery) {
    startPage();
    //获取话术列表信息
    LambdaQueryWrapper<WeContentTalk> queryWrapper = new LambdaQueryWrapper<>();
    queryWrapper.eq(weTalkQuery.getCategoryId() != null,
            WeContentTalk::getCategoryId, weTalkQuery.getCategoryId());
    queryWrapper.eq(weTalkQuery.getTalkType() != null,
            WeContentTalk::getTalkType, weTalkQuery.getTalkType());
    queryWrapper.eq(WeContentTalk::getDelFlag, Constants.COMMON_STATE);
    queryWrapper.like(StringUtils.isNotBlank(weTalkQuery.getTalkTitle()),
            WeContentTalk::getTalkTitle, weTalkQuery.getTalkTitle());
    queryWrapper.orderByDesc(WeContentTalk::getCreateTime);
```

```java
        List<WeContentTalk> list = weContentTalkService.list(queryWrapper);
        TableDataInfo dataTable = getDataTable(list);
        List<WeTalkVO> result = new ArrayList<>();
        //获取话术包含的素材
        if (list != null && list.size() > 0) {
            for (WeContentTalk weContentTalk : list) {
                //话术基本信息
                WeTalkVO weTalkVO = new WeTalkVO();
                weTalkVO.setId(weContentTalk.getId());
                weTalkVO.setCategoryId(weContentTalk.getCategoryId());
                weTalkVO.setTalkType(weContentTalk.getTalkType());
                weTalkVO.setTalkTitle(weContentTalk.getTalkTitle());

                //话术素材关联
                LambdaQueryWrapper<WeTalkMaterial> query = new LambdaQueryWrapper();
                query.eq(WeTalkMaterial::getTalkId, weContentTalk.getId());
                query.orderByAsc(WeTalkMaterial::getSort);
                List<WeTalkMaterial> weTalkMaterials = weTalkMaterialService.list(query);

                if (weTalkMaterials != null && weTalkMaterials.size() > 0) {
                    //获取素材
                    List<Long> collect = weTalkMaterials.stream().map(o ->
                            o.getMaterialId()).collect(Collectors.toList());
                    List<WeMaterial> weMaterials = weMaterialService.listByIds(collect);
                    if (weMaterials != null && weMaterials.size() > 0) {
                        List<WeMaterialVo> weMaterialVos = new ArrayList<>();
                        weMaterials.forEach(o -> {
                            WeMaterialVo weMaterialVo = BeanUtil.copyProperties(o,
                                    WeMaterialVo.class);
                            weMaterialVos.add(weMaterialVo);
                        });
                        weTalkVO.setMaterials(weMaterialVos);
                    }
                }
                result.add(weTalkVO);
            }
        }
        dataTable.setRows(result);
        return dataTable;
    }
```

(2) 编写文件 src/main/java/com/linkwechat/controller/WeMaterialController.java 实现 "基础素材(素材管理/海报管理/海报字体管理)" 页面的功能，获取系统数据库中的素材信息并列表展示出来，并且在展示页面可以添加、删除或修改每一条素材信息。文件 WeMaterialController.java 的主要实现代码如下所示。

```java
@GetMapping("/material/list")
@ApiOperation("查询素材列表")
public TableDataInfo list(LinkMediaQuery query) {
    startPage();
    List<WeMaterialNewVo> weMaterialNewVos =
            materialService.selectListByLkQuery(query);
    return getDataTable(weMaterialNewVos);
}

@GetMapping("/material/{id}")
@ApiOperation("查询素材详细信息")
public AjaxResult getInfo(@PathVariable("id") Long id) {
    return AjaxResult.success(materialService.findWeMaterialById(id));
}

@Log(title = "添加素材信息", businessType = BusinessType.INSERT)
@PostMapping("/material")
@ApiOperation("添加素材信息")
public AjaxResult add(@RequestBody WeMaterial material) {
    Integer moduleType = material.getModuleType();
    if (moduleType.equals(1) && material.getCategoryId() == null) {
        throw new CustomException("请先选择素材分组！");
    }
    return AjaxResult.success(materialService.addOrUpdate(material));
}

@Log(title = "更新素材信息", businessType = BusinessType.UPDATE)
@PutMapping("/material")
@ApiOperation("更新素材信息")
public AjaxResult edit(@RequestBody WeMaterial material) {
    Integer moduleType = material.getModuleType();
    if (moduleType.equals(1) &&material.getCategoryId() == null) {
        throw new CustomException("请先选择素材分组！");
    }
    materialService.addOrUpdate(material);
    return AjaxResult.success();
}

@Log(title = "删除素材信息", businessType = BusinessType.DELETE)
@DeleteMapping("/material/{ids}")
@ApiOperation("删除素材信息")
public AjaxResult remove(@PathVariable Long[] ids) {
    materialService.deleteWeMaterialByIds(ids);
    return AjaxResult.success();
}

@Log(title = "上传素材信息", businessType = BusinessType.OTHER)
@PostMapping("/material/upload")
```

```java
@ApiOperation("上传素材信息")
public AjaxResult upload(@RequestParam(value = "file") MultipartFile file,
                @RequestParam(value = "mediaType") String mediaType) {
    WeMaterialFileVo weMaterialFileVo =
        materialService.uploadWeMaterialFile(file, mediaType);
    return AjaxResult.success(weMaterialFileVo);
}

@Log(title = "更换分组", businessType = BusinessType.OTHER)
@PutMapping("/material/resetCategory")
@ApiOperation("更换分组")
public AjaxResult resetCategory(@RequestBody ResetCategoryDto resetCategoryDto) {
    materialService.resetCategory(resetCategoryDto.getCategoryId(),
    resetCategoryDto.getMaterials());
    return AjaxResult.success();
}

@Log(title = "获取素材media_id", businessType = BusinessType.OTHER)
@GetMapping("/material/temporaryMaterialMediaId")
@ApiOperation("H5端发送获取素材media_id")
public AjaxResult temporaryMaterialMediaId(String url, String type, String name) {
    WeMediaVo weMediaDto = materialService.uploadTemporaryMaterial(url, type,
            name + "." + url.substring(url.lastIndexOf(".") + 1, url.length()));
    return AjaxResult.success(weMediaDto);
}

@Log(title = "获取素材media_id", businessType = BusinessType.OTHER)
@PostMapping("/material/temporaryMaterialMediaIdForWeb")
@ApiOperation("web端发送获取素材media_id")
public AjaxResult temporaryMaterialMediaIdForWeb(@RequestBody
        TemporaryMaterialDto temporaryMaterialDto) {
    WeMediaVo weMediaDto = materialService.uploadTemporaryMaterial
        (temporaryMaterialDto.getUrl(),
            MediaType.of(temporaryMaterialDto.getType()).get().getMediaType(),
            temporaryMaterialDto.getName());
    return AjaxResult.success(weMediaDto);
}

@Log(title = "上传素材图片", businessType = BusinessType.OTHER)
@PostMapping("/material/uploadimg")
@ApiOperation("上传素材图片")
public AjaxResult<WeMediaVo> uploadImg(MultipartFile file) {
    WeMediaVo weMediaVo = materialService.uploadImg(file);
    return AjaxResult.success(weMediaVo);
}
///省略部分代码
@GetMapping(value = "/poster/entity/{id}")
```

```java
@ApiOperation("查询海报详情")
public AjaxResult entity(@PathVariable Long id) {
    WeMaterial material = materialService.getById(id);
    WePosterVo vo = BeanUtil.copyProperties(material, WePosterVo.class);
    if (StringUtils.isNotBlank(material.getMaterialName())) {
        vo.setTitle(material.getMaterialName());
    }
    vo.setSampleImgPath(material.getMaterialUrl());
    vo.setBackgroundImgPath(material.getBackgroundImgUrl());
    return AjaxResult.success(vo);
}

@GetMapping(value = "/poster/page")
@ApiOperation("分页查询海报")
@DataScope(type = "2", value = @DataColumn(alias = "we_material", name =
        "create_by_id", userid = "user_id"))
public AjaxResult page(Long categoryId, String name) {
    startPage();
    List<WeMaterial> materials = materialService.lambdaQuery()
            .eq(WeMaterial::getMediaType, MediaType.POSTER.getType())
            .eq(WeMaterial::getDelFlag, 0)
            .eq(categoryId != null, WeMaterial::getCategoryId, categoryId)
            .like(com.linkwechat.common.utils.StringUtils.isNotBlank(name),
                WeMaterial::getMaterialName, name)
            .orderByDesc(WeMaterial::getCreateTime).list();
    List<WePosterVo> posterList = materials.stream().map(m -> {
        WePosterVo vo = BeanUtil.copyProperties(m, WePosterVo.class);
        vo.setTitle(m.getMaterialName());
        vo.setSampleImgPath(m.getMaterialUrl());
        vo.setBackgroundImgPath(m.getBackgroundImgUrl());
        return vo;
    }).collect(Collectors.toList());
    return AjaxResult.success(getDataTable(posterList));
}

@DeleteMapping(value = "/poster/delete/{id}")
@ApiOperation(value = "删除海报")
@Transactional(rollbackFor = RuntimeException.class)
public AjaxResult deletePoster(@PathVariable Long id) {
    materialService.update(
            Wrappers.lambdaUpdate(WeMaterial.class).set(
            WeMaterial::getDelFlag, 1).eq(WeMaterial::getId, id));
    return AjaxResult.success("删除成功");
}

@PostMapping(value = "/posterFont")
@ApiOperation("创建海报字体")
```

```java
@Transactional(rollbackFor = RuntimeException.class)
public AjaxResult insertPosterFont(@RequestBody WePosterFontAO posterFont) {
    posterFont.setMediaType(MediaType.POSTER_FONT.getType());
    WeMaterial material = BeanUtil.copyProperties(posterFont, WeMaterial.class);
    material.setMaterialName(posterFont.getFontName());
    material.setMaterialUrl(posterFont.getFontUrl());
    materialService.save(material);
    return AjaxResult.success("创建成功");
}
```

6.5.6 管理中心

在后台"管理中心"模块中,可以管理系统中安装使用的 APP 应用程序,包括添加应用、编辑应用、删除应用功能,而且可以利用这些应用发送信息。

(1) 编写文件 linkwe-pc/src/api/internalCollaborate/appManage.js 提供和"管理中心"功能相关的 API 接口,主要实现代码如下所示。

```javascript
/**
 * 列表
 * @param {*} params
 */
export function getList() {
  return request({
    url: service + '/list',
  })
}

/**
 * 同步应用信息
 * @param {*} params
 */
export function sync(id) {
  return request({
    url: service + '/pull/${id}',
    method: 'get',
  })
}

/**
 * 删除
 * @param {*} params
 */
export function remove(id) {
  return request({
    url: service + '/delete/${id}',
```

```js
      method: 'delete',
    })
}

/**
 * 添加应用
 * @param {*} data
{
    "agentId": "应用 ID",
    "secret": "应用密钥"
}
 * @returns
 */
export function add(data) {
  return request({
    url: service + '/add',
    method: 'post',
    data,
  })
}

/**
 * 编辑应用信息
 * @param {*} data
{
  description:'', // string 企业应用详情
homeUrl:'', // string 应用主页 url
logoUrl:'', // string 企业应用头像
name:'', // string 企业应用名称
redirectDomain:'', // string 企业应用可信域名
}
 * @returns
 */
export function update(data) {
  return request({
    url: service + '/update/${data.id}',
    method: 'PUT',
    data,
  })
}

// 应用消息

export const appMsg = {
  /**
   * 获取历史消息列表
   * @param {*} params
```

```
    {
      endTime:'', // string date-time 发送结束时间
      startTime:'', // string date-time 发送开始时间
      status:'',// integer int32 状态
      title:'', // string 标题
    }
  */
  getList(params) {
    return request({
      url: serviceMsg + '/list',
      params,
    })
  },

  /**
   * 应用消息详情
   * @param {*} id
   */
  getDetail(id) {
    return request({
      url: serviceMsg + '/get/${id}',
    })
  },

  /**
   * 撤销应用消息
   * @param {*} id
   */
  revoke(id) {
    return request({
      url: serviceMsg + '/revoke/${id}',
    })
  },
  add(data) {
    return request({
      url: serviceMsg + '/add',
      method: 'post',
      data,
    })
  },

  // 修改应用消息 data 同上
  update(data) {
    return request({
      url: serviceMsg + '/update/${data.id}',
      method: 'PUT',
      data,
```

```
    })
},

/**
 * 删除
 * @param {*} id
 */
remove(id) {
  return request({
    url: serviceMsg + '/delete/${id}',
    method: 'delete',
  })
},
```

(2) 编写文件 src/main/java/com/linkwechat/controller/WeAgentController.java，根据上面的 API 接口调用对应的处理方法，分别实现添加应用、编辑应用、删除应用、发送信息、历史信息等功能。

6.6 前端模块

本项目的前端包括 Web 前端和移动端前端，其中 Web 前端和前面介绍的后台管理 API 模块一起构建了后台管理系统。本项目的前端代码也是开源的，在 https://gitee.com/LinkWeChat/ link-we-chat-front/托管。本节将简要讲解本项目前端模块的实现过程。

扫码看视频

6.6.1 Web 前端

在本项目的 Web 前端模块主要负责后台界面的设计工作，并调用后台 API 中的功能方法实现信息管理功能。后台 Web 前端的源码保存在"linkwe-pc"中，下面以后台管理主页(工作台)为例介绍后台前端的实现过程。

(1) 编写文件 linkwe-pc/src/views/index/index.vue 设置后台主页，通过 Vue 设计在主页(工作台)中显示的内容。

(2) 调用文件 linkwe-pc/src/api/operateCenter/customerAnalysis.js 中的接口方法获取客户数据，调用文件 linkwe-pc/src/api/operateCenter/groupAnalysis.js 中的接口方法获取客户群数据，只有在获取到数据后才可以绘制出对应的可视化统计图。

❑ 文件 customerAnalysis.js 的主要实现代码如下所示。

```
import request from '@/utils/request'
const service =
```

```
    window.lwConfig.services.system + window.lwConfig.services.wecom +
    '/operation/customer'

/**
 * 客户数据分析
 */
export function getAnalysis() {
  return request({
    url: service + '/getAnalysis',
  })
}

/**
 * 客户数据-客户总数
 * @params {*} params
 * deptIds    否[]部门
userIds  否[]员工
beginTime    是 开始时间
endTime  是 结束时间
 */
export function getTotalCnt(params) {
  return request({
    url: service + '/getTotalCnt',
    params,
  })
}

/**
 * 客户数据-实时数据
 * @params {*}
 * deptIds    否[]部门
userIds  否[]员工
beginTime    是 开始时间
endTime  是 结束时间
 */
export function getRealCnt(params) {
  return request({
    url: service + '/getCustomerRealPageCnt',
    params,
  })
}

/**
 * 客户数据-员工客户排行
 * @params {*}
 * deptIds    否[]部门
userIds  否[]员工
```

```
beginTime   是 开始时间
endTime   是 结束时间
*/
export function getRankCnt(params) {
  return request({
    url: service + '/getRankCnt',
    params,
  })
}

/**
 * 客户数据-实时数据-导出
 * @params {*} params
 * deptIds   否[]部门
 userIds 否[]员工
 beginTime   是 开始时间
 endTime  是 结束时间
 */
export function realDataExport(params) {
  return request({
    url: service + '/real/export',
    params,
  })
}
```

- 文件 groupAnalysis.js 的主要实现代码如下所示。

```
/**
 * 客群数据分析
 */
export function getAnalysis() {
  return request({
    url: service + '/getAnalysis',
  })
}

/**
 * 客群数据-客群总数
 * @param {*} params
 * chatIds    否[]群聊 id
 ownerIds 否[]群主 id
 beginTime   是 开始时间
 endTime  是 结束时间
 */
export function getTotalCnt(params) {
  return request({
    url: service + '/getTotalCnt',
```

```
    params,
  })
}

/**
 * 客群数据-客群成员总数
 * @param {*} params
 * chatIds    否[]群聊id
 ownerIds 否[]群主id
 beginTime    是 开始时间
 endTime  是 结束时间
 */
export function getTotalCntMember(params) {
  return request({
    url: service + '/member/getTotalCnt',
    params,
  })
}

/**
 * 客群数据-客群实时数据
 * @param {*}
 * chatIds    否[]群聊id
 ownerIds 否[]群主id
 beginTime    是 开始时间
 endTime  是 结束时间
 */
export function getRealCnt(params) {
  return request({
    url: service + '/getGroupRealPageCnt',
    params,
  })
}

/**
 * 客群数据-客群成员实时数据
 * @param {*}
 * chatIds    否[]群聊id
 ownerIds 否[]群主id
 beginTime    是 开始时间
 endTime  是 结束时间
 */
export function getRealCntMember(params) {
  return request({
    url: service + '/member/getGroupMemberRealPageCnt',
```

```
    params,
  })
}

/**
 * 客群数据-客群实时数据-导出
 * @param {*} params
 * chatIds       否 [] 群聊 id
 ownerIds 否 [] 群主 id
 beginTime     是 开始时间
 endTime   是 结束时间
 */
export function realDataExport(params) {
  return request({
    url: service + '/real/export',
    params,
  })
}

/**
 * 客群数据-客群成员实时数据-导出
 * @param {*} params
 * chatIds       否 [] 群聊 id
 ownerIds 否 [] 群主 id
 beginTime     是 开始时间
 endTime   是 结束时间
 */
export function realDataExportMember(params) {
  return request({
    url: service + '/member/real/export',
    params,
  })
}
```

在上述代码中,最终会调用后台 API 文件中的方法获取客户数据和客户群数据,例如通过方法 getCustomerRealPageCnt()获取实时的客户数据。方法 getCustomerRealPageCnt()在后台 API 文件 WeOperationCenterController.java 中实现,有关此文件的具体实现代码和功能已经在本书上一节中进行了讲解,这就是 Web 前端和后端 API 的调用过程。

6.6.2 移动端前端

本项目的移动端前端通过 uni-app 短链小程序实现,基于 uni-app 获取微信小程序 URL Link 短链,实现前端内容的展示和操作功能。

(1) 通过文件 linkwe-uniapp/pages/index/index.vue 展示短链首页,需要用微信扫描二维

码的方式打开。

(2) 编写文件 linkwe-uniapp/api/index.js 实现操作 API 接口方法，创建了对短链进行操作的方法，包括列表展示、添加、删除和修改操作。文件 index.js 的主要实现代码如下所示。

```js
// 列表
export function getList(data) {
  return request({
    url: service + '/list',
    params: data,
  })
}

// 详情
export function getDetail(id) {
  return request({
    url: service + '/get/' + id,
  })
}

// 删除
export function remove(id) {
  return request({
    url: service + '/delete/' + id,
    method: 'DELETE',
  })
}

// 新增
export function add(data) {
  return request({
    url: service + '/add',
    method: 'POST',
    data,
  })
}

// 修改
export function update(data) {
  return request({
    url: service + '/update/' + id,
    method: 'PUT',
    data,
  })
}
```

6.7 测试运行

管理员登录页面的结果如图 6-1 所示。

扫码看视频

图 6-1　管理员登录页面

系统后台主页面的执行结果如图 6-2 所示。

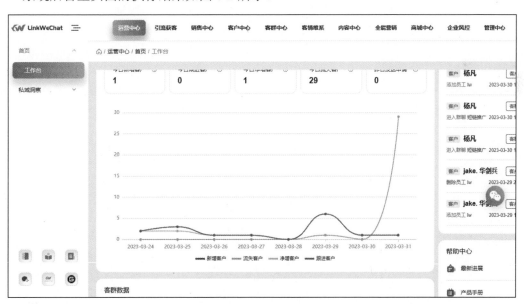

图 6-2　系统后台主页

6.8 技术支持

本项目功能十分强大,书中只列出其中的一小部分。有关系统搭建、部署和版本更新的问题,或者如果想进一步升级本项目,欢迎读者加入我们的大家庭,具体联系方式请参见项目开源地址:登录 gitee 搜索 link-wechat。

扫码看视频

第 7 章 进销存管理系统

在现实应用中，企业进销存系统在各行各业得到了广泛的应用。使用进销存管理系统可以提升企业的市场竞争力，降低企业的成本。本章将详细讲解使用 Java 语言开发一个进销存系统的过程，具体流程由 SpringBoot+MyBatis+Layui+Thymeleaf+MySQL 来实现。

7.1 背景介绍

目前，无论是公司还是企业对于货物都实行了信息化管理，以提高管理水平和工作效率，同时也可以最大限度地减少手工操作带来的错误。于是，进销存管理信息系统便应运而生。在工厂中，产品的进销存涉及产品原料的采购、库存、投入生产、报损，甚至有时涉及销售，同时，对于产品也有相应的生产、库存、销售和报损等环节。在其他非生产性单位，如超市、商店等，则主要涉及进货、库存、销售和报损四个方面。

扫码看视频

企业进销存管理的对象很多，它可以包括：商业、企业超市的商品，图书馆超市的图书，博物馆超市的展品等。在这里本文仅涉及工业企业的产品超市。

企业进销存管理系统按分类、分级的模式对仓库进行全面的管理和监控，缩短了企业信息流转时间，使企业的物资管理层次分明、井然有序，为采购、销售提供依据；智能化的预警功能可自动提示存货的短缺、超储等异常状况。完善的进销存管理功能，可对企业的存货进行全面控制和管理，降低经营成本，增强企业的市场竞争力。

7.2 系统分析

在进行具体编码工作之前，需要进行周密的系统分析工作，了解整个项目的需求，设计并规划整个项目的功能模块。

扫码看视频

7.2.1 需求分析

需求分析是指对要解决的问题进行详细的分析，弄清楚问题的要求，包括需要输入什么数据，要得到什么结果，最后应输出什么。可以说，在软件工程当中的"需求分析"就是确定要计算机"做什么"，要达到什么样的效果。

企业进销存管理系统研究的内容涉及企业进销存管理的全过程，包括入库、出库、退货、订货、统计查询等。根据市场调研结果总结，一个典型的企业进销存管理系统应该包含以下功能。

(1) 商品管理：能够对企业内的各类商品进行管理，方便对商品实现编辑、添加和删除功能。

(2) 客户管理：能够对企业内的各类客户进行管理，方便对客户实现编辑、添加和删除功能。

(3) 进货管理：及时掌握进货信息，可以对进货信息实现编辑、添加和删除功能。
(4) 退货单管理：及时掌握退货信息，可以对退货信息实现编辑、添加和删除功能。
(5) 订单管理：及时掌握订单信息，可以对订单信息实现编辑、添加和删除功能。
(6) 换货单管理：及时掌握换货信息，可以对换货信息实现编辑、添加和删除功能。
(7) 商品监控：及时监控商品的库存信息，方便领导决策或安排及时定货。

7.2.2 模块架构分析

本项目包括进货管理模块、订单管理模块、退货单管理模块、换货单管理模块、商品监控预警模块等，模块的架构如图7-1所示。

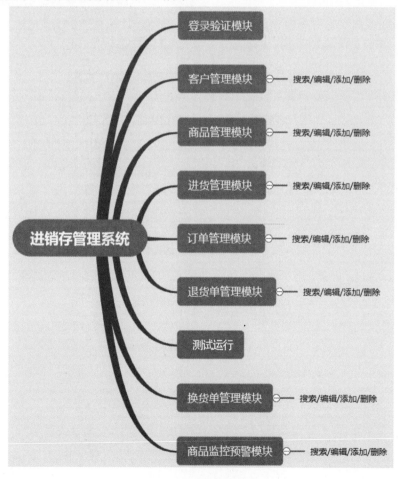

图 7-1 模块架构图

7.3 搭建数据库平台

本项目所要处理的数据量比较大，且需要多用户同时运行访问，因此本项目使用 MySQL 作为后台数据库管理平台。本节将详细讲解为本项目设计数据库的过程。

扫码看视频

7.3.1 数据库设计

首先在 MySQL 中创建一个名为 "erp" 的数据库，然后在数据库中新建如下所示的表。
(1) 表 admin 用于保存系统中的管理员信息，具体设计结构如图 7-2 所示。

名字	类型	排序规则	属性	空	默认	注释	额外
id	int(11)			否	无		AUTO_INCREMENT
username	varchar(255)	utf8_general_ci		是	NULL	用户名	
password	varchar(255)	utf8_general_ci		是	NULL	密码	

图 7-2　表 admin 的设计结构

(2) 表 customer 用于保存系统中的客户信息，具体设计结构如图 7-3 所示。

名字	类型	排序规则	属性	空	默认	注释	额外
id	int(11)			否	无		AUTO_INCREMENT
name	varchar(10)	utf8_general_ci		是	NULL	姓名	
point	int(11)			是	NULL	积分	

图 7-3　表 customer 的设计结构

(3) 表 exchange_goods 用于保存系统中的换货信息，具体设计结构如图 7-4 所示。

名字	类型	排序规则	属性	空	默认	注释	额外
id	int(11)			否	无		AUTO_INCREMENT
goods_id	int(11)			是	NULL	商品ID	
goods_name	varchar(255)	utf8_general_ci		是	NULL	商品名	
customer_id	int(11)			是	NULL	客户ID	
order_id	int(11)			是	NULL	销售订单ID	
exchange_time	varchar(20)	utf8_general_ci		是	NULL	换货时间	
state	varchar(20)	utf8_general_ci		是	待审核	状态	

图 7-4　表 exchange_goods 的设计结构

(4) 表 goods 用于保存系统中的商品信息，具体设计结构如图 7-5 所示。

名字	类型	排序规则	属性	空	默认	注释	额外
id	int(11)			否	无		AUTO_INCREMENT
category	varchar(32)	utf8_general_ci		是	NULL	类别	
goods_name	varchar(255)	utf8_general_ci		是	NULL	商品名	
production_time	varchar(20)	utf8_general_ci		是	NULL	生产日期	
purchase_time	varchar(20)	utf8_general_ci		是	NULL	进货日期	
expiration_time	varchar(20)	utf8_general_ci		是	NULL	保质期	
unit_price	double			是	NULL	单价	
inventory	int(11)			是	NULL	库存量	

图 7-5　表 goods 的设计结构

(5) 表 order 用于保存系统中的销售订单信息，具体设计结构如图 7-6 所示。

名字	类型	排序规则	属性	空	默认	注释	额外
id	int(11)			否	无		AUTO_INCREMENT
goods_id	int(11)			是	NULL	商品ID	
goods_name	varchar(255)	utf8_general_ci		是	NULL	商品名	
customer_id	int(11)			是	NULL	客户ID	
quantity	int(11)			是	NULL	数量	
amount_payable	double			是	NULL	应付价格	
amount_paid	double			是	NULL	实付价格	
change	double			是	NULL	找零	
point	int(11)			是	NULL	积分	
sales_time	varchar(20)	utf8_general_ci		是	NULL	销售时间	
state	varchar(20)	utf8_general_ci		是	NULL	订单状态	

图 7-6　表 order 的设计结构

(6) 表 purchase 用于保存系统中的进货信息，具体设计结构如图 7-7 所示。

名字	类型	排序规则	属性	空	默认	注释	额外
id	int(11)			否	无		AUTO_INCREMENT
goods_id	int(11)			是	NULL	商品ID	
supplier	varchar(32)	utf8_general_ci		是	NULL	供应商	
quantity	int(11)			是	NULL	数量	
purchase_price	double			是	NULL	进价	
purchase_time	varchar(20)	utf8_general_ci		是	NULL	进货时间	

图 7-7　表 purchase 的设计结构

(7) 表 return_goods 用于保存系统中的退货信息，具体设计结构如图 7-8 所示。

名字	类型	排序规则	属性	空	默认	注释	额外
id	int(11)			否	无		AUTO_INCREMENT
goods_id	int(11)			是	NULL	商品ID	
goods_name	varchar(255)	utf8_general_ci		是	NULL	商品名	
customer_id	int(11)			是	NULL	客户ID	
order_id	int(11)			是	NULL	销售订单ID	
return_time	varchar(20)	utf8_general_ci		是	NULL	退货时间	
state	varchar(20)	utf8_general_ci		是	待审核	状态	

图 7-8　表 return_goods 的设计结构

7.3.2　数据库链接

在文件 src/main/resources/application.yml 中编写链接数据库的参数，主要实现代码如下所示。

```
spring:
  datasource:
    url: jdbc:mysql://localhost:3306/erp?serverTimezone=UTC
    username: root
    password: 66688888
    # 在mysql-connector-java 5 以后的版本中使用 com.mysql.cj.jdbc.Driver
    driver-class-name: com.mysql.cj.jdbc.Driver
```

7.3.3 实体类

在本项目中的 entity 层创建实体类,各个实体类与数据库中的属性值基本保持一致。在本项目中,需要创建如下所示的实体类。

(1) 实体类文件 src/main/java/com/guanxij/erp/entity/Admin.java 对应的数据库表是 admin,主要实现代码如下所示。

```java
public class Admin {
    private int id;
    private String username;
    private String password;
    public int getId() {
        return id;
    }
    public void setId(int id) {
        this.id = id;
    }
    public String getUsername() {
        return username;
    }
    public void setUsername(String username) {
        this.username = username;
    }
    public String getPassword() {
        return password;
    }
    public void setPassword(String password) {
        this.password = password;
    }
}
```

(2) 实体类文件 src/main/java/com/guanxij/erp/entity/Customer.java 对应的数据库表是 customer,主要实现代码如下所示。

```java
public class Customer {
    private int id;
    private String name;
    private int point;
    public int getId() {
        return id;
    }
    public void setId(int id) {
        this.id = id;
    }
    public String getName() {
```

```
        return name;
    }
    public void setName(String name) {
        this.name = name;
    }
    public int getPoint() {
        return point;
    }
    public void setPoint(int point) {
        this.point = point;
    }
}
```

为了节省本书篇幅，其他实体类的实现代码不再一一列出。

7.4 登录验证模块

为了保证系统数据的安全性，确保只有是合法用户才能登录本进销存管理系统。本节将详细讲解登录验证模块的实现过程。

扫码看视频

7.4.1 登录表单页面

编写文件 src/main/resources/templates/login.html 实现一个用户登录表单页面，使用 JS 脚本语言设置通过接口/admin/doLogin 来处理表单中的数据，主要实现代码如下所示。

```
<form class="layui-form">
    <div class="layui-form-item">
        <input type="text" name="username" required lay-verify="required"
            placeholder="用户名"
            class="layui-input">
    </div>
    <div class="layui-form-item">
        <input type="text" name="password" required lay-verify="required"
            placeholder="密码"
            class="layui-input">
    </div>
    <div class="layui-form-item m-login-btn">
        <div class="layui-inline">
            <button class="layui-btn layui-btn-normal" lay-submit
                lay-filter="loginForm">登录</button>
        </div>
        <div class="layui-inline">
            <button type="reset" class="layui-btn layui-btn-primary">重置</button>
        </div>
```

```
        </div>
    </form>
<script src="../static/layui/layui.js"></script>
<script>
    layui.use(['form', 'layer'], function () {
        var form = layui.form
            , layer = layui.layer
            , $ = layui.$;
        form.on('submit(loginForm)', function (data) {
            $.ajax({
                type: "post",    //数据提交方式(post/get)
                url: "/admin/doLogin",    //提交到的 url
                data: JSON.stringify(data.field),
                contentType: "application/json; charset=utf-8",
                dataType: "json",//返回的数据类型格式
                success: function (result) {
                    if (result.code === 200) {
                        layer.msg(result.msg, {icon: 1, time: 1000});
                        window.location.replace("/index");
                    } else {
                        layer.msg(result.msg, {icon: 2, time: 1000});
                    }
                }
            });
            return false;
        });
    });
</script>
```

7.4.2 登录验证

编写文件 src/main/java/com/guanxij/erp/controller/AdminController.java，通过方法 doLogin()验证登录信息的合法性，通过方法 doLogout()退出登录。文件 AdminController.java 的主要实现代码如下所示。

```
@ResponseBody
@PostMapping("/admin/doLogin")
public JSONObject doLogin(@RequestBody Admin loginAdmin, HttpSession session) {
    JSONObject result = adminService.getByUsernameAndPassword(loginAdmin);
    if (result.getInteger("code") == 200) {
        session.setAttribute("user", loginAdmin);
    }
    return result;
}
```

```
@RequestMapping("/admin/doLogout")
public String doLogout(HttpSession session) {
    session.removeAttribute("user");
    return "redirect:/login";
}
```

7.5 客户管理模块

在客户管理模块中,可以列表显示系统内的客户信息,并且可以添加、删除、修改或搜索客户信息。本节将详细讲解客户管理模块的实现过程。

扫码看视频

7.5.1 客户列表页面

编写文件 src/main/resources/templates/customer.html 实现客户列表页面,在页面顶部显示客户搜索表单,在下方列表展示系统内的客户信息,并提供了"编辑""删除""添加"按钮。文件 customer.html 的主要实现代码如下所示。

```
<script th:inline="none">
    layui.use(function () { //亦可加载特定模块: layui.use(['layer','laydate'], callback)
        //得到需要的内置组件
        var layer = layui.layer //弹层
            , laypage = layui.laypage //分页
            , table = layui.table //表格
            , form = layui.form //下拉菜单
            , $ = layui.$;
        //执行一个 table 实例
        table.render({
            elem: '#dataTable'
            , url: '/selectAllCustomer' //数据接口
            , title: '客户表'
            , height: 523
            , page: true //开启分页
            , toolbar: '#toolbar' //开启工具栏,此处显示默认图标,可以自定义模板,详见文档
            , cols: [[ //表头
                {type: 'checkbox', fixed: 'left'}
                , {field: 'id', title: 'ID', minWidth: 150, sort: true, fixed: 'left'}
                , {field: 'name', title: '姓名', minWidth: 150}
                , {field: 'point', title: '积分', minWidth: 150, sort: true}
                , {fixed: 'right', minWidth: 150, align: 'center', toolbar: '#bar'}
            ]]
            , parseData: function (res) { //逻辑分页
                var result;
```

```
            if (this.page.curr) {
                result = res.data.slice(this.limit * (this.page.curr - 1),
                    this.limit * this.page.curr);
            } else {
                result = res.data.slice(0, this.limit);
            }
            return {"code": res.code, "msg": res.msg, "count": res.count, "data": result};
        }
    });
    //头工具栏事件
    table.on('toolbar(dataTable)', function (obj) {
        var checkStatus = table.checkStatus(obj.config.id);
        switch (obj.event) {
            case 'getCheckData':
                var data = checkStatus.data;
                if (data.length !== 0)
                    parent.layer.alert(JSON.stringify(data));
                break;
            case 'add':
                $("input[name='id']").removeAttr("readonly");
                layer.open({
                    type: 1,
                    title: '新增',
                    content: $('#open_div'),
                    area: 'auto',
                    shadeClose: true,
                    success: function (layero, index) {
                        $("input[name='action']").val('add');
                    }
                });
                break;
            case 'refresh':
                table.reload('dataTable', {
                    url: '/selectAllCustomer'
                    , where: {} //设定异步数据接口的额外参数
                });
                break;
        }
    });
    //行工具事件
    table.on('tool(dataTable)', function (obj) {
        var data = obj.data;
        if (obj.event === 'del') {
            layer.confirm('你真的要删除吗？？', function (index) {
                obj.del();
                layer.close(index);
                //发送删除请求
```

```javascript
                $.ajax({
                    type: "delete",  //数据提交方式
                    url: "/deleteCustomer?id=" + data.id,  //提交到的url
                    contentType: "application/json; charset=utf-8",
                    dataType: "json",//返回的数据类型格式
                    success: function (result) {
                        layer.msg(result.msg, {icon: 1, time: 1000});
                    }, error: function (e) {
                        layer.msg('ERROR', {icon: 2, time: 1000});
                    }
                });
            });
        } else if (obj.event === 'edit') {
            layer.open({
                type: 1,
                title: '编辑',
                content: $('#open_div'),
                area: 'auto',
                shadeClose: true,
                success: function (layero, index) {
                    $("input[name='action']").val('edit');
                    $("input[name='id']").val(data.id).prop("readonly",
                        "readonly");  //链式调用
                    $("input[name='name']").val(data.name);
                    $("input[name='point']").val(data.point);
                }
            });
        }
    });
    //隐藏表单提交事件
    form.on('submit(hiddenForm)', function (data) {
        $.ajax({
            type: "post",   //数据提交方式
            url: "/customerAction?action=" + data.field['action'],  //提交到的url
            data: JSON.stringify(data.field),
            contentType: "application/json; charset=utf-8",
            dataType: "json",//返回的数据类型格式
            success: function (result) {
                if (result.code === 0)
                    layer.msg(result.msg, {icon: 1, time: 1000});
                else
                    layer.msg(result.msg, {icon: 2, time: 1000});
                //如果修改成功,表格重载
                table.reload('dataTable', {
                    url: '/selectAllCustomer'
                    , where: {} //设定异步数据接口的额外参数
                });
```

```
            }, error: function (e) {
                layer.msg('ERROR', {icon: 2, time: 1000});
            }
        });
        layer.closeAll();
        return false;  //阻止表单跳转
    });

    //搜索提交事件
    form.on('submit(search)', function (data) {
        if ($("input[name='key']").val() !== "") {
            table.reload('dataTable', {
                url: '/selectCustomerByName?name=' + data.field['key']
                , where: {} //设定异步数据接口的额外参数
            });
            layer.msg("查询成功");
        } else {
            layer.msg("请输入查询条件!", {icon: 2, time: 1000});
        }
        return false;
    })

});
</script>
```

7.5.2 处理客户数据

编写文件 src/main/java/com/guanxij/erp/controller/CustomerController.java，通过自定义方法分别实现对客户的添加、编辑和删除操作。文件 CustomerController.java 的主要实现代码如下所示。

```
public class CustomerController {
    @Autowired
    CustomerService customerService;
    @ResponseBody
    @GetMapping("/selectAllCustomer")
    public JSONObject selectAllCustomer() {
        return customerService.selectAllCustomer();
    }

    @ResponseBody
    @GetMapping("/selectCustomerByName")
    public JSONObject selectCustomerByName(@RequestParam("name") String name) {
        return customerService.selectCustomerByName(name);
    }
```

```
@ResponseBody
@PostMapping("/insertCustomer")  //获取前端传来的json参数
public JSONObject insertCustomer(@RequestBody Customer customer) {
    return customerService.insertCustomer(customer);
}
@ResponseBody
@DeleteMapping("/deleteCustomer")
public JSONObject deleteCustomer(@RequestParam("id") int id) {
    return customerService.deleteCustomer(id);
}
@ResponseBody
@PostMapping("/updateCustomer")
public JSONObject updateCustomer(@RequestBody Customer customer) {
    return customerService.updateCustomer(customer);
}

/**
 * 区分该表单请求是添加还是修改
 */
@PostMapping("/customerAction")
public String customerAction(@RequestParam("action") String action) {
    if (action.equals("edit")) {
        return "forward:/updateCustomer";
    } else if (action.equals("add")) {
        return "forward:/insertCustomer";
    }
    return "404";
}
```

7.6 商品管理模块

在商品管理模块中，可以列表显示系统内的商品信息，并且可以添加、删除、修改或搜索商品信息。本节将详细讲解商品管理模块的实现过程。

扫码看视频

7.6.1 商品列表页面

编写文件 src/main/resources/templates/goods.html 实现商品列表页面，在页面顶部显示商品搜索表单，在下方列表展示系统内的商品信息，并提供了"编辑""删除""添加"按钮。文件 goods.html 的主要实现代码如下所示。

```
<script type="text/html" id="toolbar">
    <div class="layui-btn-container">
```

```html
            <button class="layui-btn layui-btn-sm" lay-event="getCheckData">
                获取选中行数据</button>
            <button class="layui-btn layui-btn-sm" lay-event="add">新增</button>
            <button class="layui-btn layui-btn-sm" lay-event="refresh">刷新</button>
    </div>
</script>
<!--行工具栏按钮-->
<script type="text/html" id="bar">
    <a class="layui-btn layui-btn-xs" lay-event="edit">编辑</a>
    <a class="layui-btn layui-btn-danger layui-btn-xs" lay-event="del">删除</a>
</script>

<script src="../static/layui/layui.js"></script>
<script th:inline="none">
    layui.use(function () { //亦可加载特定模块：layui.use(['layer','laydate'], callback)
        //得到需要的内置组件
        var layer = layui.layer //弹层
            , laypage = layui.laypage //分页
            , table = layui.table //表格
            , form = layui.form //下拉菜单
            , $ = layui.$
            , laydate = layui.laydate;
        //渲染选择框
        $.ajax({
            url: "/selectDistinctCategory",
            type: "get",
            dataType: "json",
            success: function (result) {
                var categories = document.getElementById("select-category");
                for (var resultKey in result) {
                    var option = document.createElement("option");
                    option.setAttribute("value", resultKey);
                    option.innerText = result[resultKey];
                    categories.appendChild(option);
                    form.render("select");
                }
            }
        })
        //执行一个laydate实例
        laydate.render({
            elem: '#productionTime' //指定元素
        });
        laydate.render({
            elem: '#purchaseTime' //指定元素
        });
        laydate.render({
            elem: '#expirationTime' //指定元素
```

```javascript
    });
    //执行一个 table 实例
    table.render({
        elem: '#dataTable'
        , url: '/selectAllGoods' //数据接口
        , title: '商品信息表'
        , height: 523
        , page: true //开启分页
        , toolbar: '#toolbar' //开启工具栏,此处显示默认图标,可以自定义模板,详见文档
        , cols: [[ //表头
            {type: 'checkbox', fixed: 'left'}
            , {field: 'id', title: 'ID', Width: 150, sort: true, fixed: 'left'}
            , {field: 'category', title: '分类', Width: 150}
            , {field: 'goodsName', title: '商品名称', minWidth: 150}
            , {field: 'productionTime', title: '生产日期', minWidth: 150}
            , {field: 'purchaseTime', title: '进货日期', minWidth: 150}
            , {field: 'expirationTime', title: '保质期', minWidth: 150}
            , {field: 'unitPrice', title: '单价', Width: 100}
            , {field: 'inventory', title: '库存量', Width: 100}
            , {fixed: 'right', minWidth: 150, align: 'center', toolbar: '#bar'}
        ]]
        , parseData: function (res) { //逻辑分页
            var result;
            if (this.page.curr) {
                result = res.data.slice(this.limit * (this.page.curr - 1),
                    this.limit * this.page.curr);
            } else {
                result = res.data.slice(0, this.limit);
            }
            return {"code": res.code, "msg": res.msg, "count": res.count, "data":
                result};
        }
    });
```

7.6.2 处理商品数据

编写文件 src/main/java/com/guanxij/erp/controller/GoodsController.java,通过自定义方法分别实现对商品信息的添加、编辑和删除操作。文件 GoodsController.java 的主要实现代码如下所示。

```java
public class GoodsController {
    @Autowired
    GoodsService goodsService;
    @ResponseBody
    @GetMapping("/selectAllGoods")
    public JSONObject selectAllGoods() {
```

```java
        return goodsService.selectAllGoods();
    }
    @ResponseBody
    @GetMapping("/selectGoodsByName")
    public JSONObject selectGoodsByName(@RequestParam("name") String name) {
        return goodsService.selectGoodsByName(name);
    }

    @ResponseBody
    @PostMapping("/insertGoods")  //获取前端传来的json参数
    public JSONObject insertGoods(@RequestBody Goods goods) {
        return goodsService.insertGoods(goods);
    }
    @ResponseBody
    @DeleteMapping("/deleteGoods")
    public JSONObject deleteGoods(@RequestParam("id") int id) {
        return goodsService.deleteGoods(id);
    }
    @ResponseBody
    @PostMapping("/updateGoods")
    public JSONObject updateGoods(@RequestBody Goods goods) {
        return goodsService.updateGoods(goods);
    }

    /**
     * 区分该表单请求是添加还是修改
     */
    @PostMapping("/goodsAction")
    public String goodsAction(@RequestParam("action") String action) {
        if (action.equals("edit")) {
            return "forward:/updateGoods";
        } else if (action.equals("add")) {
            return "forward:/insertGoods";
        }
        return "404";
    }

    @ResponseBody
    @GetMapping("/selectDistinctCategory")
    public JSONObject selectDistinctCategory() {
        return goodsService.selectDistinctCategory();
    }

    @ResponseBody
    @GetMapping("/selectGoodsByNameAndCategory")
    public JSONObject selectGoodsByNameAndCategory(@RequestParam("name") String name, @RequestParam("category") String category) {
```

```
        return goodsService.selectGoodsByNameAndCategory(name, category);
    }

    @ResponseBody
    @GetMapping("/selectGoodsCounts")
    public Integer selectGoodsCounts() {
        return goodsService.selectGoodsCounts();
    }
}
```

7.7 进货管理模块

在进货管理模块中，可以列表显示系统内的进货信息，并且可以添加、删除、修改或搜索进货信息。本节将详细讲解进货管理模块的实现过程。

扫码看视频

7.7.1 进货列表页面

编写文件 src/main/resources/templates/purchase.html 实现进货列表页面，在页面顶部显示进货信息搜索表单，在下方列表展示系统内的进货信息，并提供了"编辑""删除""添加"按钮。文件 purchase.html 的主要实现代码如下所示。

```
<form class="layui-form layui-form-pane">
    <!--区分是添加还是编辑操作-->
    <input type="hidden" name="action" id="action">
    <div class="layui-form-item">
        <label class="layui-form-label">ID</label>
        <div class="layui-input-inline" style="width: 260px">
            <input type="number" name="id" lay-verify="" placeholder="可留空，默认自增"
                autocomplete="off" class="layui-input">
        </div>
    </div>
    <div class="layui-form-item">
        <label class="layui-form-label">商品ID</label>
        <div class="layui-input-inline" style="width: 260px">
            <input type="number" name="goodsId" required lay-verify=
                "required|number" placeholder="请输入商品ID"
                autocomplete="off"
                class="layui-input">
        </div>
    </div>
    <div class="layui-form-item">
        <label class="layui-form-label">供应商</label>
        <div class="layui-input-inline" style="width: 260px">
```

```html
            <input type="text" name="supplier" required lay-verify="required"
                   placeholder="请输入供应商"
                   autocomplete="off"
                   class="layui-input">
        </div>
    </div>
    <div class="layui-form-item">
        <label class="layui-form-label">数量</label>
        <div class="layui-input-inline" style="width: 260px">
            <input type="number" name="quantity" required lay-verify=
                   "required|number" placeholder="请输入数量"
                   autocomplete="off"
                   class="layui-input">
        </div>
    </div>
    <div class="layui-form-item">
        <label class="layui-form-label">进价</label>
        <div class="layui-input-inline" style="width: 260px">
            <input type="number" name="purchasePrice" required lay-verify=
                   "required|number" placeholder="请输入进价"
                   autocomplete="off"
                   class="layui-input">
        </div>
    </div>
    <div class="layui-form-item">
        <label class="layui-form-label">进货时间</label>
        <div class="layui-input-inline" style="width: 260px">
            <input type="text" name="purchaseTime" required lay-verify=
                   "required" placeholder="请输入进货时间"
                   autocomplete="off" id="purchaseTime"
                   class="layui-input">
        </div>
    </div>
    <div class="layui-form-item">
        <div class="layui-input-block">
            <button class="layui-btn" lay-submit lay-filter="hiddenForm">立即提交</button>
            <button type="reset" class="layui-btn layui-btn-primary">重置</button>
        </div>
    </div>
</form>
```

7.7.2 处理进货数据

编写文件 src/main/java/com/guanxij/erp/controller/PurchaseController.java，通过自定义方法分别实现对进货信息的添加、编辑和删除操作。文件 PurchaseController.java 的主要实现

代码如下所示。

```java
public class PurchaseController {
    @Autowired
    PurchaseService purchaseService;

    @ResponseBody
    @GetMapping("/selectAllPurchase")
    public JSONObject selectAllPurchase() {
        return purchaseService.selectAllPurchase();
    }

    @ResponseBody
    @GetMapping("/selectPurchaseBySupplier")
    public JSONObject selectPurchaseBySupplier(@RequestParam("supplier") String
            supplier) {
        return purchaseService.selectPurchaseBySupplier(supplier);
    }

    @ResponseBody
    @PostMapping("/insertPurchase")  //获取前端传来的json参数
    public JSONObject insertPurchase(@RequestBody Purchase purchase) {
        return purchaseService.insertPurchase(purchase);
    }

    @ResponseBody
    @DeleteMapping("/deletePurchase")
    public JSONObject deletePurchase(@RequestParam("id") int id) {
        return purchaseService.deletePurchase(id);
    }

    @ResponseBody
    @PostMapping("/updatePurchase")
    public JSONObject updatePurchase(@RequestBody Purchase purchase) {
        return purchaseService.updatePurchase(purchase);
    }

    /**
     * 区分该表单请求是添加还是修改
     */
    @PostMapping("/purchaseAction")
    public String purchaseAction(@RequestParam("action") String action) {
        if (action.equals("edit")) {
            return "forward:/updatePurchase";
        } else if (action.equals("add")) {
```

```
            return "forward:/insertPurchase";
        }
        return "404";
}
```

7.8 订单管理模块

在订单管理模块中,可以列表显示系统内的商品订单信息,并且可以添加、删除、修改或搜索商品订单信息。本节将详细讲解订单管理模块的实现过程。

扫码看视频

7.8.1 订单列表页面

编写文件 src/main/resources/templates/order.html 实现订单列表页面,在页面顶部显示商品订单搜索表单,在下方列表展示系统内的商品订单信息,并提供了"编辑""删除""添加"按钮。文件 order.html 的主要实现代码如下所示。

```
<form class="layui-form layui-form-pane">
    <!--区分是添加还是编辑操作-->
    <input type="hidden" name="action" id="action">
    <div class="layui-form-item">
        <label class="layui-form-label">ID</label>
        <div class="layui-input-inline" style="width: 260px">
            <input type="number" name="id" lay-verify="" placeholder="可留空,默认自增"
                   autocomplete="off" class="layui-input">
        </div>
    </div>
    <div class="layui-form-item">
        <label class="layui-form-label">商品 ID</label>
        <div class="layui-input-inline" style="width: 260px">
            <input type="number" name="goodsId" required lay-verify=
                   "required|number" placeholder="请输入商品 ID"
                   autocomplete="off"
                   class="layui-input">
        </div>
    </div>
    <div class="layui-form-item">
        <label class="layui-form-label">商品名称</label>
        <div class="layui-input-inline" style="width: 260px">
            <input type="text" name="goodsName" required lay-verify=
                   "required" placeholder="请输入商品名称"
```

```html
                    autocomplete="off"
                    class="layui-input">
            </div>
        </div>
        <div class="layui-form-item">
            <label class="layui-form-label">客户ID</label>
            <div class="layui-input-inline" style="width: 260px">
                <input type="number" name="customerId" required lay-verify=
                        "required|number" placeholder="请输入客户ID"
                    autocomplete="off"
                    class="layui-input">
            </div>
        </div>
        <div class="layui-form-item">
            <label class="layui-form-label">数量</label>
            <div class="layui-input-inline" style="width: 260px">
                <input type="number" name="quantity" required lay-verify=
                        "required|number" placeholder="请输入数量"
                    autocomplete="off"
                    class="layui-input">
            </div>
        </div>
        <div class="layui-form-item">
            <label class="layui-form-label">应付金额</label>
            <div class="layui-input-inline" style="width: 260px">
                <input type="number" name="amountPayable" required lay-verify=
                        "required|number" placeholder="请输入应付金额"
                    autocomplete="off"
                    class="layui-input">
            </div>
        </div>
        <div class="layui-form-item">
            <label class="layui-form-label">实付金额</label>
            <div class="layui-input-inline" style="width: 260px">
                <input type="number" name="amountPaid" required lay-verify=
                        "required|number" placeholder="实付金额"
                    autocomplete="off"
                    class="layui-input">
            </div>
        </div>
        <div class="layui-form-item">
            <label class="layui-form-label">找零</label>
            <div class="layui-input-inline" style="width: 260px">
                <input type="number" name="change" required lay-verify=
                        "required|number" placeholder="请输入找零"
```

```html
                autocomplete="off"
                class="layui-input">
        </div>
    </div>
    <div class="layui-form-item">
        <label class="layui-form-label">积分</label>
        <div class="layui-input-inline" style="width: 260px">
            <input type="number" name="point" required lay-verify=
                    "required|number" placeholder="请输入积分"
                autocomplete="off"
                class="layui-input">
        </div>
    </div>
    <div class="layui-form-item">
        <label class="layui-form-label">销售时间</label>
        <div class="layui-input-inline" style="width: 260px">
            <input type="text" name="salesTime" required lay-verify=
                    "required" placeholder="请输入销售时间"
                autocomplete="off" id="salesTime"
                class="layui-input">
        </div>
    </div>
    <div class="layui-form-item">
        <label class="layui-form-label">订单状态</label>
        <div class="layui-input-inline" style="width: 260px">
            <select name="state" id="select-state">
                <option value="">请选择订单状态</option>
                <option value="已完成">已完成</option>
                <option value="待退货">待退货</option>
                <option value="待换货">待换货</option>
            </select>
        </div>
    </div>
    <div class="layui-form-item">
        <div class="layui-input-block">
            <button class="layui-btn" lay-submit lay-filter="hiddenForm">立即提交</button>
            <button type="reset" class="layui-btn layui-btn-primary">重置</button>
        </div>
    </div>
</form>
```

7.8.2 处理商品订单数据

编写文件 src/main/java/com/guanxij/erp/controller/OrderController.java，通过自定义方法

分别实现对商品订单信息的添加、编辑和删除操作。文件 OrderController.java 的主要实现代码如下所示。

```java
public class OrderController {
   @Autowired
   OrderService orderService;

   @ResponseBody
   @GetMapping("/selectAllOrder")
   public JSONObject selectAllOrder() {
      return orderService.selectAllOrder();
   }

   @ResponseBody
   @GetMapping("/selectOrderByCustomerId")
   public JSONObject selectOrderByCustomerId(@RequestParam("customerId") int
         customerId) {
      return orderService.selectOrderByCustomerId(customerId);
   }

   @ResponseBody
   @PostMapping("/insertOrder")  //获取前端传来的json参数
   public JSONObject insertOrder(@RequestBody Order order) {
      return orderService.insertOrder(order);
   }

   @ResponseBody
   @DeleteMapping("/deleteOrder")
   public JSONObject deleteOrder(@RequestParam("id") int id) {
      return orderService.deleteOrder(id);
   }

   @ResponseBody
   @PostMapping("/updateOrder")
   public JSONObject updateOrder(@RequestBody Order order) {
      return orderService.updateOrder(order);
   }

   /**
    * 区分该表单请求是添加还是修改
    */
   @PostMapping("/orderAction")
   public String orderAction(@RequestParam("action") String action) {
      if (action.equals("edit")) {
         return "forward:/updateOrder";
      } else if (action.equals("add")) {
         return "forward:/insertOrder";
```

```
        }
        return "404";
    }

    @ResponseBody
    @GetMapping("/selectSalesAmount")
    public String selectSalesAmount() {
        return orderService.selectSalesAmount();
    }
}
```

7.9 退货单管理模块

在退货单管理模块中,可以列表显示系统内的退货单信息,并且可以添加、删除、修改或搜索退货单信息。本节将详细讲解退货单管理模块的实现过程。

扫码看视频

7.9.1 退货单列表页面

编写文件 src/main/resources/templates/return_goods.html 实现退货单列表页面,在页面顶部显示退货单搜索表单,在下方列表展示系统内的退货单信息,并提供了"编辑""删除""添加"按钮。文件 return_goods.html 的主要实现代码如下所示。

```
<div style="margin: 10px 0 10px 1%;width: 99%">
    <div style="display: table-cell">
        <form class="layui-form" id="search_form">
            <div class="layui-input-block" style="display: table-cell">
                <label> 客户 ID </label>
                <div class="layui-input-inline" style="width: 200px">
                    <input type="number" name="key" placeholder="客户 ID"
                           autocomplete="off" class="layui-input">
                </div>
            </div>

            <div style="display: table-cell">
                <button class="layui-btn layui-btn-sm layui-btn-danger" lay-submit
                        lay-filter="search"
                        style="margin-left: 15px"><i class="layui-icon">&#xe615;
                    </i>搜 索
                </button>
                <button type="reset" class="layui-btn layui-btn-primary layui-btn-sm">
                    <i class="layui-icon">&#xe631;</i>重 置
```

```html
            </button>
        </div>
      </form>
   </div>
</div>


<!--数据表格-->
<table class="layui-hide" id="dataTable" lay-filter="dataTable"></table>
<!--自定义工具栏按钮-->
<script type="text/html" id="toolbar">
    <div class="layui-btn-container">
        <button class="layui-btn layui-btn-sm" lay-event="getCheckData">
            获取选中行数据</button>
        <button class="layui-btn layui-btn-sm" lay-event="add">新增</button>
        <button class="layui-btn layui-btn-sm" lay-event="refresh">刷新</button>
    </div>
</script>
<!--行工具栏按钮-->
<script type="text/html" id="bar">
    <a class="layui-btn layui-btn layui-btn-warm layui-btn-xs" lay-event="pass">
        通过</a>
    <a class="layui-btn layui-btn-xs" lay-event="edit">编辑</a>
    <a class="layui-btn layui-btn-danger layui-btn-xs" lay-event="del">删除</a>
</script>
```

7.9.2 处理退货单数据

编写文件 src/main/java/com/guanxij/erp/controller/ReturnGoodsController.java，通过自定义方法分别实现对信息的添加、编辑和删除操作。文件 ReturnGoodsController.java 的主要实现代码如下所示。

```java
public class ReturnGoodsController {
    @Autowired
    ReturnGoodsService returnGoodsService;

    @ResponseBody
    @GetMapping("/selectAllReturnGoods")
    public JSONObject selectAllReturnGoods() {
        return returnGoodsService.selectAllReturnGoods();
    }

    @ResponseBody
    @GetMapping("/selectReturnGoodsByCustomerId")
    public JSONObject selectReturnGoodsByCustomerId(@RequestParam("customerId")
        int customerId) {
```

```java
        return returnGoodsService.selectReturnGoodsByCustomerId(customerId);
    }

    @ResponseBody
    @PostMapping("/insertReturnGoods") //获取前端传来的json参数
    public JSONObject insertReturnGoods(@RequestBody ReturnGoods returnGoods) {
        return returnGoodsService.insertReturnGoods(returnGoods);
    }

    @ResponseBody
    @DeleteMapping("/deleteReturnGoods")
    public JSONObject deleteReturnGoods(@RequestParam("id") int id) {
        return returnGoodsService.deleteReturnGoods(id);
    }

    @ResponseBody
    @PostMapping("/updateReturnGoods")
    public JSONObject updateReturnGoods(@RequestBody ReturnGoods returnGoods) {
        return returnGoodsService.updateReturnGoods(returnGoods);
    }

    /**
     * 区分该表单请求是添加还是修改
     */
    @PostMapping("/returnGoodsAction")
    public String returnGoodsAction(@RequestParam("action") String action) {
        if (action.equals("edit")) {
            return "forward:/updateReturnGoods";
        } else if (action.equals("add")) {
            return "forward:/insertReturnGoods";
        }
        return "404";
    }

    @ResponseBody
    @PutMapping("/passReturnGoodsById")
    public JSONObject passReturnGoodsById(@RequestParam("id") int id) {
        return returnGoodsService.passReturnGoodsById(id);
    }
}
```

注意：换货单管理模块和商品监控预警模块的原理和前面的模块相似，为了节省篇幅，在书中不再讲解这两个模块的实现过程。有关换货单管理模块和商品监控预警模块具体知识，请读者参考本书视频和源码资料。

7.10 测试运行

客户管理页面的执行结果如图 7-9 所示。

扫码看视频

图 7-9　客户管理页面

进货管理页面的执行结果如图 7-10 所示。

图 7-10　进货管理页面

订单管理页面的执行结果如图 7-11 所示。

图 7-11　订单管理页面

第8章

人力资源管理系统

人才是企业的第一财富,人力资源是企业的资本构成之一,企业的财富要靠企业的人才去创造,发挥了人的最大潜能,就能发挥企业的综合资本优势,从而提升企业的资本效能,因此企业的人力资本管理是企业极为重要的管理内容。本章将详细讲解使用Java语言开发一个企业人力资源管理系统的过程,展示Java语言在办公类项目中的作用,具体流程由Spring Boot+Spring Security+RedisVue+Element UI+MySQL来实现。

8.1 系统介绍

有人曾经说过："21 世纪人才最重要！"，人才作为企业发展的核心竞争力，在企业的发展中发挥着不可比拟的作用。人力资源管理是有关人事方面的计划、组织、指挥、协调、信息和控制等一系列管理工作的总称。通过科学的方法、正确的用人原则和合理的管理制度，调整人与人、人与事、人与组织的关系，谋求对工作人员的体力、心力和智力作最适当的利用与最高的发挥，并保护其合法的利益。于是，良好的人才管理系统便成为企业管理的一部分。一个现代化的企业人事管理系统有助于企业节约成本、提高效率，而且还可以使领导者更清楚地了解到企业员工的相关资料，从而更合理地制定相关的人事信息。

扫码看视频

8.1.1 背景介绍

信息化的迅速蔓延，互联网的高速发展，使企业的信息化管理出现了新的方向。一个现代化的企业想要生存和发展，必须跟上信息化的步伐，用先进的信息化技术来为企业的管理节约成本、制定规划。而人才作为企业生存和发展的根本，在企业的管理中始终占有着重要的地位。对企业的人才进行良好的人事管理既有助于企业高层和人事管理人员动态、及时地掌握企业的人事信息，制定人才招聘和发展规划，也有利于企业优化改革，精简机构，最终实现人事管理的信息化建设。在此形势下，我们开发了此套人事管理系统，可应用于大部分的企事业单位，管理人员可查询员工考勤、薪资、档案等相关信息并可对其进行维护，普通员工可在管理人员授权后进行相应的查询等操作。

国外专家学者对人事管理系统的研究起步比较早，发达国家的企业非常注重自身人事管理系统的开发。特别是一些跨国公司，更不惜花费大量的人力和物力来开发相应的人事管理系统，通过建立一个业务流的开发性系统实现真正意义上的人事管理目标，挑选和留住最佳人才，同时不断提高这些人才的工作效益。例如，苹果公司的企业员工人事管理系统便是一个很好的典范。

我国的信息管理系统是 20 世纪 90 年代初开始快速发展的。经过十余年的发展，我国的数据库管理技术也被广泛应用于各个领域，并且形成了产业化。但是，我们的工厂、企业对信息管理系统的应用比起世界先进水平还相当落后。主要表现在：人事管理系统范围使用相对狭窄、人事管理系统功能相对欠缺、稳定性较差、功能相对单一等。

8.1.2 应用的目的与意义

人的管理是一切管理工作的核心。员工代表一个企业的形象，因而人事管理机制设计得好坏，直接影响一个企业的成败。在人事管理机制中，员工的档案管理是企业人事管理的基础，在企业员工普遍流失的今天，一个准确而及时的人事管理系统，有利于人事部门对员工流动进行分析、编制，为企业所需人员提供了保障。

人力资源部那些重复的，事务性的工作交给 HRP(Human Resource Planning，人力资源管理系统)来解决，可以省去用户以往人力资源管理工作的烦琐、枯燥；用领先的人力资源管理理念，把人力资源管理的作业流程控制和战略规划设计巧妙地集合于一体；系统重点涉及人力资源管理工作中的薪资、考勤、绩效、调动、基本信息、用户管理以及用户切换等方面，并有综合的系统安全设置、报表综合管理模块。可以很好地为用户的人力资源管理部门对员工的成本管理、知识管理、绩效管理等综合管理给予帮助。以每个月所发工资为例，其中包括考勤、人事信息变动、奖惩、迟到和旷工等对本月的薪资计算都有影响，为了及时计算发放工资财务人员往往要提前一个星期加班加点才能及时完成。如果改用 HRP 管理不仅可以做到高效、高精度，还可以减少管理时带来的一些烦琐工作，并且节约不必要的开支。

8.1.3 人力资源管理系统发展趋势

人力资源管理系统主导 21 世纪，无论是发达国家还是发展中国家，对人力资源的战略性意义都有了深刻的认识，并开始付诸行动。21 世纪将是人力资源的世纪；人力资源问题主导整个 21 世纪甚至更为遥远，这种状况的变化起因于竞争压力。目前，世界经济趋向全球化。世界经济的全球化过程和国家的开放过程，要求组织的管理部门降低管理成本以减少竞争压力和增强竞争能力。对于不同的组织，人力资源成本在总成本中的比例是不一样的。

无论是现在还是将来，工业的发展越来越多地取决于科学和技术、知识与技能。高新科技产业更是如此。这不仅要求员工尤其是技术人员掌握新的科学知识和技术能力，而且要求员工能够深入而快捷地掌握和应用这些知识和技能。这就导致了两个问题：第一，随着这种技术革新的发展和知识更新速度的加快，人们有更多的职业选择机会。第二，伴随着这种发展以及职业选择机会的增多，人力资源管理活动频繁程度加剧；而且这种活动对科学技术的要求与它的反应程度也更高了，进而提高了人力资源成本。

随着社会政治和经济的发展，人们的工作目标和价值观也都发生了重要变化。这对人事管理部门和管理人员都提出了新的要求和新的问题，不得不考虑诸如工作类型设计、岗位分析、充分尊重员工以及为他们提供良好的个人发展和自我价值实现的环境与条件等问题。这样，人力资源管理就派上了用场。

8.2 系统分析和设计

软件项目开发的第一步是系统设计分析和项目需求分析，本节将详细讲解本项目人力资源管理系统设计的具体分析工作，为步入后面的具体编码工作打下基础。

扫码看视频

8.2.1 需求分析

人力资源管理系统的指导思想是配合企业的业务策略，确保用适当的人在适当的时间做适当的事，充分调动员工的积极性，激发员工之工作潜能，使之形成企业强大的智力资本。根据对企业的人事管理系统的功能需求、业务操作规程及其数据结构等具体要求，调查了单位对人事管理企业的员工基本信息、员工调动、员工奖罚、员工培训、员工考评、员工调薪、员工职称评定，确定了系统性能要求，系统运行支持环境要求，数据项的名称、数据类型、数据规格。以上这一切都为下一步的开发工作奠定了良好的基础。

软件需求说明必须全面、概括性地描述人事管理系统所要完成的工作，使软件开发人员和用户对本系统中的业务流程及功能达成共识。开发人员通过需求说明可以全面了解人事管理系统所要完成的任务和所能达到的功能。

8.2.2 目标设计

根据企业对人事管理的要求，制定如下企业人事管理系统目标。
- 操作简单方便、界面简洁美观。
- 在查看员工信息时，可以对当前员工的信息进行添加、修改、删除操作。
- 方便快捷地全方位数据查询。
- 按照指定的条件对员工进行统计。
- 由于该系统的使用对象较多，要有较好的权限管理。
- 系统运行稳定、安全可靠。

8.2.3 功能设计

在整体设计中，我们将企业人事管理系统分为 3 大模块：系统管理模块、系统监控模块和系统工具模块，而每个模块又继续细分为子模块。系统功能结构如图 8-1 所示。

第 8 章　人力资源管理系统

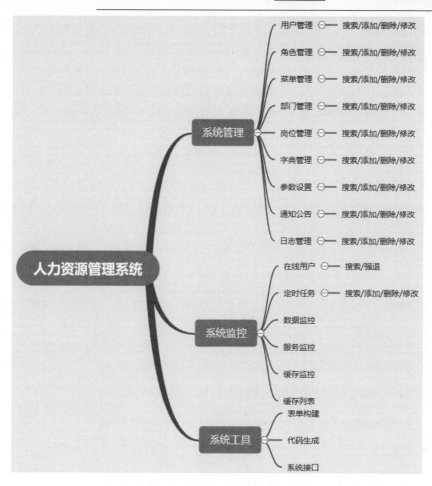

图 8-1　系统功能结构图

8.3　搭建数据库平台

在开发动态软件程序时，需要数据库技术的支持。数据库的设计工作根据程序的需求及其实现功能所制定，数据库设计的合理性将直接影响到程序的开发进程和开发效率。

扫码看视频

8.3.1　数据库分析

数据库是数据管理的最新技术，是计算机科学的重要分支。近几年来，数据库管理系统已从专用的应用程序包发展成为通用系统软件。由于数据库具有数据结构化、最低冗余度、较高的程序与数据独立性、易于扩充、易于编制应用程序等优点，较大的信息系统都是建立在数据库设计之上的。由于本项目用到的数据信息比较多，另外考虑到实际情况，企业人事基本信息的变动，还有员工信息多少的变化，本项目选择使用 MySQL。MySQL 是一种常用的关系型数据库，能存放和读取大量的数据，管理众多并发的用户。

8.3.2 数据库设计

企业人事管理系统主要用来记录一个企业中所有员工的基本信息，本系统使用 MySQL 作为后台数据库，将数据库命名为"ry-vue"，其中包含了 19 张数据表，用于存储系统内的信息。下面简要介绍几个常用数据库表的设计结构。

(1) 表 sys_config 用于保存系统中的配置参数信息，具体设计结构如图 8-2 所示。

名字	类型	排序规则	属性	空	默认	注释	额外
config_id	int(5)			否	无	参数主键	AUTO_INCREMENT
config_name	varchar(100)	utf8_general_ci		是		参数名称	
config_key	varchar(100)	utf8_general_ci		是		参数键名	
config_value	varchar(500)	utf8_general_ci		是		参数键值	
config_type	char(1)	utf8_general_ci		是	N	系统内置（Y是 N否）	
create_by	varchar(64)	utf8_general_ci		是		创建者	
create_time	datetime			是	NULL	创建时间	
update_by	varchar(64)	utf8_general_ci		是		更新者	
update_time	datetime			是	NULL	更新时间	
remark	varchar(500)	utf8_general_ci		是	NULL	备注	

图 8-2 表 sys_config 的设计结构

(2) 表 sys_notice 用于保存系统中的通知公告信息，具体设计结构如图 8-3 所示。
(3) 表 sys_post 用于保存系统中的岗位信息，具体设计结构如图 8-4 所示。
(4) 表 sys_dept 用于保存系统中的部门信息，具体设计结构如图 8-5 所示。
(5) 表 sys_user 用于保存系统中的用户信息，具体设计结构如图 8-6 所示。

第 8 章　人力资源管理系统

名字	类型	排序规则	属性	空	默认	注释	额外
notice_id 🔑	int(4)			否	无	公告ID	AUTO_INCREMENT
notice_title	varchar(50)	utf8_general_ci		否	无	公告标题	
notice_type	char(1)	utf8_general_ci		否	无	公告类型（1通知 2公告）	
notice_content	longblob			是	NULL	公告内容	
status	char(1)	utf8_general_ci		是	0	公告状态（0正常 1关闭）	
create_by	varchar(64)	utf8_general_ci		是		创建者	
create_time	datetime			是	NULL	创建时间	
update_by	varchar(64)	utf8_general_ci		是		更新者	
update_time	datetime			是	NULL	更新时间	
remark	varchar(255)	utf8_general_ci		是	NULL	备注	

图 8-3　表 sys_notice 的设计结构

名字	类型	排序规则	属性	空	默认	注释	额外
post_id 🔑	bigint(20)			否	无	岗位ID	AUTO_INCREMENT
post_code	varchar(64)	utf8_general_ci		否	无	岗位编码	
post_name	varchar(50)	utf8_general_ci		否	无	岗位名称	
post_sort	int(4)			否	无	显示顺序	
status	char(1)	utf8_general_ci		否	无	状态（0正常 1停用）	
create_by	varchar(64)	utf8_general_ci		是		创建者	
create_time	datetime			是	NULL	创建时间	
update_by	varchar(64)	utf8_general_ci		是		更新者	
update_time	datetime			是	NULL	更新时间	
remark	varchar(500)	utf8_general_ci		是	NULL	备注	

图 8-4　表 sys_post 的设计结构

Spring Boot 项目开发实践（微视频版）

名字	类型	排序规则	属性	空	默认	注释	额外
dept_id	bigint(20)			否	无	部门id	AUTO_INCREMENT
parent_id	bigint(20)			是	0	父部门id	
ancestors	varchar(50)	utf8_general_ci		是		祖级列表	
dept_name	varchar(30)	utf8_general_ci		是		部门名称	
order_num	int(4)			是	0	显示顺序	
leader	varchar(20)	utf8_general_ci		是	NULL	负责人	
phone	varchar(11)	utf8_general_ci		是	NULL	联系电话	
email	varchar(50)	utf8_general_ci		是	NULL	邮箱	
status	char(1)	utf8_general_ci		是	0	部门状态（0正常 1停用）	
del_flag	char(1)	utf8_general_ci		是	0	删除标志（0代表存在 2代表删除）	
create_by	varchar(64)	utf8_general_ci		是		创建者	
create_time	datetime			是	NULL	创建时间	
update_by	varchar(64)	utf8_general_ci		是		更新者	
update_time	datetime			是	NULL	更新时间	

图 8-5　表 sys_dept 的设计结构

名字	类型	排序规则	属性	空	默认	注释	额外
user_id	bigint(20)			否	无	用户ID	AUTO_INCREMENT
dept_id	bigint(20)			是	NULL	部门ID	
user_name	varchar(30)	utf8_general_ci		否	无	用户账号	
nick_name	varchar(30)	utf8_general_ci		否	无	用户昵称	
user_type	varchar(2)	utf8_general_ci		是	00	用户类型（00系统用户）	
email	varchar(50)	utf8_general_ci		是		用户邮箱	
phonenumber	varchar(11)	utf8_general_ci		是		手机号码	
sex	char(1)	utf8_general_ci		是	0	用户性别（0男 1女 2未知）	
avatar	varchar(100)	utf8_general_ci		是		头像地址	
password	varchar(100)	utf8_general_ci		是		密码	
status	char(1)	utf8_general_ci		是	0	帐号状态（0正常 1停用）	
del_flag	char(1)	utf8_general_ci		是	0	删除标志（0代表存在 2代表删除）	

图 8-6　表 sys_user 的设计结构

为节省本书篇幅，在书中不再列出其他数据表的设计结构。有关其他表的具体设计结构，请读者参阅文件"sql/ry_20230223.sql"。

8.3.3 数据库链接

在文件 src/main/resources/application-druid.yml 中编写链接数据库的参数，主要实现代码如下所示。

```yaml
# 数据源配置
spring:
  datasource:
    type: com.alibaba.druid.pool.DruidDataSource
    driverClassName: com.mysql.cj.jdbc.Driver
    druid:
      # 主库数据源
      master:
        url: jdbc:mysql://localhost:3306/ry-vue?useUnicode=
          true&characterEncoding=utf8&zeroDateTimeBehavior=
          convertToNull&useSSL=true&serverTimezone=GMT%2B8
        username: root
        password: 66688888
```

8.4 工具类

为了提高项目代码可重用性，将系统中多次用到的功能封装成为工具类，保存在"ruoyi-common"包中。本节将详细讲解本项目工具类的实现过程。

8.4.1 全局配置

扫码看视频

编写文件 src/main/java/com/ruoyi/common/config/RuoYiConfig.java，功能是设置在系统中需要多次用到的全局属性，例如项目名称、版本信息、上传路径等，主要实现代码如下所示。

```java
public class RuoYiConfig
{
    /** 项目名称 */
    private String name;
    /** 版本 */
    private String version;
    /** 版权年份 */
    private String copyrightYear;
```

```java
    /** 实例演示开关 */
    private boolean demoEnabled;
    /** 上传路径 */
    private static String profile;
    /** 获取地址开关 */
    private static boolean addressEnabled;
    /** 验证码类型 */
    private static String captchaType;

    public String getName()
    {
        return name;
    }
    public void setName(String name)
    {
        this.name = name;
    }
    public String getVersion()
    {
        return version;
    }
    public void setVersion(String version)
    {
        this.version = version;
    }
    public String getCopyrightYear()
    {
        return copyrightYear;
    }
    public void setCopyrightYear(String copyrightYear)
    {
        this.copyrightYear = copyrightYear;
    }
    public void setProfile(String profile)
    {
        RuoYiConfig.profile = profile;
    }
    public static boolean isAddressEnabled()
    {
        return addressEnabled;
    }
    public void setAddressEnabled(boolean addressEnabled)
    {
        RuoYiConfig.addressEnabled = addressEnabled;
    }
    public static String getCaptchaType() {
        return captchaType;
```

```java
    }
    public void setCaptchaType(String captchaType) {
        RuoYiConfig.captchaType = captchaType;
    }
    /**
     * 获取导入上传路径
     */
    public static String getImportPath()
    {
        return getProfile() + "/import";
    }
    /**
     * 获取头像上传路径
     */
    public static String getAvatarPath()
    {
        return getProfile() + "/avatar";
    }
    /**
     * 获取下载路径
     */
    public static String getDownloadPath()
    {
        return getProfile() + "/download/";
    }
    /**
     * 获取上传路径
     */
    public static String getUploadPath()
    {
        return getProfile() + "/upload";
    }
}
```

8.4.2 用户常量信息

在 src/main/java/com/ruoyi/common/constant 目录中保存了和系统通用常量的有关类，例如在文件 src/main/java/com/ruoyi/common/constant/UserConstants.java 中设置了被多次用到的用户常量属性，主要实现代码如下所示。

```java
public class UserConstants
{
    /**
     * 平台内系统用户的唯一标志
     */
```

```java
public static final String SYS_USER = "SYS_USER";
/** 正常状态 */
public static final String NORMAL = "0";
/** 异常状态 */
public static final String EXCEPTION = "1";
/** 用户封禁状态 */
public static final String USER_DISABLE = "1";
/** 角色封禁状态 */
public static final String ROLE_DISABLE = "1";
/** 部门正常状态 */
public static final String DEPT_NORMAL = "0";
/** 部门停用状态 */
public static final String DEPT_DISABLE = "1";
/** 字典正常状态 */
public static final String DICT_NORMAL = "0";
/** 是否为系统默认(是) */
public static final String YES = "Y";
/** 是否菜单外链(是) */
public static final String YES_FRAME = "0";
/** 是否菜单外链(否) */
public static final String NO_FRAME = "1";
/** 菜单类型(目录) */
public static final String TYPE_DIR = "M";
/** 菜单类型(菜单) */
public static final String TYPE_MENU = "C";
/** 菜单类型(按钮) */
public static final String TYPE_BUTTON = "F";
/** Layout 组件标识 */
public final static String LAYOUT = "Layout";
/** ParentView 组件标识 */
public final static String PARENT_VIEW = "ParentView";
/** InnerLink 组件标识 */
public final static String INNER_LINK = "InnerLink";
/** 校验是否唯一的返回标识 */
public final static boolean UNIQUE = true;
public final static boolean NOT_UNIQUE = false;
/**
 * 用户名长度限制
 */
public static final int USERNAME_MIN_LENGTH = 2;
public static final int USERNAME_MAX_LENGTH = 20;
/**
 * 密码长度限制
```

```
    */
    public static final int PASSWORD_MIN_LENGTH = 5;
    public static final int PASSWORD_MAX_LENGTH = 20;
}
```

8.5 核心框架类

在"framework"包中保存了系统核心框架类的实现代码,包括注解、系统配置、数据权限、拦截器、异步处理、权限控制、前端控制等功能。为节省本书篇幅,本节只介绍其中的部分功能。

扫码看视频

8.5.1 多数据源

编写文件 src/main/java/com/ruoyi/framework/config/DruidConfig.java,提高项目的健壮性,实现本项目基于多个数据源部署及运行的功能。文件 DruidConfig.java 的主要实现代码如下所示。

```
@Configuration
public class DruidConfig
{
    @Bean
    @ConfigurationProperties("spring.datasource.druid.master")
    public DataSource masterDataSource(DruidProperties druidProperties)
    {
        DruidDataSource dataSource = DruidDataSourceBuilder.create().build();
        return druidProperties.dataSource(dataSource);
    }
    @Bean
    @ConfigurationProperties("spring.datasource.druid.slave")
    @ConditionalOnProperty(prefix = "spring.datasource.druid.slave", name = 
        "enabled", havingValue = "true")
    public DataSource slaveDataSource(DruidProperties druidProperties)
    {
        DruidDataSource dataSource = DruidDataSourceBuilder.create().build();
        return druidProperties.dataSource(dataSource);
    }
    @Bean(name = "dynamicDataSource")
    @Primary
    public DynamicDataSource dataSource(DataSource masterDataSource)
    {
        Map<Object, Object> targetDataSources = new HashMap<>();
        targetDataSources.put(DataSourceType.MASTER.name(), masterDataSource);
```

```
        setDataSource(targetDataSources, DataSourceType.SLAVE.name(),
            "slaveDataSource");
        return new DynamicDataSource(masterDataSource, targetDataSources);
    }

    /**
     * 设置数据源
     *
     * @param targetDataSources 备选数据源集合
     * @param sourceName 数据源名称
     * @param beanName bean 名称
     */
    public void setDataSource(Map<Object, Object> targetDataSources, String
            sourceName, String beanName)
    {
        try
        {
            DataSource dataSource = SpringUtils.getBean(beanName);
            targetDataSources.put(sourceName, dataSource);
        }
        catch (Exception e)
        {
        }
    }
```

8.5.2 拦截器

(1) 编写文件 src/main/java/com/ruoyi/framework/interceptor/RepeatSubmitInterceptor.java，实现防止用户重复提交请求的拦截器功能，主要实现代码如下所示。

```
public abstract class RepeatSubmitInterceptor implements HandlerInterceptor
{
    @Override
    public boolean preHandle(HttpServletRequest request, HttpServletResponse
            response, Object handler) throws Exception
    {
        if (handler instanceof HandlerMethod)
        {
            HandlerMethod handlerMethod = (HandlerMethod) handler;
            Method method = handlerMethod.getMethod();
            RepeatSubmit annotation = method.getAnnotation(RepeatSubmit.class);
            if (annotation != null)
            {
                if (this.isRepeatSubmit(request, annotation))
                {
                    AjaxResult ajaxResult = AjaxResult.error(annotation.message());
```

```
                ServletUtils.renderString(response, JSON.toJSONString(ajaxResult));
                return false;
            }
        }
        return true;
    }
    else
    {
        return true;
    }
}

/**
 * 验证是否重复提交由子类实现具体的防重复提交的规则
 */
public abstract boolean isRepeatSubmit(HttpServletRequest request, RepeatSubmit
    annotation);
}
```

(2) 编写文件 src/main/java/com/ruoyi/framework/interceptor/impl/SameUrlDataInterceptor.java 实现具体的判断处理工作，判断请求 URL 和数据是否与上一次请求相同。如果和上次相同，则是重复提交表单，有效时间为 10 秒内。主要实现代码如下所示。

```
@Component
public class SameUrlDataInterceptor extends RepeatSubmitInterceptor
{
    public final String REPEAT_PARAMS = "repeatParams";
    public final String REPEAT_TIME = "repeatTime";
    // 令牌自定义标识
    @Value("${token.header}")
    private String header;
    @Autowired
    private RedisCache redisCache;
    @SuppressWarnings("unchecked")
    @Override
    public boolean isRepeatSubmit(HttpServletRequest request, RepeatSubmit annotation)
    {
        String nowParams = "";
        if (request instanceof RepeatedlyRequestWrapper)
        {
            RepeatedlyRequestWrapper repeatedlyRequest = (RepeatedlyRequestWrapper)
                request;
            nowParams = HttpHelper.getBodyString(repeatedlyRequest);
        }
        // body 参数为空，获取 Parameter 的数据
        if (StringUtils.isEmpty(nowParams))
        {
```

```java
            nowParams = JSON.toJSONString(request.getParameterMap());
        }
        Map<String, Object> nowDataMap = new HashMap<String, Object>();
        nowDataMap.put(REPEAT_PARAMS, nowParams);
        nowDataMap.put(REPEAT_TIME, System.currentTimeMillis());
        // 请求地址(作为存放cache的key值)
        String url = request.getRequestURI();
        // 唯一值(没有消息头则使用请求地址)
        String submitKey = StringUtils.trimToEmpty(request.getHeader(header));
        // 唯一标识(指定key + url + 消息头)
        String cacheRepeatKey = CacheConstants.REPEAT_SUBMIT_KEY + url + submitKey;
        Object sessionObj = redisCache.getCacheObject(cacheRepeatKey);
        if (sessionObj != null)
        {
            Map<String, Object> sessionMap = (Map<String, Object>) sessionObj;
            if (sessionMap.containsKey(url))
            {
                Map<String, Object> preDataMap = (Map<String, Object>)
                    sessionMap.get(url);
                if (compareParams(nowDataMap, preDataMap) && compareTime(nowDataMap,
                    preDataMap, annotation.interval()))
                {
                    return true;
                }
            }
        }
        Map<String, Object> cacheMap = new HashMap<String, Object>();
        cacheMap.put(url, nowDataMap);
        redisCache.setCacheObject(cacheRepeatKey, cacheMap, annotation.interval(),
            TimeUnit.MILLISECONDS);
        return false;
}
/**
 * 判断参数是否相同
 */
private boolean compareParams(Map<String, Object> nowMap, Map<String, Object>
        preMap)
{
    String nowParams = (String) nowMap.get(REPEAT_PARAMS);
    String preParams = (String) preMap.get(REPEAT_PARAMS);
    return nowParams.equals(preParams);
}
/**
 * 判断两次间隔时间
 */
private boolean compareTime(Map<String, Object> nowMap, Map<String, Object>
        preMap, int interval)
```

```
{
    long time1 = (Long) nowMap.get(REPEAT_TIME);
    long time2 = (Long) preMap.get(REPEAT_TIME);
    if ((time1 - time2) < interval)
    {
        return true;
    }
    return false;
}
```

8.6 登录验证模块

为了保证系统数据的安全，确保只有是合法用户才能登录本人力资源管理系统。本节将详细讲解登录验证模块的实现过程。

扫码看视频

8.6.1 登录表单页面

编写文件 ruoyi-ui/src/views/login.vueruoyi-ui/src/views/login.vue，实现一个用户登录表单页面，使用 JS 脚本语言设置通过接口/api/login 来处理表单中的数据。主要实现代码如下所示。

```
<el-form ref="loginForm" :model="loginForm" :rules="loginRules" class="login-form">
  <h3 class="title">若依后台管理系统</h3>
  <el-form-item prop="username">
    <el-input
      v-model="loginForm.username"
      type="text"
      auto-complete="off"
      placeholder="账号"
    >
      <svg-icon slot="prefix" icon-class="user" class="el-input__icon
        input-icon" />
    </el-input>
  </el-form-item>
  <el-form-item prop="password">
    <el-input
      v-model="loginForm.password"
      type="password"
      auto-complete="off"
      placeholder="密码"
      @keyup.enter.native="handleLogin"
    >
```

```html
        <svg-icon slot="prefix" icon-class="password" class="el-input__icon
            input-icon" />
      </el-input>
    </el-form-item>
    <el-form-item prop="code" v-if="captchaEnabled">
      <el-input
        v-model="loginForm.code"
        auto-complete="off"
        placeholder="验证码"
        style="width: 63%"
        @keyup.enter.native="handleLogin"
      >
        <svg-icon slot="prefix" icon-class="validCode" class="el-input__icon
            input-icon" />
      </el-input>
      <div class="login-code">
        <img :src="codeUrl" @click="getCode" class="login-code-img"/>
      </div>
    </el-form-item>
    <el-checkbox v-model="loginForm.rememberMe" style="margin:0px 0px 25px 0px;">
        记住密码</el-checkbox>
    <el-form-item style="width:100%;">
      <el-button
        :loading="loading"
        size="medium"
        type="primary"
        style="width:100%;"
        @click.native.prevent="handleLogin"
      >
        <span v-if="!loading">登 录</span>
        <span v-else>登 录 中...</span>
      </el-button>
      <div style="float: right;" v-if="register">
        <router-link class="link-type" :to="'/register'">立即注册</router-link>
      </div>
    </el-form-item>
  </el-form>
  <!-- 底部 -->
  <div class="el-login-footer">
    <span>Copyright © 2018-2023 ruoyi.vip All Rights Reserved.</span>
  </div>
 </div>
</template>

<script>
```

```
import { getCodeImg } from "@/api/login";
import Cookies from "js-cookie";
import { encrypt, decrypt } from '@/utils/jsencrypt'
```

8.6.2 登录验证

编写文件 src/main/java/com/ruoyi/web/controller/system/SysLoginController.java，通过方法 doLogin()验证登录信息的合法性，通过方法 getInfo()获取登录用户的账户信息。文件 SysLoginController.java 的主要实现代码如下所示。

```
/**
 * 登录方法
 * @param loginBody 登录信息
 */
@PostMapping("/login")
public AjaxResult login(@RequestBody LoginBody loginBody)
{
    AjaxResult ajax = AjaxResult.success();
    // 生成令牌
    String token = loginService.login(loginBody.getUsername(),
            loginBody.getPassword(), loginBody.getCode(),
            loginBody.getUuid());
    ajax.put(Constants.TOKEN, token);
    return ajax;
}
/**
 * 获取用户信息
 */
@GetMapping("getInfo")
public AjaxResult getInfo()
{
    SysUser user = SecurityUtils.getLoginUser().getUser();
    // 角色集合
    Set<String> roles = permissionService.getRolePermission(user);
    // 权限集合
    Set<String> permissions = permissionService.getMenuPermission(user);
    AjaxResult ajax = AjaxResult.success();
    ajax.put("user", user);
    ajax.put("roles", roles);
    ajax.put("permissions", permissions);
    return ajax;
}
```

8.7 系统主页

当管理员管理系统后，首先显示系统主页，在首页中显示系统的基本统计信息和可视化统计图，包括访客数量、消息数量、金额数量和订单数量。

8.7.1 数据可视化页面

扫码看视频

编写文件 ruoyi-ui/src/views/dashboard/PanelGroup.vue，获取包括访客数量、消息数量、金额数量和订单数量等数据，主要实现代码如下所示。

```
<template>
  <el-row :gutter="40" class="panel-group">
    <el-col :xs="12" :sm="12" :lg="6" class="card-panel-col">
      <div class="card-panel" @click="handleSetLineChartData('newVisitis')">
        <div class="card-panel-icon-wrapper icon-people">
          <svg-icon icon-class="peoples" class-name="card-panel-icon" />
        </div>
        <div class="card-panel-description">
          <div class="card-panel-text">
            访客
          </div>
          <count-to :start-val="0" :end-val="102400" :duration="2600" class=
              "card-panel-num" />
        </div>
      </div>
    </el-col>
    <el-col :xs="12" :sm="12" :lg="6" class="card-panel-col">
      <div class="card-panel" @click="handleSetLineChartData('messages')">
        <div class="card-panel-icon-wrapper icon-message">
          <svg-icon icon-class="message" class-name="card-panel-icon" />
        </div>
        <div class="card-panel-description">
          <div class="card-panel-text">
            消息
          </div>
          <count-to :start-val="0" :end-val="81212" :duration="3000" class=
              "card-panel-num" />
        </div>
      </div>
    </el-col>
    <el-col :xs="12" :sm="12" :lg="6" class="card-panel-col">
      <div class="card-panel" @click="handleSetLineChartData('purchases')">
        <div class="card-panel-icon-wrapper icon-money">
```

```html
            <svg-icon icon-class="money" class-name="card-panel-icon" />
          </div>
          <div class="card-panel-description">
            <div class="card-panel-text">
              金额
            </div>
            <count-to :start-val="0" :end-val="9280" :duration="3200" class=
                "card-panel-num" />
          </div>
        </div>
      </el-col>
      <el-col :xs="12" :sm="12" :lg="6" class="card-panel-col">
        <div class="card-panel" @click="handleSetLineChartData('shoppings')">
          <div class="card-panel-icon-wrapper icon-shopping">
            <svg-icon icon-class="shopping" class-name="card-panel-icon" />
          </div>
          <div class="card-panel-description">
            <div class="card-panel-text">
              订单
            </div>
            <count-to :start-val="0" :end-val="13600" :duration="3600" class=
                "card-panel-num" />
          </div>
        </div>
      </el-col>
    </el-row>
</template>
```

8.7.2 绘制折线图

编写文件 ruoyi-ui/src/views/dashboard/LineChart.vue，绘制可视化折线图，主要实现代码如下所示。

```
<script>
import * as echarts from 'echarts';
require('echarts/theme/macarons') // echarts theme
import resize from './mixins/resize'

export default {
  mixins: [resize],
  props: {
    className: {
      type: String,
      default: 'chart'
    },
    width: {
```

```
      type: String,
      default: '100%'
    },
    height: {
      type: String,
      default: '350px'
    },
    autoResize: {
      type: Boolean,
      default: true
    },
    chartData: {
      type: Object,
      required: true
    }
  },
  data() {
    return {
      chart: null
    }
  },
  watch: {
    chartData: {
      deep: true,
      handler(val) {
        this.setOptions(val)
      }
    }
  },
  mounted() {
    this.$nextTick(() => {
      this.initChart()
    })
  },
  beforeDestroy() {
    if (!this.chart) {
      return
    }
    this.chart.dispose()
    this.chart = null
  },
  methods: {
    initChart() {
      this.chart = echarts.init(this.$el, 'macarons')
      this.setOptions(this.chartData)
    },
    setOptions({ expectedData, actualData } = {}) {
```

```
    this.chart.setOption({
      xAxis: {
        data: ['Mon', 'Tue', 'Wed', 'Thu', 'Fri', 'Sat', 'Sun'],
        boundaryGap: false,
        axisTick: {
          show: false
        }
      },
      grid: {
        left: 10,
        right: 10,
        bottom: 20,
        top: 30,
        containLabel: true
      },
      tooltip: {
        trigger: 'axis',
        axisPointer: {
          type: 'cross'
        },
        padding: [5, 10]
      },
      yAxis: {
        axisTick: {
          show: false
        }
      },
      legend: {
        data: ['expected', 'actual']
      },
```

8.8 部门管理模块

在本系统中，将整个企业内的人力资源信息划分为不同的部门，每一名员工都隶属于某个部门。本节将详细讲解部门管理模块的实现过程。

扫码看视频

8.8.1 部门列表页面

编写文件 ruoyi-ui/src/views/login.vueruoyi-ui/src/views/dept/index.vue，实现列表显示系统内的部门信息，并提供部门信息的添加、修改和删除功能。文件 index.vue 实现流程如下所示。

（1）提供部门信息搜索表单，输入"部门名称"和"状态"关键字后可以检索到指定的信息，对应代码如下所示。

```html
<div class="app-container">
  <el-form :model="queryParams" ref="queryForm" size="small" :inline="true"
           v-show="showSearch">
    <el-form-item label="部门名称" prop="deptName">
      <el-input
        v-model="queryParams.deptName"
        placeholder="请输入部门名称"
        clearable
        @keyup.enter.native="handleQuery"
      />
    </el-form-item>
    <el-form-item label="状态" prop="status">
      <el-select v-model="queryParams.status" placeholder="部门状态" clearable>
        <el-option
          v-for="dict in dict.type.sys_normal_disable"
          :key="dict.value"
          :label="dict.label"
          :value="dict.value"
        />
      </el-select>
    </el-form-item>
    <el-form-item>
      <el-button type="primary" icon="el-icon-search" size="mini" @click=
        "handleQuery">搜索</el-button>
      <el-button icon="el-icon-refresh" size="mini" @click="resetQuery">
          重置</el-button>
    </el-form-item>
  </el-form>
```

(2) 提供"新增"按钮供添加部门信息，对应代码如下所示。

```html
<el-row :gutter="10" class="mb8">
  <el-col :span="1.5">
    <el-button
      type="primary"
      plain
      icon="el-icon-plus"
      size="mini"
      @click="handleAdd"
      v-hasPermi="['system:dept:add']"
    >新增</el-button>
  </el-col>
  <el-col :span="1.5">
    <el-button
      type="info"
      plain
```

```
    icon="el-icon-sort"
    size="mini"
    @click="toggleExpandAll"
  >展开/折叠</el-button>
</el-col>
<right-toolbar :showSearch.sync="showSearch" @queryTable="getList"></right-toolbar>
</el-row>
```

(3) 列表展示系统内的部门信息，对应代码如下所示。

```
<el-table
  v-if="refreshTable"
  v-loading="loading"
  :data="deptList"
  row-key="deptId"
  :default-expand-all="isExpandAll"
  :tree-props="{children: 'children', hasChildren: 'hasChildren'}"
>
  <el-table-column prop="deptName" label="部门名称" width="260"></el-table-column>
  <el-table-column prop="orderNum" label="排序" width="200"></el-table-column>
  <el-table-column prop="status" label="状态" width="100">
    <template slot-scope="scope">
      <dict-tag :options="dict.type.sys_normal_disable" :value="scope.row.status"/>
    </template>
  </el-table-column>
  <el-table-column label="创建时间" align="center" prop="createTime" width="200">
    <template slot-scope="scope">
      <span>{{ parseTime(scope.row.createTime) }}</span>
    </template>
  </el-table-column>
  <el-table-column label="操作" align="center" class-name="small-padding fixed-width">
    <template slot-scope="scope">
      <el-button
        size="mini"
        type="text"
        icon="el-icon-edit"
        @click="handleUpdate(scope.row)"
        v-hasPermi="['system:dept:edit']"
      >修改</el-button>
      <el-button
        size="mini"
        type="text"
        icon="el-icon-plus"
        @click="handleAdd(scope.row)"
        v-hasPermi="['system:dept:add']"
      >新增</el-button>
      <el-button
        v-if="scope.row.parentId != 0"
```

```
            size="mini"
            type="text"
            icon="el-icon-delete"
            @click="handleDelete(scope.row)"
            v-hasPermi="['system:dept:remove']"
          >删除</el-button>
        </template>
      </el-table-column>
</el-table>
```

(4) 提供添加或修改部门对话框表单，对应代码如下所示。

```
<el-dialog :title="title" :visible.sync="open" width="600px" append-to-body>
  <el-form ref="form" :model="form" :rules="rules" label-width="80px">
    <el-row>
      <el-col :span="24" v-if="form.parentId !== 0">
        <el-form-item label="上级部门" prop="parentId">
          <treeselect v-model="form.parentId" :options="deptOptions" :normalizer=
              "normalizer" placeholder="选择上级部门" />
        </el-form-item>
      </el-col>
    </el-row>
    <el-row>
      <el-col :span="12">
        <el-form-item label="部门名称" prop="deptName">
          <el-input v-model="form.deptName" placeholder="请输入部门名称" />
        </el-form-item>
      </el-col>
      <el-col :span="12">
        <el-form-item label="显示排序" prop="orderNum">
          <el-input-number v-model="form.orderNum" controls-position="right" :min="0" />
        </el-form-item>
      </el-col>
    </el-row>
    <el-row>
      <el-col :span="12">
        <el-form-item label="负责人" prop="leader">
          <el-input v-model="form.leader" placeholder="请输入负责人" maxlength="20" />
        </el-form-item>
      </el-col>
      <el-col :span="12">
        <el-form-item label="联系电话" prop="phone">
          <el-input v-model="form.phone" placeholder="请输入联系电话" maxlength="11" />
        </el-form-item>
      </el-col>
    </el-row>
    <el-row>
      <el-col :span="12">
```

```html
            <el-form-item label="邮箱" prop="email">
              <el-input v-model="form.email" placeholder="请输入邮箱" maxlength="50" />
            </el-form-item>
          </el-col>
          <el-col :span="12">
            <el-form-item label="部门状态">
              <el-radio-group v-model="form.status">
                <el-radio
                  v-for="dict in dict.type.sys_normal_disable"
                  :key="dict.value"
                  :label="dict.value"
                >{{dict.label}}</el-radio>
              </el-radio-group>
            </el-form-item>
          </el-col>
        </el-row>
      </el-form>
      <div slot="footer" class="dialog-footer">
        <el-button type="primary" @click="submitForm">确 定</el-button>
        <el-button @click="cancel">取 消</el-button>
      </div>
    </el-dialog>
  </div>
</template>
```

8.8.2 部门信息处理

编写文件 src/main/java/com/ruoyi/web/controller/system/SysDeptController.java，获取系统数据库内的部门信息，然后根据用户的操作分别实现部门信息的添加、修改和删除功能。文件 SysDeptController.java 具体实现代码如下所示。

```java
/**
 * 获取部门列表
 */
@PreAuthorize("@ss.hasPermi('system:dept:list')")
@GetMapping("/list")
public AjaxResult list(SysDept dept)
{
    List<SysDept> depts = deptService.selectDeptList(dept);
    return success(depts);
}

/**
 * 查询部门列表(排除节点)
 */
```

```java
@PreAuthorize("@ss.hasPermi('system:dept:list')")
@GetMapping("/list/exclude/{deptId}")
public AjaxResult excludeChild(@PathVariable(value = "deptId", required = false)
    Long deptId)
{
    List<SysDept> depts = deptService.selectDeptList(new SysDept());
    depts.removeIf(d -> d.getDeptId().intValue() == deptId || ArrayUtils.contains
        (StringUtils.split(d.getAncestors(), ","), deptId + ""));
    return success(depts);
}

/**
 * 根据部门编号获取详细信息
 */
@PreAuthorize("@ss.hasPermi('system:dept:query')")
@GetMapping(value = "/{deptId}")
public AjaxResult getInfo(@PathVariable Long deptId)
{
    deptService.checkDeptDataScope(deptId);
    return success(deptService.selectDeptById(deptId));
}

/**
 * 新增部门
 */
@PreAuthorize("@ss.hasPermi('system:dept:add')")
@Log(title = "部门管理", businessType = BusinessType.INSERT)
@PostMapping
public AjaxResult add(@Validated @RequestBody SysDept dept)
{
    if (!deptService.checkDeptNameUnique(dept))
    {
        return error("新增部门'" + dept.getDeptName() + "'失败,部门名称已存在");
    }
    dept.setCreateBy(getUsername());
    return toAjax(deptService.insertDept(dept));
}

/**
 * 修改部门
 */
@PreAuthorize("@ss.hasPermi('system:dept:edit')")
@Log(title = "部门管理", businessType = BusinessType.UPDATE)
@PutMapping
public AjaxResult edit(@Validated @RequestBody SysDept dept)
{
    Long deptId = dept.getDeptId();
```

```
    deptService.checkDeptDataScope(deptId);
    if (!deptService.checkDeptNameUnique(dept))
    {
        return error("修改部门'" + dept.getDeptName() + "'失败,部门名称已存在");
    }
    else if (dept.getParentId().equals(deptId))
    {
        return error("修改部门'" + dept.getDeptName() + "'失败,上级部门不能是自己");
    }
    else if (StringUtils.equals(UserConstants.DEPT_DISABLE, dept.getStatus())
        && deptService.selectNormalChildrenDeptById(deptId) > 0)
    {
        return error("该部门包含未停用的子部门! ");
    }
    dept.setUpdateBy(getUsername());
    return toAjax(deptService.updateDept(dept));
}

/**
 * 删除部门
 */
@PreAuthorize("@ss.hasPermi('system:dept:remove')")
@Log(title = "部门管理", businessType = BusinessType.DELETE)
@DeleteMapping("/{deptId}")
public AjaxResult remove(@PathVariable Long deptId)
{
    if (deptService.hasChildByDeptId(deptId))
    {
        return warn("存在下级部门,不允许删除");
    }
    if (deptService.checkDeptExistUser(deptId))
    {
        return warn("部门存在用户,不允许删除");
    }
    deptService.checkDeptDataScope(deptId);
    return toAjax(deptService.deleteDeptById(deptId));
}
```

8.9 岗位管理模块

在本系统中,不但设置每一名员工都隶属于某个部门,而且为每名员工设置了指定的岗位。本节将详细讲解岗位管理模块的实现过程。

扫码看视频

8.9.1 岗位列表页面

编写文件 ruoyi-ui/src/views/system/post/index.vue，实现列表显示系统内的岗位信息，并提供岗位信息的搜索、添加、修改和删除功能。文件 index.vue 实现流程如下所示。

(1) 提供岗位信息搜索表单，输入"岗位编码""岗位名称""状态"关键字后可以检索到指定的岗位信息，对应代码如下所示。

```
<el-form :model="queryParams" ref="queryForm" size="small" :inline="true"
    v-show="showSearch" label-width="68px">
  <el-form-item label="岗位编码" prop="postCode">
    <el-input
      v-model="queryParams.postCode"
      placeholder="请输入岗位编码"
      clearable
      @keyup.enter.native="handleQuery"
    />
  </el-form-item>
  <el-form-item label="岗位名称" prop="postName">
    <el-input
      v-model="queryParams.postName"
      placeholder="请输入岗位名称"
      clearable
      @keyup.enter.native="handleQuery"
    />
  </el-form-item>
  <el-form-item label="状态" prop="status">
    <el-select v-model="queryParams.status" placeholder="岗位状态" clearable>
      <el-option
        v-for="dict in dict.type.sys_normal_disable"
        :key="dict.value"
        :label="dict.label"
        :value="dict.value"
      />
    </el-select>
  </el-form-item>
  <el-form-item>
    <el-button type="primary" icon="el-icon-search" size="mini" @click=
      "handleQuery">搜索</el-button>
    <el-button icon="el-icon-refresh" size="mini" @click="resetQuery">
      重置</el-button>
  </el-form-item>
</el-form>
```

(2) 提供"新增""修改""删除""导出"按钮供操作岗位信息,对应代码如下所示。

```
<el-row :gutter="10" class="mb8">
  <el-col :span="1.5">
    <el-button
      type="primary"
      plain
      icon="el-icon-plus"
      size="mini"
      @click="handleAdd"
      v-hasPermi="['system:post:add']"
    >新增</el-button>
  </el-col>
  <el-col :span="1.5">
    <el-button
      type="success"
      plain
      icon="el-icon-edit"
      size="mini"
      :disabled="single"
      @click="handleUpdate"
      v-hasPermi="['system:post:edit']"
    >修改</el-button>
  </el-col>
  <el-col :span="1.5">
    <el-button
      type="danger"
      plain
      icon="el-icon-delete"
      size="mini"
      :disabled="multiple"
      @click="handleDelete"
      v-hasPermi="['system:post:remove']"
    >删除</el-button>
  </el-col>
  <el-col :span="1.5">
    <el-button
      type="warning"
      plain
      icon="el-icon-download"
      size="mini"
      @click="handleExport"
      v-hasPermi="['system:post:export']"
    >导出</el-button>
  </el-col>
```

(3) 列表展示系统内的岗位信息,对应代码如下所示。

```html
<el-table v-loading="loading" :data="postList"
    @selection-change="handleSelectionChange">
  <el-table-column type="selection" width="55" align="center" />
  <el-table-column label="岗位编号" align="center" prop="postId" />
  <el-table-column label="岗位编码" align="center" prop="postCode" />
  <el-table-column label="岗位名称" align="center" prop="postName" />
  <el-table-column label="岗位排序" align="center" prop="postSort" />
  <el-table-column label="状态" align="center" prop="status">
    <template slot-scope="scope">
      <dict-tag :options="dict.type.sys_normal_disable" :value="scope.row.status"/>
    </template>
  </el-table-column>
  <el-table-column label="创建时间" align="center" prop="createTime" width="180">
    <template slot-scope="scope">
      <span>{{ parseTime(scope.row.createTime) }}</span>
    </template>
  </el-table-column>
  <el-table-column label="操作" align="center" class-name="small-padding
      fixed-width">
    <template slot-scope="scope">
      <el-button
        size="mini"
        type="text"
        icon="el-icon-edit"
        @click="handleUpdate(scope.row)"
        v-hasPermi="['system:post:edit']"
      >修改</el-button>
      <el-button
        size="mini"
        type="text"
        icon="el-icon-delete"
        @click="handleDelete(scope.row)"
        v-hasPermi="['system:post:remove']"
      >删除</el-button>
    </template>
  </el-table-column>
</el-table>

<pagination
  v-show="total>0"
  :total="total"
  :page.sync="queryParams.pageNum"
  :limit.sync="queryParams.pageSize"
  @pagination="getList"
/>
```

(4) 提供添加或修改岗位对话框表单，对应代码如下所示。

```html
      <el-dialog :title="title" :visible.sync="open" width="500px" append-to-body>
        <el-form ref="form" :model="form" :rules="rules" label-width="80px">
          <el-form-item label="岗位名称" prop="postName">
            <el-input v-model="form.postName" placeholder="请输入岗位名称" />
          </el-form-item>
          <el-form-item label="岗位编码" prop="postCode">
            <el-input v-model="form.postCode" placeholder="请输入编码名称" />
          </el-form-item>
          <el-form-item label="岗位顺序" prop="postSort">
            <el-input-number v-model="form.postSort" controls-position="right" :min="0" />
          </el-form-item>
          <el-form-item label="岗位状态" prop="status">
            <el-radio-group v-model="form.status">
              <el-radio
                v-for="dict in dict.type.sys_normal_disable"
                :key="dict.value"
                :label="dict.value"
              >{{dict.label}}</el-radio>
            </el-radio-group>
          </el-form-item>
          <el-form-item label="备注" prop="remark">
            <el-input v-model="form.remark" type="textarea" placeholder="请输入内容" />
          </el-form-item>
        </el-form>
        <div slot="footer" class="dialog-footer">
          <el-button type="primary" @click="submitForm">确 定</el-button>
          <el-button @click="cancel">取 消</el-button>
        </div>
      </el-dialog>
    </div>
</template>
```

8.9.2 岗位信息处理

编写文件 src/main/java/com/ruoyi/web/controller/system/SysPostController.java，实现获取系统数据库内的岗位信息，然后根据用户的操作分别实现岗位信息的添加、修改和删除功能。文件 SysPostController.java 具体实现代码如下所示。

```java
/**
 * 获取岗位列表
 */
@PreAuthorize("@ss.hasPermi('system:post:list')")
@GetMapping("/list")
public TableDataInfo list(SysPost post)
{
```

```java
    startPage();
    List<SysPost> list = postService.selectPostList(post);
    return getDataTable(list);
}

@Log(title = "岗位管理", businessType = BusinessType.EXPORT)
@PreAuthorize("@ss.hasPermi('system:post:export')")
@PostMapping("/export")
public void export(HttpServletResponse response, SysPost post)
{
    List<SysPost> list = postService.selectPostList(post);
    ExcelUtil<SysPost> util = new ExcelUtil<SysPost>(SysPost.class);
    util.exportExcel(response, list, "岗位数据");
}

/**
 * 根据岗位编号获取详细信息
 */
@PreAuthorize("@ss.hasPermi('system:post:query')")
@GetMapping(value = "/{postId}")
public AjaxResult getInfo(@PathVariable Long postId)
{
    return success(postService.selectPostById(postId));
}

/**
 * 新增岗位
 */
@PreAuthorize("@ss.hasPermi('system:post:add')")
@Log(title = "岗位管理", businessType = BusinessType.INSERT)
@PostMapping
public AjaxResult add(@Validated @RequestBody SysPost post)
{
    if (!postService.checkPostNameUnique(post))
    {
        return error("新增岗位'" + post.getPostName() + "'失败,岗位名称已存在");
    }
    else if (!postService.checkPostCodeUnique(post))
    {
        return error("新增岗位'" + post.getPostName() + "'失败,岗位编码已存在");
    }
    post.setCreateBy(getUsername());
    return toAjax(postService.insertPost(post));
}

/**
 * 修改岗位
```

```
*/
@PreAuthorize("@ss.hasPermi('system:post:edit')")
@Log(title = "岗位管理", businessType = BusinessType.UPDATE)
@PutMapping
public AjaxResult edit(@Validated @RequestBody SysPost post)
{
    if (!postService.checkPostNameUnique(post))
    {
        return error("修改岗位'" + post.getPostName() + "'失败,岗位名称已存在");
    }
    else if (!postService.checkPostCodeUnique(post))
    {
        return error("修改岗位'" + post.getPostName() + "'失败,岗位编码已存在");
    }
    post.setUpdateBy(getUsername());
    return toAjax(postService.updatePost(post));
}

/**
 * 删除岗位
 */
@PreAuthorize("@ss.hasPermi('system:post:remove')")
@Log(title = "岗位管理", businessType = BusinessType.DELETE)
@DeleteMapping("/{postIds}")
public AjaxResult remove(@PathVariable Long[] postIds)
{
    return toAjax(postService.deletePostByIds(postIds));
}

/**
 * 获取岗位选择框列表
 */
@GetMapping("/optionselect")
public AjaxResult optionselect()
{
    List<SysPost> posts = postService.selectPostAll();
    return success(posts);
}
```

8.10 系统监控模块

系统监控模块的功能是监控系统内的数据信息，及时了解整个系统的运行情况。在本项目中，系统监控模块包括 6 个子模块：在线用户、定时任务、数据监控、服务监控、缓存监控和缓存列表。

扫码看视频

8.10.1 在线用户

(1) 编写文件 ruoyi-ui/src/views/monitor/online/index.vue，列表显示系统内的在线用户信息，并提供在线用户信息的搜索表单和"强退"链接。

(2) 编写文件 src/main/java/com/ruoyi/web/controller/monitor/SysUserOnlineController.java，获取在线用户信息并列表显示出来，然后根据搜索表单关键字搜索对应的在线用户信息，如果用户单击"强退"链接则会强制当前用户退出登录。文件 SysUserOnlineController.java 的具体实现流程如下所示。

```java
@PreAuthorize("@ss.hasPermi('monitor:online:list')")
@GetMapping("/list")
public TableDataInfo list(String ipaddr, String userName)
{
    Collection<String> keys = redisCache.keys(CacheConstants.LOGIN_TOKEN_KEY + "*");
    List<SysUserOnline> userOnlineList = new ArrayList<SysUserOnline>();
    for (String key : keys)
    {
        LoginUser user = redisCache.getCacheObject(key);
        if (StringUtils.isNotEmpty(ipaddr) && StringUtils.isNotEmpty(userName))
        {
            userOnlineList.add(userOnlineService.selectOnlineByInfo(ipaddr,
                userName, user));
        }
        else if (StringUtils.isNotEmpty(ipaddr))
        {
            userOnlineList.add(userOnlineService.selectOnlineByIpaddr(ipaddr, user));
        }
        else if (StringUtils.isNotEmpty(userName) && StringUtils.isNotNull(user.getUser()))
        {
            userOnlineList.add(userOnlineService.selectOnlineByUserName(userName, user));
        }
        else
        {
            userOnlineList.add(userOnlineService.loginUserToUserOnline(user));
        }
    }
    Collections.reverse(userOnlineList);
    userOnlineList.removeAll(Collections.singleton(null));
    return getDataTable(userOnlineList);
}

/**
 * 强退用户
 */
```

```
@PreAuthorize("@ss.hasPermi('monitor:online:forceLogout')")
@Log(title = "在线用户", businessType = BusinessType.FORCE)
@DeleteMapping("/{tokenId}")
public AjaxResult forceLogout(@PathVariable String tokenId)
{
    redisCache.deleteObject(CacheConstants.LOGIN_TOKEN_KEY + tokenId);
    return success();
}
```

8.10.2 服务监控

编写文件 ruoyi-ui/src/views/monitor/server/index.vue,列表显示所在服务器的参数信息,包括 CPU、内存、服务器信息、磁盘状态和 Java 虚拟机信息。文件 index.vue 主要实现代码如下所示。

```
<template>
  <div class="app-container">
    <el-row>
      <el-col :span="12" class="card-box">
        <el-card>
          <div slot="header"><span><i class="el-icon-cpu"></i> CPU</span></div>
          <div class="el-table el-table--enable-row-hover el-table--medium">
            <table cellspacing="0" style="width: 100%;">
              <thead>
                <tr>
                  <th class="el-table__cell is-leaf"><div class="cell">属性</div></th>
                  <th class="el-table__cell is-leaf"><div class="cell">值</div></th>
                </tr>
              </thead>
              <tbody>
                <tr>
                  <td class="el-table__cell is-leaf"><div class="cell">核心数</div></td>
                  <td class="el-table__cell is-leaf"><div class="cell" v-if=
                    "server.cpu">{{ server.cpu.cpuNum }}</div></td>
                </tr>
                <tr>
                  <td class="el-table__cell is-leaf"><div class="cell">用户使用率
                    </div></td>
                  <td class="el-table__cell is-leaf"><div class="cell" v-if=
                    "server.cpu">{{ server.cpu.used }}%</div></td>
                </tr>
                <tr>
                  <td class="el-table__cell is-leaf"><div class="cell">系统使用率
                    </div></td>
                  <td class="el-table__cell is-leaf"><div class="cell" v-if=
                    "server.cpu">{{ server.cpu.sys }}%</div></td>
```

```html
          </tr>
          <tr>
            <td class="el-table__cell is-leaf"><div class="cell">当前空闲率
              </div></td>
            <td class="el-table__cell is-leaf"><div class="cell" v-if=
              "server.cpu">{{ server.cpu.free }}%</div></td>
          </tr>
        </tbody>
      </table>
    </div>
  </el-card>
</el-col>

<el-col :span="12" class="card-box">
  <el-card>
    <div slot="header"><span><i class="el-icon-tickets"></i> 内存</span></div>
    <div class="el-table el-table--enable-row-hover el-table--medium">
      <table cellspacing="0" style="width: 100%;">
        <thead>
          <tr>
            <th class="el-table__cell is-leaf"><div class="cell">属性</div></th>
            <th class="el-table__cell is-leaf"><div class="cell">内存</div></th>
            <th class="el-table__cell is-leaf"><div class="cell">JVM</div></th>
          </tr>
        </thead>
        <tbody>
          <tr>
            <td class="el-table__cell is-leaf"><div class="cell">总内存</div></td>
            <td class="el-table__cell is-leaf"><div class="cell" v-if=
              "server.mem">{{ server.mem.total }}G</div></td>
            <td class="el-table__cell is-leaf"><div class="cell" v-if=
              "server.jvm">{{ server.jvm.total }}M</div></td>
          </tr>
          <tr>
            <td class="el-table__cell is-leaf"><div class="cell">已用内存</div></td>
            <td class="el-table__cell is-leaf"><div class="cell" v-if=
              "server.mem">{{ server.mem.used}}G</div></td>
            <td class="el-table__cell is-leaf"><div class="cell" v-if=
              "server.jvm">{{ server.jvm.used}}M</div></td>
          </tr>
          <tr>
            <td class="el-table__cell is-leaf"><div class="cell">剩余内存</div></td>
            <td class="el-table__cell is-leaf"><div class="cell" v-if=
              "server.mem">{{ server.mem.free }}G</div></td>
            <td class="el-table__cell is-leaf"><div class="cell" v-if=
              "server.jvm">{{ server.jvm.free }}M</div></td>
          </tr>
```

```
            <tr>
                <td class="el-table__cell is-leaf"><div class="cell">使用率</div></td>
                <td class="el-table__cell is-leaf"><div class="cell" v-if=
                "server.mem" :class="{'text-danger': server.mem.usage > 80}">
                {{ server.mem.usage }}%</div></td>
                <td class="el-table__cell is-leaf"><div class="cell" v-if=
                "server.jvm" :class="{'text-danger': server.jvm.usage > 80}">
                {{ server.jvm.usage }}%</div></td>
            </tr>
        </tbody>
    </table>
   </div>
  </el-card>
 </el-col>
////省略部分代码
```

注意：为了节省本书篇幅，系统监控模块中的定时任务、数据监控、缓存监控和缓存列表功能不再介绍。请读者参阅本书附带资源中的源码和视频资料。

到此为止，本项目的核心功能全部介绍完毕。

8.11 测试运行

系统主页的执行结果如图 8-7 所示。

扫码看视频

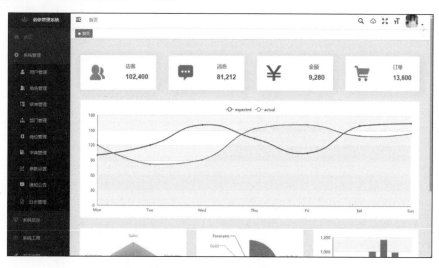

图 8-7　系统主页的执行结果

部门管理页面的执行结果如图 8-8 所示。

图 8-8　部门管理页面的执行结果

8.12　技术支持

本项目在 gitee 开源，请读者登录 gitee 搜索关键字"RuoYi-Vue"转到开源地址。

扫码看视频

第9章

思通数科舆情监控系统

网络舆情是以网络为载体，针对社会问题、现象、事件等，广大网民情感、态度、意见、观点的表达、传播与互动，以及后续影响力的集合。本章将详细介绍使用 Java 语言开发一个网络舆情数据分析的过程，并使用可视化技术实现信息展示、舆情总结和预警功能，具体流程由 SpringBoot+网络爬虫+数据处理+可视化展示+Redis+MySQL 来实现。

9.1 系统介绍

互联网的飞速发展促进了很多新媒体的发展，不论是知名大V还是围观群众都可以通过手机在微博、朋友圈或者点评网站上发表状态，分享自己的所见所想，使得"人人都有了麦克风"。不论是热点新闻还是娱乐八卦，传播速度远超我们的想象。可以在短短数分钟内，有数万计转发，数百万的阅读。如此海量的信息可以得到爆炸式的传播，如何能够实时地把握民情并做出对应的处理，对很多企事业单位来说都是至关重要的，而这一切都意味着传统的舆情系统已升级成为大数据舆情采集和分析系统。

扫码看视频

9.1.1 舆情数据分析的意义

舆情数据分析的常用方式有两种：

(1) 人工检索，借助于商业搜索引擎等开放性工具、平台，进行实时监测，并筛选获取的数据。

(2) 使用专业网络舆情监测系统，实现跨屏、跨库、跨区域、跨媒介的全方位信息收集。如人民在线、方正智思、军犬、清博舆情系统、新浪舆情通、林克艾普、企鹅风讯、舆情雷达、鹰击舆情系统等。

网络舆情分析的意义主要突出两个方面：一是还原舆情发展过程，找到舆情产生的根源；二是预测，分析网络舆情的未来走向，再根据预测结果提出应对方案。针对这两方面的工作，网络舆情分析的重点在于舆情数据的热度分析、倾向性分析、预测分析。

9.1.2 舆情热度分析

舆情热度分析，还原舆情发展过程，找到舆情产生的根源，它是网络舆情分析工作的重点之一。通过数据反映出信息的变化趋势，也能够监测出负面舆情扩散的严重程度。

(1) 热度概况与全网声量分析

分析舆情热度，首先要看热度概况和全网声量，以便从总体上把握事件的热度情况。

以新浪微热点的热度指数为例，它是指在从新闻媒体、微博、微信、客户端、网站、论坛等互联网平台采集海量信息的基础上，提取与指定事件、人物、品牌、地域等相关的信息，并对所提取的信息进行标准化计算后得出的热度指数。

(2) 热度指数趋势分析

在了解总体热度指数后，再来分析热度指数的趋势。

(3) 声量走势分析

声量走势分析是对某舆情事件的信息发布数量的趋势分析,它是对信息数据发布量的统计和展示。通过声量走势图,可以从网民和媒体生产及传递信息的角度观察事件热度。

(4) 舆情信息来源、活跃媒体分析

舆情信息来源和活跃媒体分析是对舆情信息主要来源和传播时较活跃的媒体进行分析和统计。目前网络舆情的产生主要来源于新闻网站、论坛、微博、移动客户端和微信等平台的热点舆情,在传播上也会呈现出不同的特征。

(5) 地域热度分析

地域要素体现了舆情爆发的地域性特征。通过对舆情主要分布地域的分析,可以获知全国不同地区网民和媒体对事件的关注程度;同时,舆情的地域分布也可以反映出舆情的热度,一些地方性事件,由于其影响较大,讨论较多,其舆情分布可能遍及全国。

(6) 舆情演化分析

舆情演化分析是从舆情内容和热度的双重方面对舆情进行分析。分析网络舆情热度,需要了解舆情爆发和演进的过程——潜伏期、爆发期、蔓延期、缓解期、反复期、消退期,从而梳理舆情的起因、经过、结果。

9.2 架构设计

架构设计的目标是解决目前或者未来软件系统由于复杂度可能带来的问题。就目前而言,架构设计主要是为了识别、梳理用例模型交互、功能模块实现、接口设计和概念模型设计等涉及的复杂点,再针对这些复杂点制定处理方案,从而通过设计来增强效用、减少成本、降低复杂度。而就未来而言,系统架构设计将随着业务发展不断演变、完善,以解决未来软件系统由于复杂度可能带来的问题。

扫码看视频

9.2.1 模块分析

(1) 数据采集

舆情系统中数据采集模块是本项目的关键构成部分,此部分功能的核心技术由爬虫技术框架构建。目前本项目的数据采集模块已经十分精炼、高效,并且很好地做到了健壮性和可扩展性。本模块是一个低代码化开发的平台,允许在其中进行爬虫配置以实现数据采集爬取。

❑ 站点画像:采用模拟浏览器请求技术实现深度和广度爬取算法,对整个站点进行全站扫描、数据储存、特性分析。
- 自动爬取：有了网站的画像属性，就能够匹配相应数据采集爬取策略，大部分网站就可以自动识别爬取数据，无须人工干预。
- 人工配置：针对一些难以爬取的网站，采用可视化技术提取整个站点的标签，以便开发工程师能够快速配置网站的爬取过程。在对任何网站进行数据采集时，会使用各种专用算法分析网站的结构，包括广告位、关键内容、导航栏、分页、列表，并根据站点特性、数据量、爬取难度、更新频率等指标提高效率。
- 采集模板：为了简化人工操作，提高工作效率，还提供了爬虫模板。爬虫模板的意义在于，用户遇到一个配置烦琐的站点，不用从头开始，只需要到爬虫模板库中找类似的模板即可。
- 数据暂存：为避免将数据直接存储到系统大数据库中导致大量脏数据浪费时间和精力，先将所有数据进行预存储处理。在预存储工作完成后，系统会进行核对监测，以确保数据字段没有遗漏或存储错误。
- 预警：如果在暂存环节发现储存错误，将会及时通过邮件发送提醒研发工程师，告知错误内容，让其对此修正。

(2) 数据处理

舆情系统的数据处理部分可以定义为"数据工厂"。数据工厂是一套多组件化数据清洗加工及数据存储管理平台，同时能够管理所有的数据库的备份方案。支持多数据源类型的数据同步实现和数据仓库其他的数据源互通。对接收数据进行解压，对外提供压缩后的数据。

- 数据储存
- 数据标记
- 数据挖掘

(3) 可视化数据分析

经过数据处理后，对客户需要的数据进行可视化展示，更加直观地了解舆情结果。

- 今日热点
- 监测分析
- 数据监测
- 监测管理
- 事件分析

(4) 系统后端

对整个舆情监测系统进行管理，主要包括如下4个部分：

- 组织管理：可以创建一个企业或组织，在这个组织下可以创建多个舆情用户。

- 用户管理：在组织管理基础上可创建多个用户，每个用户可创建不同的方案，以及对多个不同用户的状态和密码进行管理。
- 方案管理：管理员可以对用户配置的方案进行管理，以及查看方案配置详情。
- 日志管理：管理员可以查看用户的登录次数以及用户具体操作了哪些功能菜单。

9.2.2 模块结构

根据 9.2.1 节中的模块分析，可以总结出整个系统的架构如图 9-1 所示。注意，本架构图来源于思通数科官方资料。

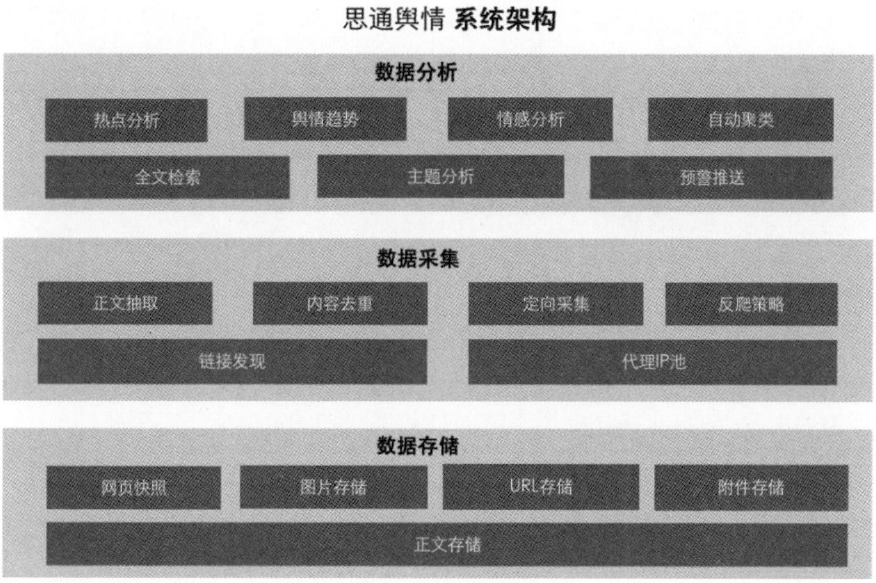

思通舆情 系统架构

数据分析
- 热点分析
- 舆情趋势
- 情感分析
- 自动聚类
- 全文检索
- 主题分析
- 预警推送

数据采集
- 正文抽取
- 内容去重
- 定向采集
- 反爬策略
- 链接发现
- 代理IP池

数据存储
- 网页快照
- 图片存储
- URL存储
- 附件存储
- 正文存储

图 9-1　系统架构图

整个系统的功能架构图请看 https://gitee.com/stonedtx/yuqing?_from=gitee_search，本章讲解的网络舆情数据分析和可视化系统是整个系统的一部分，基本模块结构如图 9-2 所示。

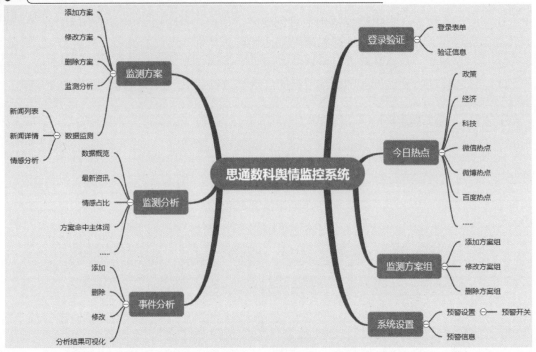

图 9-2　模块结构

9.3　搭建数据库平台

因为本项目所要处理的数据量比较大,且需要多用户同时运行访问,本项目将使用 MySQL 作为后台数据库管理平台。本节将详细讲解为本项目设计数据库的过程。

扫码看视频

9.3.1　数据库设计

在 MySQL 中创建一个名为"stonedt_portal"的数据库,然后在数据库中新建如下所示的表。

(1) 表 data_favorite 用于保存系统中的文章收藏夹信息,具体设计结构如图 9-3 所示。

(2) 表 full_menu 用于保存系统中的分类菜单信息,具体设计结构如图 9-4 所示。

(3) 表 monitor_analysis 用于保存系统中的监测分析信息,具体设计结构如图 9-5 所示。

(4) 表 opinion_condition 用于保存系统中的监测条件信息,具体设计结构如图 9-6 所示。

(5) 表 project 用于保存系统中的方案信息,具体设计结构如图 9-7 所示。

第 9 章 思通数科舆情监控系统

名字	类型	排序规则	属性	空	默认	注释	额外
id	int(11)			否	无	自增长id	AUTO_INCREMENT
title	varchar(255)	utf8mb4_general_ci		是	NULL	标题	
article_public_id	varchar(50)	utf8mb4_general_ci		是	NULL	文章唯一id	
publish_time	datetime			是	NULL	发布时间	
user_id	bigint(50)			否	无	用户id	
favoritetime	datetime			是	NULL	收藏时间	
status	int(11)			是	1	状态1.正常 2.删除	
emotionalIndex	int(11)			是	NULL	情感 1正面 2中性 3负面	
projectid	bigint(20)			是	NULL	方案id	
groupid	bigint(20)			是	NULL	方案组id	
source_name	varchar(255)	utf8mb4_general_ci		是	NULL	来源网站	

图 9-3 表 data_favorite 的设计结构

名字	类型	排序规则	属性	空	默认	注释	额外
only_id	int(11)			否	无	自增id	AUTO_INCREMENT
id	int(11)			否	无	唯一id	
create_time	datetime			是	NULL	创建时间	
type	int(1)			是	NULL	1一级分类2二级分类	
name	varchar(255)	utf8mb4_general_ci		是	NULL	分类名称	
value	varchar(255)	utf8mb4_general_ci		是	NULL	传值（一级分类为空）	
type_one_id	int(11)			是	NULL	所属一级分类id（一级分类为空）	
type_two_id	int(11)			是	NULL	所属二级分类id	
icon	varchar(255)	utf8_general_ci		是	NULL	一级分类图标	
is_show	tinyint(2)			是	0	是否展示，0展示，1不展示	
is_default	tinyint(2)			是	0	默认菜单列表，0是，1	

图 9-4 表 full_menu 的设计结构

名字	类型	排序规则	属性	空	默认	注释	额外
id	int(11)			否	无	自增id	AUTO_INCREMENT
create_time	datetime			是	NULL	创建时间	
analysis_id	bigint(20)			是	NULL	监测分析公共id	
project_id	bigint(20)			是	NULL	方案id	
time_period	int(1)			是	NULL	时间周期	
data_overview	longtext	utf8mb4_general_ci		是	NULL	数据概览	
emotional_proportion	longtext	utf8mb4_general_ci		是	NULL	情感占比	
plan_word_hit	longtext	utf8mb4_general_ci		是	NULL	方案命中主体词	
keyword_emotion_trend	longtext	utf8mb4_general_ci		是	NULL	关键词情感分析走势	
hot_event_ranking	longtext	utf8mb4_general_ci		是	NULL	热点事件排名	
highword_cloud	longtext	utf8mb4_general_ci		是	NULL	关键词高频分布统计	
keyword_index	longtext	utf8mb4_general_ci		是	NULL	高频词指数	

图 9-5 表 monitor_analysis 的设计结构

名字	类型	排序规则	属性	空	默认	注释	额外
id	int(11)			否	无	自增id	AUTO_INCREMENT
create_time	datetime			是	NULL	创建时间	
opinion_condition_id	bigint(20)			是	NULL	偏好设置公共id	
project_id	bigint(20)			是	NULL	方案id	
time	int(1)			是	NULL	时间范围(1:24小时, 2:昨天, 3:今天, 4:3天, 5:7天, 6: 15天, 7: 30天, 8自定义)	
precise	int(1)			是	NULL	精准筛选（0: 关闭: 1打开）	
emotion	varchar(255)	utf8mb4_general_ci		是	NULL	情感属性（1: 正面 2: 中性 3: 负面）可多选, 英文逗号分隔	
similar	int(1)			是	NULL	相似文章(0:取消合并 1: 合并文章)	
sort	int(1)			是	NULL	信息排序（1: 时间降序 2: 时间升序 3: 相似数倒序）	

图 9-6 表 opinion_condition 的设计结构

名字	类型	排序规则	属性	空	默认	注释	额外
id	int(11)			否	无	自增id	AUTO_INCREMENT
create_time	datetime			是	NULL	创建时间	
project_id	bigint(20)			是	NULL	方案公共id	
project_name	varchar(255)	utf8mb4_general_ci		是	NULL	方案名	
update_time	datetime			是	NULL	修改时间	
project_type	int(1)			是	1	方案类型（普通1，高级2）	
project_description	varchar(255)	utf8mb4_general_ci		是	NULL	方案描述	
subject_word	longtext	utf8mb4_general_ci		是	NULL	主体词	
character_word	longtext	utf8mb4_general_ci		是	NULL	人物词	
event_word	longtext	utf8mb4_general_ci		是	NULL	事件词	
regional_word	longtext	utf8mb4_general_ci		是	NULL	地域词	
stop_word	longtext	utf8mb4_general_ci		是	NULL	屏蔽词	

图 9-7　表 project 的设计结构

注意：为了节省本书篇幅，在书中不再列出其他数据库表的设计结构信息。

9.3.2　数据库链接

在文件 config/application.yml 中编写链接数据库的参数，主要实现代码如下所示。

```
datasource:
  druid:
    driver-class-name: com.mysql.cj.jdbc.Driver
    url: jdbc:mysql://localhost:3306/stonedt_portal?useUnicode=true&characterEncoding=utf8&autoReconnect=true&failOverReadOnly=false&serverTimezone=Asia/Shanghai&useSSL=false
    username: root
    password: 66688888
```

9.3.3　实体类

在本项目中的 entity 层创建实体类，各个实体类与数据库中的属性值基本保持一致。在本项目中需要创建多个 entity 实体类，例如实体类文件 src/main/java/com/stonedt/intelligence/entity/DatafavoriteEntity.java 对应的数据库表是 data_favorite，主要实现代码如下所示。

```java
public class DatafavoriteEntity {
    private int id;
    private String title;
    private String article_public_id;
    private String publish_time;
    private Long user_id;
    private String favoritetime;
    private int status;
    private int emotionalIndex;
    private Long projectid;
    private Long groupid;
    private String source_name;
    public int getId() {
        return id;
    }
    public void setId(int id) {
        this.id = id;
    }
    public String getTitle() {
        return title;
    }
    public void setTitle(String title) {
        this.title = title;
    }
    public String getArticle_public_id() {
        return article_public_id;
    }
    public void setArticle_public_id(String article_public_id) {
        this.article_public_id = article_public_id;
    }
    public String getPublish_time() {
        return publish_time;
    }
    public void setPublish_time(String publish_time) {
        this.publish_time = publish_time;
    }
    public Long getUser_id() {
        return user_id;
    }
    public void setUser_id(Long user_id) {
        this.user_id = user_id;
    }
    public String getFavoritetime() {
        return favoritetime;
    }
    public void setFavoritetime(String favoritetime) {
        this.favoritetime = favoritetime;
```

```java
    }
    public int getStatus() {
        return status;
    }
    public void setStatus(int status) {
        this.status = status;
    }
    public int getEmotionalIndex() {
        return emotionalIndex;
    }
    public void setEmotionalIndex(int emotionalIndex) {
        this.emotionalIndex = emotionalIndex;
    }
    public Long getProjectid() {
        return projectid;
    }
    public void setProjectid(Long projectid) {
        this.projectid = projectid;
    }
    public Long getGroupid() {
        return groupid;
    }
    public void setGroupid(Long groupid) {
        this.groupid = groupid;
    }
    public String getSource_name() {
        return source_name;
    }
    public void setSource_name(String source_name) {
        this.source_name = source_name;
    }
    public DatafavoriteEntity(int id, String title, String article_public_id,
            String publish_time, Long user_id, String favoritetime, int status,
            int emotionalIndex, Long projectid, Long groupid, String source_name) {
        super();
        this.id = id;
        this.title = title;
        this.article_public_id = article_public_id;
        this.publish_time = publish_time;
        this.user_id = user_id;
        this.favoritetime = favoritetime;
        this.status = status;
        this.emotionalIndex = emotionalIndex;
        this.projectid = projectid;
        this.groupid = groupid;
        this.source_name = source_name;
    }
```

9.3.4 Service 层

在 Spring Boot 架构中，Service 层负责业务模块的逻辑应用设计。在项目的开发过程中，一般先设计所需的业务接口类，再通过类来实现该接口，然后在配置文件中进行配置其实现的关联。此后，就可以在 Service 层调用接口进行业务逻辑应用的处理，封装 Service 层的业务逻辑有利于业务逻辑的独立性和重复利用性。在本项目的 Service 层中，封装了对数据库数据的操作工作，例如对数据库数据的添加、删除和修改等操作。为节省本书篇幅，下面简要介绍两个 Service 层文件的功能。

(1) 编写文件 src/main/java/com/stonedt/intelligence/service/impl/DatafavoriteServiceImpl.java，通过如下自定义方法实现文章收藏表信息的添加、删除和修改功能：

- adddata()：添加文章收藏信息；
- updateemtion()：修改情绪信息；
- deletedata()：删除文章收藏信息；
- updatedata()：修改文章收藏信息。

文件 DatafavoriteServiceImpl.java 的主要实现代码如下所示。

```java
public String adddata(Long user_id, String id, Long projectid, Long groupid,
    String title, String source_name, String emotionalIndex,
    String publish_time) {
  Map<String, Object> map = new HashMap<String, Object>();
  map.put("status", 200);
  map.put("result", "success");
  try {
      DatafavoriteEntity favorite = new DatafavoriteEntity();
      favorite.setUser_id(user_id);
      favorite.setArticle_public_id(id);
      favorite.setProjectid(projectid);
      favorite.setGroupid(groupid);
      favorite.setTitle(title);
      favorite.setSource_name(source_name);
      favorite.setEmotionalIndex(Integer.parseInt(emotionalIndex));
      favorite.setPublish_time(publish_time);
      datafavoriteDao.adddata(favorite);
  } catch (Exception e) {
      e.printStackTrace();
      map.put("status", 500);
      map.put("result", "fail");
  }
  return JSON.toJSONString(map);
}
```

```java
    @Override
    public void updateemtion(String id, int flag, String es_search_url,String publish_time) {
        // TODO 自动生成的方法存根
        String url = es_search_url + MonitorConstant.es_api_updateemtion;
        String params = "article_public_id=" + id + "&esindex=postal&estype=
            infor&publish_time="+publish_time+"&emotiontype="+flag;
        MyHttpRequestUtil.sendPostEsSearch(url, params);
    }

    @Override
    public void deletedata(String id, int flag, String es_search_url,String publish_time) {
        String url = es_search_url + MonitorConstant.es_api_deletedata;
        String params = "article_public_id=" + id + "&esindex=postal&estype=
            infor&publish_time="+publish_time;
        MyHttpRequestUtil.sendPostEsSearch(url, params);
    }

    @Override
    public String updatedata(Long user_id, String id, Long projectid, Long groupid,
            String title, String source_name, String emotionalIndex,
            String publish_time) {
        Map<String, Object> map = new HashMap<String, Object>();
        map.put("status", 200);
        map.put("result", "success");
        try {
            DatafavoriteEntity favorite = new DatafavoriteEntity();
            favorite.setUser_id(user_id);
            favorite.setArticle_public_id(id);
            favorite.setProjectid(projectid);
            favorite.setGroupid(groupid);
            favorite.setTitle(title);
            favorite.setSource_name(source_name);
            favorite.setEmotionalIndex(Integer.parseInt(emotionalIndex));
            favorite.setPublish_time(publish_time);
            datafavoriteDao.updatedata(favorite);
        } catch (Exception e) {
            e.printStackTrace();
            map.put("status", 500);
            map.put("result", "fail");
        }
        return JSON.toJSONString(map);
    }

    @Override
    public DatafavoriteEntity selectdata(Long user_id, String id) {
```

```java
        // TODO 自动生成的方法存根
        Map<String, Object> map = new HashMap<String, Object>();
        map.put("user_id", user_id);
        map.put("public_id", id);
        DatafavoriteEntity res = datafavoriteDao.selectdata(map);
        return res;
    }
```

(2) 编写文件 src/main/java/com/stonedt/intelligence/service/impl/ProjectServiceImpl.java，通过自定义方法实现对系统内监测方案信息的添加、删除和修改功能，主要实现代码如下所示。

```java
public int insertProject(Project p) {
    // TODO Auto-generated method stub
    return projectDao.insertProject(p);
}


@Override
public List<Map<String, Object>> getProjectInfoByGroupIdAndUserId
        (Map<String, Object> map) {
    List<Map<String, Object>> list = projectDao.getProjectAndGroupInfoByUserId(map);
    return list;
}

@Override
public List<Project> getInfoByGroupId(Long groupId) {
    return null;
}


@Override
public List<Project> listProjects() {
    return projectDao.listProjects();
}

/**
 * @param [map]
 * @return java.util.Map<java.lang.String,java.lang.Object>
 * @description: 根据方案id获取方案信息 <br>
 */
@Override
public Map<String, Object> getProjectByProjectId(Map<String, Object> map) {
    return projectDao.getProjectByProjectId(map);
}
```

```java
@Override
public int timingProject(Map<String, Object> map) {
    return projectDao.timingProject(map);
}


@Override
public String getProjectName(Long projectId) {
    return projectDao.getProjectName(projectId);
}

@Override
public Map<String, Object> getProjectByProId(Long projectId) {
    return projectDao.getProjectByProId(projectId);
}

@Override
public Integer delProject(Map<String, Object> map) {
    return projectDao.delProject(map);
}

@Override
public Integer editProjectInfo(Map<String, Object> map) {
    Integer count = projectDao.editProjectInfo(map);
    return count;
}

@Override
public Integer getProjectCount(Map<String, Object> map) {
    return projectDao.getProjectCount(map);
}

@Override
public Integer updateOpinionConditionById(Map<String, Object> map) {
    return opinionConditionDao.updateOpinionConditionById(map);
}
public Map<String, Object> batchUpdateProject(Long userId, String list) {
    Map<String, Object> result = new HashMap<String, Object>();
    try {
        if (StringUtils.isBlank(list)) {
            result.put("state", true);
            result.put("message", "删除方案成功！");
            return result;
        }
        List<Long> parseArray = JSON.parseArray(list, Long.class);
```

```java
            if (parseArray.isEmpty()) {
                result.put("state", true);
                result.put("message", "删除方案成功！");
                return result;
            }
            int batchUpdateProject = projectDao.batchUpdateProject(userId, parseArray);
            if (batchUpdateProject > 0) {
                result.put("state", true);
                result.put("message", "删除方案成功！");
            } else {
                result.put("state", false);
                result.put("message", "删除方案失败！");
            }
        } catch (Exception e) {
            e.printStackTrace();
            result.put("state", false);
            result.put("message", "删除方案失败！");
        }
        return result;
    }


    @Override
    public Map<String, Object> getProjectCountByGroupId(Long groupId) {
        Map<String, Object> result = new HashMap<>();
        Integer projectCountByGroupId = projectDao.getProjectCountByGroupId(groupId);
        result.put("state", true);
        result.put("count", projectCountByGroupId);
        return result;
    }

    public JSONObject getAllKeywords() {
        JSONObject response = new JSONObject();
        try {
            List keywordsList = new ArrayList();

            for (int i = 0; i < list.size(); i++) {
                try {
                    Map<String, Object> map = list.get(i);
                    String subject_word = String.valueOf(map.get("subject_word"));
                    String subject_words[] = subject_word.split(",");
                    for (int j = 0; j < subject_words.length; j++) {
                        String keyword = subject_words[j];
                        keywordsList.add(keyword);
                    }
                } catch (Exception e) {
                    e.printStackTrace();
```

```
            }
        }
        String responseKeywords = StringUtils.join(keywordsList, ",");
        response.put("code", 200);
        response.put("data", responseKeywords);
        response.put("msg", "获取关键词成功! ");
    } catch (Exception e) {
        e.printStackTrace();
        response.put("code", 500);
        response.put("data", "");
        response.put("msg", e.getMessage());
    }
    return response;
}
```

9.4 登录验证模块

为了提高系统的安全性，只有系统合法的用户才能登录本舆情分析系统。本节将详细讲解本项目登录验证模块的实现过程。

扫码看视频

9.4.1 用户登录表单页面

编写文件 src/main/resources/templates/user/login.html 实现登录表单页面，供管理员输入用户名和密码，并设置使用接口"/login"验证登录表单中的数据。文件 login.html 的主要实现代码如下所示。

```html
<form class="form-horizontal m-t-20" id="loginform" method="post">
    <div class="input-group mb-4">
        <input required="required" type="text" class="form-control form-control-lg"
               name="telephone" placeholder-class="login-place" placeholder=
               "用户名"
               aria-label="Username" aria-describedby="basic-addon1">
    </div>
    <div class="input-group mb-4">
        <input required="required" type="password" class="form-control
               form-control-lg"
               name="password" placeholder="密码" aria-label="Password"
               aria-describedby="basic-addon1">
    </div>
    <div class="form-group text-center">
        <div class="col-xs-12 p-b-20"
             style="display: flex; justify-content: space-between;align-items:
             center;">
```

```html
            <a th:href="@{/forgotpwd}" style="color: #7290e0;">忘记密码? </a>
            <button class="btn btn-block btn-lg btn-info bt-login" type="button"
                onclick="login()">登录
            </button>
        </div>
    </div>
</form>
```
```javascript
function login() {
    var telephone = $("input[name='telephone']").val();
    var password = $("input[name='password']").val();
    $.ajax({
        type: "POST",
        url: "/login",
        dataType: 'json',
        data: {
            telephone: telephone,
            password: password
        },
        success: function (res) {
            let code = res.code;
            let msg = res.msg;
            if (code == 1) {
                /*window.location.href = "/displayboard";*/
                //2021.7.26,跳转修改为数据监测页面
                window.location.href = "/monitor"
            } else if (code == 4) {
                showtips(msg);
            } else {
                showtips(msg);
            }
        },
        error: function (xhr, ajaxOptions, thrownError) {
            if (xhr.status == 403) {
                window.location.href = ctxPath + "login";
            }
        }
    });
}
```

9.4.2 验证登录信息

编写文件 src/main/java/com/stonedt/intelligence/controller/LoginController.java,获取用户在登录表单中输入的登录信息,然后验证信息的合法性,确保只有用户输入正确的用户名和密码才能登录系统。文件 LoginController.java 的主要实现代码如下所示。

```java
@SystemControllerLog(module = "用户登录", submodule = "用户登录", type = "登录",
        operation = "login")
@PostMapping(value = "/login")
@ResponseBody
public JSONObject login(@RequestParam(value = "telephone") String telephone,
                    @RequestParam(value = "password") String password,
                    HttpSession session) {
    JSONObject response = new JSONObject();
    User user = userService.selectUserByTelephone(telephone);
    if (null != user) {
        if (user.getStatus() == 0) {
            response.put("code", 3);
            response.put("msg", "用户禁止登录");
        } else {
            if (MD5Util.getMD5(password).equals(user.getPassword())) {
                Integer status = user.getStatus();
                if (status == 2) {
                    response.put("code", 4);
                    response.put("msg", "账户已被注销");
                } else {
                    session.setAttribute("User", user);
                    response.put("code", 1);
                    response.put("msg", "用户登录成功");
                    Integer login_count = user.getLogin_count() + 1;
                    String end_login_time = DateUtil.getNowTime();
                    Map<String, Object> paramMap = new HashMap<String, Object>();
                    paramMap.put("telephone", telephone);
                    paramMap.put("end_login_time", end_login_time);
                    paramMap.put("login_count", login_count);
                    userService.updateUserLoginCountByPhone(paramMap);
                }
            } else {
                response.put("code", 2);
                response.put("msg", "登录密码错误");
            }
        }
    } else {
        response.put("code", -1);
        response.put("msg", "用户不存在");
    }
    return response;
}
```

9.5 今日热点模块

今日热点模块的功能是展示主流媒体中的今日热点信息，整个页面分为10个子模板：政策、经济、科技、微信热点、微博热点、百度热点、热点搜索词、抖音热榜、B站热搜、腾讯热门。本节将详细讲解今日热点模块的实现过程。

扫码看视频

9.5.1 前台页面

编写文件 src/main/resources/templates/displayboard/displayboard.html 实现今日热点模块的前台页面，将整个页面分为10部分，分别用于展示不同子模块(政策、经济、科技、微信热点、微博热点、百度热点、热点搜索词、抖音热榜、B站热搜、腾讯热门)的今日热点信息。文件 displayboard.html 的主要实现代码如下所示。

```
<div class="row">
<!-- zixun start -->
<div class="col-lg-4">
<div class="card m-h-372">
   <div class="card-body overview-content">
   <div class="card-title">
   <div class="align-self-center" style="display:inline;">
   政策
   </div>
   <div class="text-center over-load" id="loading8">
   <div class="spinner-border spinner-border text-info" role="status">
   <span class="sr-only">加载中...</span>
   </div>
   </div>
   <div class="over-conbox" id="hot_policydata">
   </div>
   </div>
   </div>
   </div>
<div class="col-lg-4">
<div class="card m-h-372">
   <div class="card-body overview-content">
   <div class="card-title">
   <div class="align-self-center" style="display:inline;">
   经济
   </div>
   </div>
```

```
<div class="text-center over-load" id="loading9">
<div class="spinner-border spinner-border text-info" role="status">
<span class="sr-only">加载中...</span>
</div>
</div>
<div class="over-conbox" id="hot_finaceData">
</div>
</div>
</div>
</div>
</div>
///省略后面子模块的代码
```

9.5.2　Controller 层

编写文件 src/main/java/com/stonedt/intelligence/controller/DisplayBoardContoller.java，这是今日热点模块的 Controller 层实现，功能是提供 URL 访问接口，获取各个子模块中的数据源信息。文件 DisplayBoardContoller.java 的主要实现代码如下所示。

```
@Controller
@RequestMapping("/displayboard")
public class DisplayBoardContoller {
    @Autowired
    DisplayBoardService displayBoardService;
    @Autowired
    UserService userService;
    
    @SystemControllerLog(module = "综合看板", submodule = "综合看板",
            type = "查询", operation = "displayboardlist")
    @GetMapping(value = "")
    public ModelAndView displayboardlist(HttpSession session,HttpServletRequest
            request,ModelAndView mv) {
        User user = (User)session.getAttribute("User");
        User u = userService.selectUserByTelephone(user.getTelephone());
        session.setAttribute("User", u);
        List<Map<String, Object>> list =
            displayBoardService.searchDisplayBiardByUser(u);
        String groupId = request.getParameter("groupid");
        String projectId = request.getParameter("projectid");
        if (StringUtils.isBlank(groupId))
            groupId = "";
        if (StringUtils.isBlank(projectId))
            projectId = "";
        if(list.size() > 0){
            Map<String, Object> map = list.get(0);
```

```java
            Set<String> keySet = map.keySet();
            for (String string : keySet) {
                String string2 = TextUtil.processQuotationMarks
                    (map.get(string).toString());
                mv.addObject(string,JSONObject.parse(string2));
            }
        }
        JSONObject parseObject2 = JSONObject.parseObject(JSON.toJSONString(u) );
        mv.addObject("user",parseObject2);
        mv.addObject("groupId", groupId);
        mv.addObject("projectId", projectId);
        mv.addObject("groupid", groupId);
        mv.addObject("menu", "displayboard");
        mv.addObject("projectid", projectId);
        mv.setViewName("displayboard/displayboard");
        return mv;
    }

    /**
     * @return java.lang.String
     * @description: 获取左侧的方案组数据 <br>
     */
    /*@SystemControllerLog(module = "综合看板", submodule = "获取左侧的方案组数据",
            type = "查询", operation = "getprojectType")*/
    @PostMapping(value = "/collection")
    @ResponseBody
    public String getprojectType(@RequestParam(value="user_id") Long user_id,
            HttpServletRequest request) {
        JSONObject response = new JSONObject();
        List<DatafavoriteEntity> result =
            displayBoardService.getCollectionByuser(user_id);
        response.put("user_id", user_id);
        response.put("data", result);
        return JSON.toJSONString(response);
    }

    /**
     * @return java.lang.String
     * @description: 获取左侧的方案组数据 <br>
     */
    /*@SystemControllerLog(module = "综合看板", submodule = "获取左侧的方案组数据",
            type = "查询", operation = "collection2")*/
    @PostMapping(value = "/collection2")
    @ResponseBody
    public String getprojectType2(@RequestParam(value="user_id") Long user_id,
            HttpServletRequest request) {
        JSONObject response = new JSONObject();
```

```
    List<DatafavoriteEntity> result =
        displayBoardService.getCollectionByuser(user_id);
    response.put("user_id", user_id);
    response.put("data", result);
    return JSON.toJSONString(response);
}
```

接下来编写文件 src/main/java/com/stonedt/intelligence/util/TextUtil.java，根据子模块的名字调用对应的数据源信息，主要实现代码如下所示。

```
public static String dataSourceClassification(String key) {
    String result = "";
    switch (key) {
        case "1":
            result = "微信";
            break;
        case "2":
            result = "微博";
            break;
        case "3":
            result = "政务";
            break;
        case "4":
            result = "论坛";
            break;
        case "5":
            result = "新闻";
            break;
        case "6":
            result = "报刊";
            break;
        case "7":
            result = "客户端";
            break;
        case "8":
            result = "网站";
            break;
        case "9":
            result = "外媒";
            break;
        case "10":
            result = "视频";
            break;
        case "11":
            result = "博客";
            break;
        default:
```

```
            break;
    }
    return result;
}
```

9.5.3 定时任务

编写文件 src/main/java/com/stonedt/intelligence/quartz/SynthesizeSchedule.java，实现创建定时任务，定时获取不同数据源信息的功能。文件 SynthesizeSchedule.java 的主要实现代码如下所示。

```
@Scheduled(cron = "0 0/30 * * * ?")
//@Scheduled(cron = "0 0 0/2 * * ?")
    public void popularInformation() {
        if(schedule_synthesize_open==1) {
        //获取accesstoken
            System.out.println("开始生成综合看板");
            String hot_all = "";
            String hot_weibo = "";
            String hot_wechat = "";
            String hot_search_terms = "";
            String hot_douyin = "";
            String hot_bilibili = "";
            String hot_tecentvedio = "";
            String hot_policydata = "";
            String hot_finaceData = "";
            String hot_36kr ="";
            FullSearchParam searchParam = new FullSearchParam();
            searchParam.setPageNum(1);
            searchParam.setPageSize(50);
            searchParam.setSearchWord("");
            searchParam.setClassify("4");
            searchParam.setTimeType(1);
            
            //热点事件
            searchParam.setSource_name("百度风云榜");
            //JSONObject hotList = fullSearchService.hotList(searchParam);
            hot_all = fullSearchService.hotBaiduList();
            
            //热门微博
            searchParam.setSource_name("微博");
            //JSONObject hotList2 = fullSearchService.hotList(searchParam);
            //hot_weibo =conversionHotList(hotList2);
            hot_weibo = HotWordsUtil.hotWeibo();
```

```
//热门微信
searchParam.setSource_name("微信");

//JSONObject hotListWechat = fullSearchService.hotList(searchParam);
//hot_wechat =conversionHotList(hotListWechat);
hot_wechat = fullSearchService.hotWechat();

searchParam.setPageSize(10);
searchParam.setClassify("1");
//热门科技
searchParam.setSource_name("36kr");

//JSONObject hotList36kr = fullSearchService.hotList(searchParam);
//hot_36kr =conversionHotList(hotList36kr);

hot_36kr = fullSearchService.hot36Kr();

searchParam.setClassify("2");
searchParam.setTimeType(2);
searchParam.setPageSize(50);
//热门抖音
//searchParam.setSource_name("抖音");

///JSONObject hotListDouyin = fullSearchService.hotList(searchParam);
//hot_douyin =conversionHotList(hotListDouyin);

hot_douyin = fullSearchService.hotDouyin();


//热门哔哩哔哩
//searchParam.setSource_name("哔哩哔哩");

//JSONObject hotListBiLiBiLi = fullSearchService.hotList(searchParam);
//hot_bilibili =conversionHotList(hotListBiLiBiLi);
hot_bilibili =fullSearchService.hotBilibili();
//热门腾讯视频
//searchParam.setSource_name("腾讯视频");

//JSONObject hotListTecentVedio = fullSearchService.hotList(searchParam);


//hot_tecentvedio =conversionHotList(hotListTecentVedio);
hot_tecentvedio =fullSearchService.hotTecent();

hot_search_terms = HotWordsUtil.search();
```

```
            //政策--------国务院 > 首页 > 政策 > 最新
                http://www.gov.cn/zhengce/zuixin.htm

            hot_policydata = getPolicyData();

            //经济--------东方财富网(国内经济首页 > 财经频道 > 焦点 > 国内经济)
                http://finance.eastmoney.com/a/cgnjj.html

            hot_finaceData = getFinaceData();

            try {
                Map<String, Object> map = new HashMap<String, Object>();
                map.put("hot_all", hot_all);
                map.put("user_id", "1");
                map.put("hot_weibo", hot_weibo);
                map.put("hot_wechat", hot_wechat);
                map.put("hot_douyin", hot_douyin);
                map.put("hot_bilibili", hot_bilibili);
                map.put("hot_tecentvedio", hot_tecentvedio);
                map.put("hot_search_terms", hot_search_terms);
                map.put("hot_policydata", hot_policydata);
                map.put("hot_finaceData", hot_finaceData);
                map.put("hot_36kr", hot_36kr);
                synthesizeDao.insertSynthesize(map);
            } catch (Exception e) {
                e.printStackTrace();
            }


        }


    }
    private String getreprint(User user) {
        String keywords = getkeywords(user,0);

        JSONObject timeJson = new JSONObject();
        timeJson = DateUtil.dateRoll(new Date(), Calendar.HOUR, -24);
        String times = timeJson.getString("times");
        String timee = timeJson.getString("timee");
        String params = "matchingmode=0&searchType=4&timeType=1&stopword=&esindex=
            postal&timee="+timee+"&estype=infor&times="+times+"&emotionalIndex=
            1,2,3&size=10&page=1&keyword="+keywords;
        String url = es_search_url + MonitorConstant.es_api_search_list;
        String esResponse = MyHttpRequestUtil.sendPostEsSearch(url, params);
        JSONObject parseObject = JSONObject.parseObject(esResponse);
        JSONArray jsonArray = parseObject.getJSONArray("data");
```

```java
        JSONArray list = new JSONArray();
        for (int i = 0; i < jsonArray.size(); i++) {
            JSONObject jsonObject =
                    jsonArray.getJSONObject(i).getJSONObject("_source");
            JSONObject ob = new JSONObject();
            ob.put("id", jsonObject.get("article_public_id"));
            String source_name = jsonObject.get("source_name").toString();
            if("微博".equals(source_name)){
                ob.put("title", jsonObject.get("extend_string_two"));
            }else{
                ob.put("title", jsonObject.get("title"));
            }
            ob.put("source_url", jsonObject.get("source_url"));
            ob.put("emotionalIndex", jsonObject.get("emotionalIndex"));
            ob.put("publish_time", jsonObject.get("publish_time"));
            ob.put("source_name", source_name);
            ob.put("forwardingvolume", jsonObject.get("forwardingvolume"));
            list.add(ob);
        }
        return list.toJSONString();
    }

    private String getpush(User user) {
        String keywords = getkeywords(user,0);
        JSONObject timeJson = new JSONObject();
        timeJson = DateUtil.dateRoll(new Date(), Calendar.HOUR, -24);
        String times = timeJson.getString("times");
        String timee = timeJson.getString("timee");
        String params = "matchingmode=0&searchType=1&timeType=1&stopword=" +
                "&esindex=postal&timee="+timee+"&estype=infor&times="+times+
                "&emotionalIndex=1,2,3&size=10&page=1&keyword="+keywords;
        String url = es_search_url + MonitorConstant.es_api_search_list;
        String esResponse = "";
        int i = 0;
        while(i<3){
            i++;
            try {
                esResponse = MyHttpRequestUtil.sendPostEsSearch(url, params);
                break;
            } catch (Exception e) {
                e.printStackTrace();
            }
        }
        JSONArray all = clean(esResponse);
        //positive
        String positiveparams = "";
        i=0;
```

```
        while(i<3){
            i++;
            try {
                positiveparams = "matchingmode=0&searchType=1&timeType=
                    1&stopword=&esindex=postal&timee="+timee+"&estype=infor&times=
                    "+times+"&emotionalIndex=1&size=10&page=1&keyword="+keywords;
                break;
            } catch (Exception e) {
                e.printStackTrace();
            }
        }
        String positiveesResponse = MyHttpRequestUtil.sendPostEsSearch(url,
            positiveparams);
        JSONArray positive = clean(positiveesResponse);
        String negativeparams = "matchingmode=0&searchType=1&timeType=
            1&stopword=&esindex=postal&timee="+timee+"&estype=infor&times=
            "+times+"&emotionalIndex=3&size=10&page=1&keyword="+keywords;
        String negativeesResponse = "";
        i=0;
        while(i<3){
            i++;
            try {
                negativeesResponse = MyHttpRequestUtil.sendPostEsSearch(url,
                    negativeparams);
                break;
            } catch (Exception e) {
                e.printStackTrace();
            }
        }
        JSONArray negative = clean(negativeesResponse);
        JSONObject result = new JSONObject();
        result.put("all", all);
        result.put("positive", positive);
        result.put("negative", negative);
        return result.toJSONString();
    }
```

9.6 监测分析模块

监测分析模块的功能是创建一个监测方案，然后爬取网络中的对应信息，并展示对应的舆情分析结果。本节将详细讲解监测分析模块的实现过程。

扫码看视频

9.6.1 前台页面

1) 监测方案信息

编写文件 src/main/resources/templates/monitor/overview.html 实现监测分析模块的前台页面，在页面中显示某个监测方案的信息，包含的信息有：数据概览、最新资讯、情感占比、方案命中主体词、关注热点事件排名、关键词情感分析数据走势、关键词高频分布统计、高频词指数、热门行业&事件统计、媒体活跃度分析、热点地区排名、数据来源分布排名、数据来源分析、自媒体渠道声量排名、方案命中分类统计。文件 overview.html 的主要实现代码如下所示。

```html
                    <div class="col-lg-12">
                        <div class="card">
                            <div class="card-body p-10">
                                <!--<div class="card-title">数据概览</div>-->
                                <h4 class="card-title">数据概览</h4>
                                <div class="card-body border-top">
                                    <div class="row m-t-10" id="dataOverview"
                                        style="min-height: 85px;">
                                    </div>
                                </div>
                            </div>
                        </div>
                    </div>
                    <!-- line 1 start-->
                    <div class="row">
                        <!-- zixun  start -->
                        <div class="col-lg-4">
                            <div class="card m-h-372">
                                <div class="card-body overview-content">
                                    <!--<div class="card-title">最新资讯</div>-->
                                    <h4 class="card-title">最新资讯</h4>
                                    <div class="over-conbox">
                                        <ul id="relative_news">
///省略其他代码
```

2) 创建新方案组

编写文件 src/main/resources/static/dist/js/sidebarmenu.js，功能是当用户单击"新建监测方案组"链接后弹出"创建新方案组"表单，在系统中共创建一个新的方案组。文件 sidebarmenu.js 的主要实现代码如下所示。

```
function createNewPro(params) {
```

```javascript
        var create =
          '<div class="shadebox" id="createmodel">' +
          '    <div class="modal-dialog" role="document">' +
          '        <div class="modal-content">' +
          '            <div class="modal-header align-flexend" style="border:none">' +
          '                <h5 class="modal-title"><i class="ti-marker-alt m-r-10">' +
          '                </i>创建新方案组</h5>' +
          '                <i class="mdi mdi-close-circle-outline font-18 cursor-po" id=' +
          '                "closethis"></i>' +
          '            </div>' +
          '            <div class="modal-body">' +
          '                <div class="input-group mb-3">' +
          '                    <button type="button" class="btn " style="background:#cfcfd0">' +
          '                    <i class="mdi mdi-mailbox text-white"></i></button>' +
          '                    <input type="text" class="form-control" id="projectName"' +
          '                    placeholder="输入方案组名称,多六个字符" maxlength="10">' +
          '                </div>' +
          '            </div>' +
          '            <div class="modal-footer" style="border:none">' +
          '                <button type="button" class="btn btn-info" id="confirm">' +
          '                确定</button>' +
          '                <button type="button" class="btn btn-secondary" id="cancel">' +
          '                取消</button>' +
          '            </div>' +
          '        </div>' +
          '    </div>' +
          '</div>'

    $("body").append(create)
    $("#closethis").click(function (param) {
        $("#createmodel").remove()
    })
    $("#cancel").click(function (param) {
        $("#createmodel").remove()
    })
    $("#confirm").click(function () {
        var name = $("#projectName").val()
        if (name == '' || name == undefined||name=="") {
            showtips("方案组名称不能为空!")
        }else if (name.length>6) {
            showtips("方案组名称长度最多6个字符")
        }else {
            createSolutionGroup(name);
            console.log(name)
            $("#createmodel").remove()
        }
    })
```

9.6.2　Controller 层

编写文件 src/main/java/com/stonedt/intelligence/controller/AnalysisController.java,这是某个监测方案信息的 Controller 层实现,功能是提供 URL 访问接口,获取当前监测方案的信息(数据概览、最新资讯、情感占比、方案命中主体词....)。文件 AnalysisController.java 的主要实现代码如下所示。

```
/**
 * 获取监测分析数据
 */
/*@SystemControllerLog(module = "监测分析", submodule = "监测分析", type = "数据获取", operation = "")*/
@PostMapping(value = "/getAnalysisByProjectidAndTimeperiod")
@ResponseBody
public String getAnalysisByProjectidAndTimeperiod(Long projectId, Integer timePeriod) {
    Analysis analysisByProjectidAndTimeperiod =
        analysisService.getAnalysisByProjectidAndTimeperiod(projectId, timePeriod);
    return JSON.toJSONString(anlysisByProjectidAndTimeperiod);
}


/**
 * 跳转监测分析页面
 */
@SystemControllerLog(module = "监测分析", submodule = "监测分析页面", type = "查询",
        operation = "")
@GetMapping(value = "")
public ModelAndView analysis(HttpServletRequest request, ModelAndView mv) {
    String groupId = request.getParameter("groupid");
    String projectId = request.getParameter("projectid");
    if (StringUtils.isBlank(groupId))
        groupId = "";
    if (StringUtils.isBlank(projectId))
        projectId = "";
    mv.addObject("groupId", groupId);
    mv.addObject("projectId", projectId);
    mv.addObject("groupid", groupId);
    mv.addObject("menu", "analysis");
    mv.addObject("projectid", projectId);
    mv.setViewName("monitor/overview");
    return mv;
}

/**
 * 获取监测分析数据
```

```java
*/
/*@SystemControllerLog(module = "监测分析", submodule = "监测分析", type = "查询",
    operation = "getAnalysisMonitorProjectid")*/
@PostMapping(value = "/getAnalysisMonitorProjectid")
@ResponseBody
public String getAnalysisMonitorProjectid(Long projectId, Integer timePeriod) {
    Analysis analysisMonitorProjectid =
        analysisService.getAnalysisMonitorProjectid(projectId, timePeriod);
    return JSON.toJSONString(analysisMonitorProjectid);
}

/**
 * 获取相关资讯数据
 */
/*@SystemControllerLog(module = "监测分析", submodule = "监测分析", type = "最新资讯",
        operation = "latestnews")*/
@PostMapping(value = "/latestnews")
@ResponseBody
public String latestnews(@RequestParam("projectid") Long projectid, Integer
        timePeriod) {
    List<Map<String, Object>> latestnews = analysisService.latestnews(projectid,
        timePeriod);
    return JSON.toJSONString(latestnews);
}

/**
 * @param [projectid 方案 id]
 * @description: 获取情感占比 <br>
 */
/*@SystemControllerLog(module = "监测分析", submodule = "监测分析", type = "查询",
        operation = "emotionalproportion")*/
@PostMapping(value = "/emotionalproportion")
@ResponseBody
public String emotionalProportion(@RequestParam("projectid") Long projectid,
        Integer timePeriod) {
    JSONObject json = new JSONObject();
    // 根据 projectid 获取信息
    Analysis a = analysisService.getInfoByProjectid(projectid, timePeriod);
    if (a == null) {
        return "{}";
    }
    if (a.getEmotionalProportion() != null && !"".equals(a.getEmotionalProportion())) {
        json = JSONObject.parseObject(a.getEmotionalProportion());
    }
    return json.toJSONString();
}
```

```java
/**
 * @param [projectid 方案 id]
 * @description: 方案词命中 <br>
 */
/*@SystemControllerLog(module = "监测分析", submodule = "监测分析", type = "查询",
        operation = "planwordhit")*/
@PostMapping(value = "/planwordhit")
@ResponseBody
public String planwordhit(@RequestParam("projectid") Long projectid, Integer timePeriod) {
    JSONArray jsona = new JSONArray();
    Analysis a = analysisService.getInfoByProjectid(projectid, timePeriod);
    if (a == null) {
        return "[]";
    }
    if (a.getPlanWordHit() != null && !"".equals(a.getPlanWordHit())) {
        jsona = JSONArray.parseArray(a.getPlanWordHit());
    }
    return jsona.toJSONString();
}

/**
 * @param [projectid 方案 id]
 * @return java.lang.String
 * @description: 热门资讯 <br>
 */
/*@SystemControllerLog(module = "监测分析", submodule = "监测分析", type = "查询",
    operation = "popularinformation")*/
@PostMapping(value = "/popularinformation")
@ResponseBody
public String popularInformation(@RequestParam("projectid") Long projectid,
        Integer timePeriod) {
    JSONArray json = new JSONArray();
    Analysis a = analysisService.getInfoByProjectid(projectid, timePeriod);
    if (a == null) {
        return "[]";
    }
    if (a.getPopularInformation() != null && !"".equals(a.getPopularInformation())) {
        json = JSONArray.parseArray(a.getPopularInformation());
    }
    return json.toJSONString();
}

/**
 * 获取关键词情感分析数据走势
 */
/*@SystemControllerLog(module = "监测分析", submodule = "监测分析", type =
    "关键词情感分析数据走势", operation = "emotioncategory")*/
```

```java
@PostMapping(value = "/emotioncategory")
@ResponseBody
public String emotioncategory(@RequestParam("projectid") Long projectid,
        Integer timePeriod) {

    @SuppressWarnings("unused")
    JSONArray json = new JSONArray();
    JSONObject objectdata = new JSONObject();
    Analysis a = analysisService.getInfoByProjectid(projectid, timePeriod);
    if (a == null) {
        return "[]";
    }
    String chinaString = "";
    String keyword_emotion_statistical = a.getKeyword_emotion_statistical();
    JSONObject parseObject = JSONObject.parseObject(keyword_emotion_statistical);
    Integer keyword_count = parseObject.getInteger("keyword_count");
    JSONArray positive = parseObject.getJSONArray("positive");
    JSONArray negative = parseObject.getJSONArray("negative");
    if (keyword_count > 1) {
        JSONObject object = JSONObject.parseObject(String.valueOf(positive.get(0)));
        String keyword = object.getString("keyword");// 正面占比最高关键词
        String rate = object.getString("rate");// 占比

        JSONObject object2 = JSONObject.parseObject(String.valueOf(positive.get(1)));
        String keyword2 = object2.getString("keyword");// 其次是正面关键词
        String rate2 = object2.getString("rate");// 占比
        chinaString = "您一共设置了 " + keyword_count + "个关键词，正面占比最高的是"
                + "【" + keyword + "】到达" + rate + ", 其次是【" + keyword2+ "】到达"
                + rate2 + "。负面占比最高的是【" + negative.("keyword") + "】到达"
                    getJSONObject(0).getString
                + negative.getJSONObject(0).getString("rate") + ", 其次是【"
                + negative.getJSONObject(1).getString("keyword") + "】到达"
                + negative.getJSONObject(1).getString("rate") + "。";
    } else if (keyword_count == 1) {
        chinaString = "您一共设置了 " + keyword_count + "个关键词，正面占比最高的是"
                + "【" + positive.getJSONObject(0).getString("keyword")+ "】到达"
                + positive.getJSONObject(0).getString("rate") + "。负面占比最高的是"
                    + "【"+ negative.getJSONObject(0).getString("keyword") + "】到达"
                + negative.getJSONObject(0).getString("rate") + "。";
    }

    objectdata.put("china", chinaString);
    objectdata.put("data", a);

    return objectdata.toJSONString();
}
```

9.7 数据监测模块

数据监测模块的功能是显示某个监测方案的监测结果列表，在网页中展示和当前方案关键字相关的新闻列表，并显示每一条新闻的来源和舆情结果(中性、积极、消极)。本节将详细讲解数据监测模块的实现过程。

扫码看视频

9.7.1 前台页面

1) 新闻列表

编写文件 templates/monitor/monitor.html 实现数据监测模块的前台页面，在页面中显示某个监测方案的新闻列表信息，显示一共采集了多少条新闻，并可以设置新闻的显示方式(排序、时间范围、情感属性…)。文件 monitor.html 的主要实现代码如下所示。

```html
<div class="row">
  <div class="col-lg-5 align-self-center">
    <div class="d-flex align-items-center">
      <nav aria-label="breadcrumb">
        <ol class="breadcrumb">
          <li class="breadcrumb-item">数据监测</li>
          <li class="breadcrumb-item" id="group_name"></li>
          <li class="breadcrumb-item" id="project_name"></li>
        </ol>
        总采集数据量 <span id="totalCount">0</span> 条
<div class="p-20" id="filter_item_id">
  <div class="card" style="margin-bottom:1px;">
    <div class="p-t-10">

      <!-- 更多筛选条件 -->
      <div class="warning-edit-double">
        <div style="display: flex; overflow: hidden; width: 90%" id="iepcShow">
          <div class="preference-left"
              style="padding-left: 15px; width: 100px !important;color: #128bed;">
              已选条件</div>
          <div class="m-l-1" id="industrylabledata">
            <!-- 行业：教育行业,政府部门-->
          </div>
          <div class="m-l-1" id="eventlabledata">
            <!--事件：教育行业,政府部门-->
          </div>
          <div class="m-l-1" id="provincelabledata">
            <!--省份：教育行业-->
```

```
                </div>
                <div class="m-l-1" id="citylabledata">
                    <!--城市：教育行业-->
                </div>
            </div>
        </div>
///省略部分代码
<!--                    分类标记(1 微信，2 微博，3 政务，4 论坛，5 新闻，6 报刊，7 客户端，8 网站，
9 外媒，10 视频，11 博客)-->
            <div data-v-0c8af649="" class="fitem">
              <div
                    data-v-03cb9676=""
                    data-v-0c8af649=""
                    class="app-dselect drop-hover"
              >
                <span
                    data-v-03cb9676=""
                    data-toggle="dropdown"
                    aria-expanded="false"
                    class="toggle"
                    id="classify_show"
                ><a
                    data-v-03cb9676=""
                    style="font-weight: 300; font-size: 1px"
                    class="dselect-text"
                >
                    数据来源
                  <!---->
                    <span data-v-03cb9676="" class="caret"></span
                ></a>
                </span>
                <div
                    data-v-03cb9676=""
                    class="dropdown-menu"
                    id="classify"
                >
                  <ul data-v-03cb9676="" class="drop-col">
                    <li data-v-03cb9676="">
                      <a data-v-03cb9676="" class="item"
                      ><label
                            data-v-03cb9676=""
                            title="全部"
                            class="text"
                      ><input
                            data-v-03cb9676=""
                            autocomplete="off"
                            value="0"
```

```
                type="checkbox"
              />
                <span data-v-03cb9676="">全部</span></label
            ></a
            >
          </li>

          <li data-v-03cb9676="">
            <a data-v-03cb9676="" class="item"
              ><label
                data-v-03cb9676=""
                title="微信"
                class="text"
              ><input
                data-v-03cb9676=""
                autocomplete="off"
                value="1"
                type="checkbox"
              />
                <span data-v-03cb9676=""
                >微信</span
              ></label
            ></a
            >
          </li>
///省略部分代码
```

2) 新闻详情

编写文件 src/main/resources/templates/monitor/detail.html，展示新闻列表中某条新闻的详细信息，包括新闻内容和情感分析结果。文件 detail.html 的主要实现代码如下所示。

```
// 顶部面包屑导航
function breadCrumbs() {
    var menuHtml = '数据监测';
    if (menu == 'analysis') menuHtml = '监测分析';
    if (menu == 'monitor') menuHtml = '数据监测';
    if (menu == 'volume') menuHtml = '声量监测';
    if (menu == 'search') menuHtml = '全文搜索';
    if (menu == 'report') menuHtml = '分析报告';
    var html = '<li class="breadcrumb-item">' + menuHtml + '</li>';
    if (groupId && projectId) {
        $.ajax({
            url: ctxPath + 'project/names',
            type: 'post',
            dataType: 'json',
            data: {
                projectId: projectId,
```

```javascript
                    groupId: groupId
                },
                success: function (res) {
                    // console.log(res);
                    html += '<li class="breadcrumb-item">' + res.groupName + '</li>' +
                        '<li class="breadcrumb-item">' + res.projectName + '</li>' +
                        '<li class="breadcrumb-item">文章详情</li>';
                    $('#breadCrumbs').html(html);
                },
                error: function (xhr, ajaxOptions, thrownError) {
                    // console.log(xhr);
                    if (xhr.status == 403) {
                        window.location.href = ctxPath + "login";
                    }
                }
            });
        } else {
            html += '<li class="breadcrumb-item">文章详情</li>';
            $('#breadCrumbs').html(html);
        }
    }

    // 文章详情
    function articleDetail() {
        $.ajax({
            url: ctxPath + 'monitor/articleDetail',
            type: 'post',
            dataType: 'json',
            data: {
                articleId: articleId,
                projectId: projectId, relatedword: relatedword, publish_time: publish_time
            },
            success: function (res) {
                // console.log(res);
                if (res.emotionText) {
                    $('#emotionText').html(res.emotionText);
                }
                if (res.detail) {
                    var detail = res.detail;
                    let imgListAll = '';
                    let imgListStr1 = '<div>';
                    let imgListStr2 = '';
                    let imgListStr3 = '</div>';
                    var imggroup = '';
                    if (detail.sourcewebsitename == "微博") {
                        let extend_string_one = detail.extend_string_one;
                        if (extend_string_one != "") {
```

```javascript
            let extend_string_oneJson = JSON.parse(extend_string_one);
            let imglist = extend_string_oneJson.imglist;
            for (let i = 0; i < imglist.length; i++) {
                let imgurl = imglist[i].imgurl;
                // console.info("img:" + imgurl);
                let imgurlstr = ' <div class="img-box" style=" background:
                    url(' + imgurl + ') no-repeat; background-size:
                    cover;display: inline-block !important;width:
                    160px;background-position: center;"></div>'
                imgListStr2 += imgurlstr;
            }
            let veviostr = '';
            if(extend_string_oneJson.hasOwnProperty('videoorientationurl')){
                veviostr+='<video src="'+extend_string_
                    oneJson.videoorientationurl+'"
                    controls="controls"></video>';
            }


        imggroup = '<div class="img-group">' + imgListStr2 + '</div>'
            imggroup = imggroup+veviostr;


    }
    }else{
        let veviostr = '';
        let extend_string_one = detail.extend_string_one;
        if (extend_string_one != "") {
            let extend_string_oneJson = JSON.parse(extend_string_one);
                if(extend_string_oneJson.hasOwnProperty
                    ('videoorientationurl')){
                if(extend_string_oneJson.videoorientationurl!=''){
                    veviostr+='<div align="center"><video src=
                        "'+extend_string_oneJson.videoorientationurl+'"
                        controls="controls" style="width:30%;height:40%;
                        text-align: center"></video></div>';
            }

        }
    }
        imggroup = imggroup+veviostr;
}
imgListAll = imgListStr1 + imggroup + imgListStr3;
$('#title').html(res.title);
$('#source').html('<i class="mdi mdi-earth"></i> 来源： ' +
   detail.sourcewebsitename);
$('#author').html('<i class="mdi mdi-face"></i> 作者： ' +
   isNull(detail.author));
```

```javascript
            $('#publish_time').html('<i class="mdi mdi-clock"></i> ' +
                timeParse(detail.publish_time));
            $('#category').html('<i class="mdi mdi-cards-playing-outline"></i> ' +
                dealCate(detail.article_category))
            $('#industrylable').html('<i class="mdi fa-industry"></i> ' +
                detail.industrylable)
            $('#eventlable').html('<i class="mdi fa-map-marker"></i> ' +
                detail.eventlable)
            $('#export').html('<a style="cursor:pointer" id="exportArticle"
                data-id = "' + articleId + '">导出原文</a>');
            $('#yuanwen').html('<a href="' + detail.source_url + '" target=
                "_blank">查看原文</a>');
            /*2021.6.29修改*/
            $("#post_statement").html('<p>特别声明：本文新闻来源
                "'+detail.sourcewebsitename+'"，版权归原作者所有，内容仅代表作者本人
                观点,不代表思通数据的立场。如有任何疑问或需要删除,请联系kf@stonedt.com</p>')

            if (detail.sourcewebsitename == "微博" && detail.extend_string_one != "") {
                $('#content').html(res.text + imgListAll);
            } else {
                if(detail.sourcewebsitename == "微信"){
                    let datahtml = res.text;
                    //datahtml = '<img data-ratio="1" data-src=
                    "https://mmbiz.qpic.cn/mmbiz_jpg/YdtjuibsaqbsAkluHgg5lCtTSm0
                    TRRByI8y8QNouvwWYSvN8TYVB5Rfskqn5pnsibEAI7VqXEekvjYveJHdIk4rg/
                    640?wx_fmt=jpeg" data-type="jpeg" data-w="1" height="475"
                    style="box-sizing:border-box;width: 299px;height: 475px;"
                    width="299">';
                    datahtml = datahtml.replace(/data-src/g, "src");
                    $('#content').html(datahtml + imgListAll);
                }else{
                    $('#content').html(res.text + imgListAll);
                }

            }
//            $('#content').html(detail.text + pageStrAll);
            var classArray = ['btn-outline-primary', 'btn-outline-success',
                'btn-outline-info', 'btn-outline-warning'];
            if (detail.hasOwnProperty('key_words') && detail.key_words) {
                var keywords = JSON.parse(detail.key_words);
                var index = 0;
                //var keywordArrary = [];
                $('#keywordList').html('');
                for (key in keywords) {
                    /* if (index < 5) {
                        keywordArrary.push(key);
                    } */
```

```
                    var classIndex = Math.floor(Math.random() * (3));
                    $('#keywordList').append('<span data-keyword="' + key + '"
                        style="margin-right: 5px;" class="btn skipkeyword
                        waves-effect waves-light btn-rounded ' +
                        classArray[classIndex] + ' btn-sm">' + key + '</span>');
                    index++;
                }
                /* if (keywordArray.length > 0) {
                    relatedArticles(keywordArray.join(','));
                } */
            }
```

9.7.2 Controller 层

编写文件 src/main/java/com/stonedt/intelligence/controller/MonitorController.java，这是某个监测方案信息的 Controller 层实现，功能是提供 URL 访问接口，获取和当前监测方案相关的新闻信息。文件 MonitorController.java 的主要实现代码如下所示。

```
@Value("${insertnewwords.url}")
private String insert_new_words_url;

/**
 * @param groupid           方案组 id
 * @param projectid         方案 id
 * @param monitorsearch     搜索关键词
 * @param start             开始时间
 * @param end               结束时间
 * @param emotion           情感
 * @param sort              排序方式
 * @param match             匹配方式
 * @param precise           精准
 * @param merge             合并
 * @param page              分页参数
 * @param menu              顶部菜单导航
 * @param                   mv]
 * @return org.springframework.web.servlet.ModelAndView
 * @description: 页面跳转 <br>
 */
/*@SystemControllerLog(module = "数据监测", submodule = "数据监测-列表",
    type = "查询", operation = "")*/
@GetMapping(value = "")
public ModelAndView monitor(@RequestParam(value = "groupid", required = false)
        String groupid,
    @RequestParam(value = "projectid", required = false) String projectid,
    @RequestParam(value = "monitorsearch", required = false) String monitorsearch,
```

```java
            @RequestParam(value = "start", required = false) String start,
            @RequestParam(value = "end", required = false) String end,
            @RequestParam(value = "emotion", required = false) String emotion,
            @RequestParam(value = "sort", required = false) String sort,
            @RequestParam(value = "match", required = false) String match,
            @RequestParam(value = "precise", required = false) String precise,
            @RequestParam(value = "merge", required = false) String merge,
            @RequestParam(value = "page", required = false) Integer page,
            @RequestParam(value = "menu", required = false) String menu,
            @RequestParam(value = "searchflag", required = false, defaultValue =
                "false") boolean searchflag,
            @RequestParam(value = "searchword", required = false) String searchword,
            ModelAndView mv,
            HttpServletRequest request) {

    boolean projectFlag = monitorService.boolUserProjectByUserId(request);
    String search = request.getParameter("search");
    mv.addObject("search", StringUtils.isBlank(search) ? "" : search);
    mv.addObject("menu", "monitor");
    mv.addObject("groupid", groupid);
    mv.addObject("projectid", projectid);
    mv.addObject("searchflag", searchflag);
    mv.addObject("searchword", searchword);
    mv.addObject("page", page);
    mv.addObject("projectFlag", projectFlag);
    mv.setViewName("monitor/monitor");
    return mv;
}

/**
 * @param projectid       方案id
 * @param monitorsearch   搜索关键词
 * @param start           开始时间
 * @param end             结束时间
 * @param emotion         情感
 * @param sort            排序
 * @param match           匹配方式
 * @param precise         精准
 * @param merge           合并
 * @param page            分页参数
 * @return java.lang.String
 * @description: 获取文章列表 <br>
 */

/*@SystemControllerLog(module = "数据监测", submodule = "数据监测-列表",
        type = "查询", operation = "listarticle")*/
@PostMapping(value = "/listarticle")
```

```java
@ResponseBody
public String listArticle(@RequestParam("projectid") Integer projectid,
        @RequestParam("monitorsearch") String monitorsearch,
        @RequestParam("start") String start,
        @RequestParam("end") String end,
        @RequestParam("emotion") String emotion,
        @RequestParam("sort") String sort,
        @RequestParam("match") String match,
        @RequestParam("precise") String precise,
        @RequestParam("merge") String merge,
        @RequestParam("page") Integer page) {
    return "";
}

/**
 * @param [articleid, groupid, projectid, menu, mv]
 * @return org.springframework.web.servlet.ModelAndView
 * @description: 跳转文章详情页面 <br>
 */
@SystemControllerLog(module = "数据监测", submodule = "数据监测-详情", type = "详情"
        /*type = "查询"*/, operation = "detail")
@GetMapping(value = "/detail/{articleid}")
public ModelAndView skiparticle(@PathVariable() String articleid, String groupid,
        String projectid,
        String relatedWord,String publish_time, String menu, String page,
            ModelAndView mv, HttpServletRequest request) {
    if (StringUtils.isBlank(groupid))
        groupid = "";
    if (StringUtils.isBlank(projectid))
        projectid = "";
    if (StringUtils.isBlank(articleid))
        articleid = "";
    if (StringUtils.isBlank(relatedWord))
        relatedWord = "";

    if (StringUtils.isBlank(publish_time))
        publish_time = "";
    if (StringUtils.isBlank(menu))
        menu = "monitor";
    mv.addObject("articleid", articleid);
    mv.addObject("groupid", groupid);
    mv.addObject("projectid", projectid);
    mv.addObject("relatedword", relatedWord);
    mv.addObject("publish_time", publish_time);
    mv.addObject("menu", "monitor");
    mv.setViewName("monitor/detail");
    return mv;
```

```java
}

/**
 * @param [articleid]
 * @return java.lang.String
 * @description: 获取文章详情数据 <br>
 */
/*@SystemControllerLog(module = "数据监测", submodule = "数据监测-详情",
        type = "查询", operation = "articleDetail")*/
@PostMapping(value = "/articleDetail")
@ResponseBody
public String articleDetail(String articleId, Long projectId, String articleIds,
            String relatedword,String publish_time,
        HttpServletRequest resRequest) {
    long startTime = System.currentTimeMillis();
    long userId = userUtil.getUserId(resRequest);
    try {
        warningService.updateWarningArticle(articleId, userId);
    } catch (Exception e) {
        e.printStackTrace();
    }
    Map<String, Object> articleDetail = articleService.articleDetail(articleId,
        projectId, relatedword,publish_time);
    System.err.println("请求详情获取时间: " + (System.currentTimeMillis() - startTime)
        / 1000d + "s");
    return JSONObject.toJSONString(articleDetail);
}

/**
 * 文章详情 相关文章
 */
/*@SystemControllerLog(module = "数据监测", submodule = "数据监测-详情",
        type = "查询", operation = "relatedArticles")*/
@PostMapping(value = "/relatedArticles")
@ResponseBody
public String relatedArticles(String keywords) {
    List<Map<String, Object>> relatedArticles = articleService.relatedArticles(keywords);
    return JSON.toJSONString(relatedArticles);
}
```

9.8 事件分析模块

事件分析模块的功能是对当前社会中受大众关注的事件进行分析，并展示出分析结果。本节将详细讲解事件分析模块的实现过程。

扫码看视频

9.8.1 任务列表页面

编写文件 src/main/resources/templates/publicoption/eventAnalysisList.html，实现列表展示系统内已经存在的任务信息，并提供针对任务的搜索、添加、查看、删除和修改操作功能。文件 eventAnalysisList.html 的主要实现代码如下所示。

```html
<div class="right-part right-content">
    <!-- nav start-->
    <div class="page-breadcrumb">
        <div class="row">
            <div class="col-lg-5 align-self-center">
                <div class="d-flex align-items-center">
                    <nav aria-label="breadcrumb">
                        <ol class="breadcrumb">
                            <li class="breadcrumb-item">事件分析</li>
                            <li class="breadcrumb-item">任务列表</li>
                        </ol>
                    </nav>
                </div>
            </div>
            <div class="col-lg-7 align-self-center">
                <div
                    class="d-flex no-block justify-content-end
                        align-items-center data-number-min">
                    <button type="button"
                        class="btn btn-outline-secondary btn-sm bnone"
                        id="deleteexportlist">
                        <i class="fas fa-trash-alt"></i> 批量删除
                    </button>
                </div>
            </div>
        </div>
    </div>
    <!-- nav end-->
    <div class="p-20">
        <!-- start-->
        <div class="card">
            <div class="card-body p-0">
                <div class="p-15 b-b">
                    <div class="d-flex align-items-center justify-content-between">
                        <div class="project-group">
                            <strong>共有</strong> <span class="label label-info"
                                id="totalnum">0</span> <span>个分析任务</span>
                        </div>
```

```html
                    <div class="input-group " style="width: 500px;">
                        <input type="text" class="form-control"
                            placeholder="输入方案名称..." aria-label=""
                            aria-describedby="basic-addon1" id="namesearch">
                        <div class="input-group-append">
                            <button type="button"
                                class="btn waves-effect waves-light
                                    btn-secondary d-inline-block"
                                    onclick="search()">
                                <!-- <i class="fas fa-search"></i> -->
                                搜索
                            </button>
                        </div>
                    </div>
                </div>
            </div>

<div class="table-responsive" id="eventAnalysislist">
    <!-- line title start -->
    <div class="event-analysisList-title publicoption-list-box">
        <div class="publicoption-cnb">
            <div class="custom-control custom-checkbox pro-selectall"
                style="display: inline-block;">
                <input type="checkbox" class="custom-control-input sl-all"
                    id="cstall"> <label class="custom-control-label"
                    for="cstall"></label>
            </div>
        </div>
        <div>事件名称</div>
        <div>事件关键词</div>
        <div>任务时间段</div>
        <div>创建时间</div>
        <div>状态</div>
        <div>操作</div>
    </div>
    <!-- line title end -->
    <div id="loadingdata">
    </div>
</div>
```

9.8.2 Controller 层

编写文件 src/main/java/com/stonedt/intelligence/controller/PublicOptionController.java，这是事件分析页面的 Controller 层实现，功能是提供 URL 访问接口，分别实现任务列表、任

务添加、任务修改和任务删除等功能。文件 PublicOptionContoller.java 的具体实现流程如下所示。

- 编写方法 displayboardlist()，实现舆情研判分析详情任务列表功能，对应代码如下所示：

```
@Controller
@RequestMapping("/publicoption")
public class PublicOptionContoller {
    @Autowired
    private PublicOptionService publicOptionService;

    @Value("${kafuka.url}")
    private String kafuka_url;

    @Value("${insertnewwords.url}")
    private String insert_new_words_url;
    @SystemControllerLog(module = "事件分析", submodule = "事件分析页面", type =
        "查询", operation = "")
    @GetMapping(value = "")
    public ModelAndView displayboardlist(HttpServletRequest request,ModelAndView mv) {
        mv.addObject("menu", "public_option");
        mv.addObject("publicoptionleft_menu", "public_optionlist");
        mv.setViewName("publicoption/eventAnalysisList");
        return mv;

    }
```

- 编写方法 list()，展示舆情研判列表，对应代码如下所示。

```
    @SystemControllerLog(module = "事件分析", submodule = "展示事件列表", type =
        "查询", operation = "")
    @PostMapping(value = "/list")
    @ResponseBody
    public String list(HttpServletRequest request, ModelAndView mv,
        HttpSession session,
            @RequestParam(value = "pagenum", required = false, defaultValue = "1")
                Integer pagenum,
            @RequestParam(value = "searchkeyword", required = false, defaultValue
                = "") String searchkeyword) {
        Map<String, Object> result = new HashMap<String, Object>();
        User user = (User) session.getAttribute("User");
        PageHelper.startPage(pagenum, 10);
        List<PublicoptionEntity> datalist =
            publicOptionService.getlist(user.getUser_id(), searchkeyword);
```

```
                    PageInfo<PublicoptionEntity> pageInfo = new PageInfo<>(datalist);
                    result.put("list", datalist);
                    result.put("pageCount", pageInfo.getPages());
                    result.put("dataCount", pageInfo.getTotal());
                    return JSON.toJSONString(result);

        }
```

❑ 编写方法 getbyid()，根据 id 号查询基本数据信息，对应代码如下所示。

```
@SystemControllerLog(module = "事件分析", submodule = "查询基本数据", type = "查询",
    operation = "")
@PostMapping(value = "/getdatabyid")
@ResponseBody
public String getbyid(HttpServletRequest request, ModelAndView mv, HttpSession
        session, @RequestParam(value = "id", required = false, defaultValue = "1")
        Integer id) {
    Map<String, Object> result = new HashMap<String, Object>();
    PublicoptionEntity publicoption =publicOptionService.getdatabyid2(id);
    result.put("publicoption", publicoption);
    return JSON.toJSONString(result);

}
```

❑ 编写方法 reportlist()，展示任务报告列表，对应代码如下所示。

```
@SystemControllerLog(module = "事件分析", submodule = "任务报告列表", type =
    "查询", operation = "")
@GetMapping(value = "reportlist")
public ModelAndView reportlist(HttpServletRequest request,ModelAndView mv) {
    mv.addObject("menu", "public_option");
    mv.addObject("publicoptionleft_menu", "reportlist");
    mv.setViewName("publicoption/eventAnalysisReport");
    return mv;
}
```

❑ 编写方法 reportdetail()，获取研判分析详情信息，对应代码如下所示。

```
@SystemControllerLog(module = "事件分析", submodule = "任务报告详情", type = "查询",
    operation = "")
@GetMapping(value = "reportdetail/{id}")
public ModelAndView reportdetail(HttpServletRequest request,ModelAndView mv,
        @PathVariable(required = false) Integer id,HttpSession session) {
    Map<String, Object> mapParam=new HashMap<String, Object>();
    User user=(User)session.getAttribute("User");
    mapParam.put("userId", user.getUser_id());
    mapParam.put("id", id);
    PublicoptionDetailEntity dcd= publicOptionService.getdetail(mapParam);
    mv.addObject("publicoptionleft_menu", "public_optionlist");
```

```
        mv.addObject("menu", "public_option");
        mapParam.put("reportId", id);
        PublicoptionEntity publicoption =publicOptionService.getdatabyid(mapParam);
        mv.addObject("publicoption", publicoption);
        if(dcd!=null) {
            JSONObject parseObject = JSONObject.parseObject(JSON.toJSONString(dcd));
            Set<String> keySet = parseObject.keySet();
            for (String string : keySet) {
                String string2 = TextUtil.processQuotationMarks
                    (parseObject.get(string).toString());
                mv.addObject(string,JSONObject.parse(string2));
            }
        }
        mv.setViewName("publicoption/eventAnalysisDetail");
        return mv;




}
```

- 编写方法 updatedatabyid()，更新舆情研判分析数据信息，对应代码如下所示。

```
@SystemControllerLog(module = "事件分析", submodule = "更新事件分析数据", type = "更新", operation = "")
@PostMapping(value = "/updatedatabyid")
@ResponseBody
public String updatedatabyid(HttpServletRequest request, ModelAndView mv,
    HttpSession session, @RequestParam(value = "id", required = false,
    defaultValue = "1") Integer id,
        @RequestParam(value = "eventname", required = false, defaultValue = "")
            String eventname,
        @RequestParam(value = "eventkeywords", required = false, defaultValue = "")
            String eventkeywords,
        @RequestParam(value = "eventstarttime", required = false, defaultValue = "")
            String eventstarttime,
        @RequestParam(value = "eventendtime", required = false, defaultValue = "")
            String eventendtime,
        @RequestParam(value = "eventstopwords", required = false, defaultValue = "")
            String eventstopwords
        ) {
    String result
=publicOptionService.updatabyid(id,eventname,eventkeywords,eventstarttime,eventendtime,eventstopwords);
    return result;
}
```

- 编写方法 addpublicoptiondata()，创建舆情研判数据信息，对应代码如下所示。

```java
@SystemControllerLog(module = "事件分析", submodule = "创建事件数据", type = "创建",
    operation = "")
@PostMapping(value = "/addpublicoptiondata")
@ResponseBody
public String addpublicoptiondata(HttpServletRequest request, ModelAndView mv,
HttpSession session,
        @RequestParam(value = "eventname", required = false, defaultValue = "")
                    String eventname,
        @RequestParam(value = "eventkeywords", required = false, defaultValue =
                    "") String eventkeywords,
        @RequestParam(value = "eventstarttime", required = false, defaultValue =
                    "") String eventstarttime,
        @RequestParam(value = "eventendtime", required = false, defaultValue = "")
                    String eventendtime,
        @RequestParam(value = "eventstopwords", required = false, defaultValue =
                    "") String eventstopwords
        ) {
    User user = (User) session.getAttribute("User");



    String message = ProjectWordUtil.CommononprojectKeyWord(eventkeywords);

    try {
        String kafukaResponse = MyHttpRequestUtil.doPostKafka("ikHotWords", message,
        kafuka_url);
        RestTemplate template = new RestTemplate();
        MultiValueMap<String, Object> paramMap = new LinkedMultiValueMap<String,
            Object>();
        paramMap.add("text", message);
        String result = template.postForObject(insert_new_words_url, paramMap,
            String.class);
        System.out.println("result=========================="+result);
    } catch (Exception e) {
        // TODO: handle exception
    }

    String result =publicOptionService.addpublicoptiondata(user.getUser_id(),
        eventname,eventkeywords,eventstarttime,eventendtime,eventstopwords);

    return result;

}
```

- 编写方法 deletepublicoptioninfo()，删除指定编号的事件信息，对应代码如下所示。

```java
@SystemControllerLog(module = "事件分析", submodule = "删除事件数据", type = "删除",
    operation = "")
@PostMapping(value = "/deletepublicoptioninfo")
@ResponseBody
public String deletepublicoptioninfo(HttpServletRequest request, ModelAndView mv,
    HttpSession session,
        @RequestParam(value = "Ids", required = false, defaultValue = "") String Ids
        ) {
    User user = (User) session.getAttribute("User");
    Long user_id = user.getUser_id();
    String result = publicOptionService.DeleteupinfoByIds(Ids,request);
    return result;

}
```

- 编写方法 backanalysis()，展示溯源分析页面，对应代码如下所示。

```java
@GetMapping(value = "/backanalysis")
public ModelAndView backanalysis(HttpSession session, ModelAndView mv) {
    JSONArray data=new JSONArray();
    User user=(User)session.getAttribute("User");
    List<PublicoptionEntity> list =
        publicOptionService.getpublicoptionreportlist(user.getUser_id(), "");
    for (PublicoptionEntity publicoption : list) {
        String jsonString = JSON.toJSONString(publicoption);
        JSONObject obj = JSON.parseObject(jsonString);
        String backAnalysisStr =
            publicOptionService.getBackAnalysisById(publicoption.getId());
        if(backAnalysisStr==null || "".equals(backAnalysisStr)) {
            backAnalysisStr="{}";
        }
        obj.put("backAnalysis", JSON.parseObject(backAnalysisStr));
        data.add(obj);
    }
    mv.addObject("data", data.toJSONString());
    mv.addObject("publicoptionleft_menu", "reportlist");
    mv.addObject("menu", "public_option");
    mv.addObject("childmenu", "backanalysis");
    mv.setViewName("publicoption/backanalysis");
    return mv;
}
```

- 编写方法 loadInformation()，获取报告的资讯列表信息，对应代码如下所示。

```java
@PostMapping(value = "/loadInformation")
@ResponseBody
public ResponseEntity<JSONObject> loadInformation(PublicoptionEntity
    publicoptionEntity){
```

```
        JSONObject data=publicOptionService.loadInformation(publicoptionEntity);
        return new ResponseEntity<JSONObject>(data, HttpStatus.OK);
}
```

- 编写方法 eventContext()，实现事件脉络页面，对应代码如下所示。

```
@GetMapping(value = "/eventContext")
public ModelAndView eventContext(HttpSession session, ModelAndView mv) {
    JSONArray data=new JSONArray();
    User user=(User)session.getAttribute("User");
    List<PublicoptionEntity> list =
        publicOptionService.getpublicoptionreportlist(user.getUser_id(), "");
    for (PublicoptionEntity publicoption : list) {
        String jsonString = JSON.toJSONString(publicoption);
        JSONObject obj = JSON.parseObject(jsonString);
        String backAnalysisStr =
            publicOptionService.getEventContextById(publicoption.getId());
        if(backAnalysisStr==null || "".equals(backAnalysisStr)) {
            backAnalysisStr="[]";
        }
        obj.put("eventContext", JSON.parseArray(backAnalysisStr));
        data.add(obj);
    }
    mv.addObject("data", data.toJSONString());
    mv.addObject("publicoptionleft_menu", "reportlist");
    mv.addObject("menu", "public_option");
    mv.addObject("childmenu", "eventContext");
    mv.setViewName("publicoption/eventContext");
    return mv;
}
```

- 编写其他自定义方法，展示时间分析页面中的其他功能，例如事件跟踪、热点分析、重点网民分析、统计页面等，对应代码如下所示。

```
/**
 * 事件跟踪页面
 * @param session
 * @param mv
 * @return
 */
@GetMapping(value = "/eventTrace")
public ModelAndView eventTrace(HttpSession session, ModelAndView mv) {
    JSONArray data=new JSONArray();
    User user=(User)session.getAttribute("User");
    List<PublicoptionEntity> list =
        publicOptionService.getpublicoptionreportlist(user.getUser_id(), "");
    for (PublicoptionEntity publicoption : list) {
        String jsonString = JSON.toJSONString(publicoption);
```

```java
JSONObject obj = JSON.parseObject(jsonString);
String backAnalysisStr =
    ublicOptionService.getEventTraceById(publicoption.getId());
if(backAnalysisStr==null || "".equals(backAnalysisStr)) {
backAnalysisStr="{}";
}
obj.put("eventTrace", JSON.parseObject(backAnalysisStr));


String backAnalysisStraa =
    ublicOptionService.getBackAnalysisById(publicoption.getId());
if(backAnalysisStraa==null || "".equals(backAnalysisStraa)) {
    backAnalysisStraa="{}";
}
obj.put("backAnalysis", JSON.parseObject(backAnalysisStraa));


data.add(obj);
}
mv.addObject("data", data.toJSONString());
mv.addObject("publicoptionleft_menu", "reportlist");
mv.addObject("menu", "public_option");
mv.addObject("childmenu", "eventTrace");
mv.setViewName("publicoption/eventTrace");
return mv;
}

/**
 * 热点分析页面
 * @param session
 * @param mv
 * @return
 */
@GetMapping(value = "/hotAnalysis")
public ModelAndView hotAnalysis(HttpSession session, ModelAndView mv) {
JSONArray data=new JSONArray();
    User user=(User)session.getAttribute("User");
    List<PublicoptionEntity> list =
    blicOptionService.getpublicoptionreportlist(user.getUser_id(), "");
        for (PublicoptionEntity publicoption : list) {
            String jsonString = JSON.toJSONString(publicoption);
            JSONObject obj = JSON.parseObject(jsonString);
            String backAnalysisStr =
            publicOptionService.getHotAnalysisById(publicoption.getId());
            if(backAnalysisStr==null || "".equals(backAnalysisStr)) {
                backAnalysisStr="[]";
            }
            obj.put("hotAnalysis", JSON.parseArray(backAnalysisStr));
            data.add(obj);
```

```java
            }
            mv.addObject("data", data.toJSONString());
            mv.addObject("publicoptionleft_menu", "reportlist");
            mv.addObject("menu", "public_option");
            mv.addObject("childmenu", "hotAnalysis");
            mv.setViewName("publicoption/hotAnalysis");
            return mv;
    }

    /**
     * 重点网民分析页面
     * @param session
     * @param mv
     * @return
     */
    @GetMapping(value = "/netizensAnalysis")
    public ModelAndView netizensAnalysis(HttpSession session, ModelAndView mv) {
        JSONArray data=new JSONArray();
        User user=(User)session.getAttribute("User");
        List<PublicoptionEntity> list =
        publicOptionService.getpublicoptionreportlist(user.getUser_id(), "");
        for (PublicoptionEntity publicoption : list) {
            String jsonString = JSON.toJSONString(publicoption);
            JSONObject obj = JSON.parseObject(jsonString);
            String backAnalysisStr =
            publicOptionService.getNetizensAnalysisById(publicoption.getId());
            if(backAnalysisStr==null || "".equals(backAnalysisStr)) {
                backAnalysisStr="{}";
            }
            obj.put("netizensAnalysis", JSON.parseObject(backAnalysisStr));
            data.add(obj);
        }
        mv.addObject("data", data.toJSONString());
        mv.addObject("publicoptionleft_menu", "reportlist");
        mv.addObject("menu", "public_option");
        mv.addObject("childmenu", "netizensAnalysis");
        mv.setViewName("publicoption/netizensAnalysis");
        return mv;
    }

    /**
     * 统计页面
     * @param session
     * @param mv
     * @return
     */
    @GetMapping(value = "/statistics")
    public ModelAndView statistics(HttpSession session, ModelAndView mv) {
        JSONArray data=new JSONArray();
```

```java
        User user=(User)session.getAttribute("User");
        List<PublicoptionEntity> list =
        publicOptionService.getpublicoptionreportlist(user.getUser_id(), "");
        for (PublicoptionEntity publicoption : list) {
            String jsonString = JSON.toJSONString(publicoption);
            JSONObject obj = JSON.parseObject(jsonString);
            String backAnalysisStr =
            publicOptionService.getStatisticsById(publicoption.getId());
            if(backAnalysisStr==null || "".equals(backAnalysisStr)) {
                backAnalysisStr="{}";
            }
            obj.put("statistics", JSON.parseObject(backAnalysisStr));
            data.add(obj);
        }
        mv.addObject("data", data.toJSONString());
        mv.addObject("publicoptionleft_menu", "reportlist");
        mv.addObject("menu", "public_option");
        mv.addObject("childmenu", "statistics");
        mv.setViewName("publicoption/statistics");
        return mv;
}

/**
 * 传播分析页面
 * @param session
 * @param mv
 * @return
 */
@GetMapping(value = "/propagationAnalysis")
public ModelAndView propagationAnalysis(HttpSession session, ModelAndView mv) {
        JSONArray data=new JSONArray();
        User user=(User)session.getAttribute("User");
        List<PublicoptionEntity> list =
        publicOptionService.getpublicoptionreportlist(user.getUser_id(), "");
        for (PublicoptionEntity publicoption : list) {
            String jsonString = JSON.toJSONString(publicoption);
            JSONObject obj = JSON.parseObject(jsonString);
            String backAnalysisStr =
            publicOptionService.getPropagationAnalysisById(publicoption.getId());
            if(backAnalysisStr==null || "".equals(backAnalysisStr)) {
                backAnalysisStr="{}";
            }
            obj.put("propagationAnalysis", JSON.parseObject(backAnalysisStr));
            data.add(obj);
        }
        mv.addObject("data", data.toJSONString());
        mv.addObject("publicoptionleft_menu", "reportlist");
        mv.addObject("menu", "public_option");
        mv.addObject("childmenu", "propagationAnalysis");
```

```java
        mv.setViewName("publicoption/propagationAnalysis");
        return mv;
    }

    /**
     * 专题分析页面
     * @param session
     * @param mv
     * @return
     */
    @GetMapping(value = "/thematicAnalysis")
    public ModelAndView thematicAnalysis(HttpSession session, ModelAndView mv) {
        JSONArray data=new JSONArray();
        User user=(User)session.getAttribute("User");
        List<PublicoptionEntity> list =
        publicOptionService.getpublicoptionreportlist(user.getUser_id(), "");
        for (PublicoptionEntity publicoption : list) {
            String jsonString = JSON.toJSONString(publicoption);
            JSONObject obj = JSON.parseObject(jsonString);
            String backAnalysisStr =
            publicOptionService.getThematicAnalysisById(publicoption.getId());
            if(backAnalysisStr==null || "".equals(backAnalysisStr)) {
                backAnalysisStr="{}";
            }
            obj.put("thematicAnalysis", JSON.parseObject(backAnalysisStr));
            data.add(obj);
        }
        mv.addObject("data", data.toJSONString());
        mv.addObject("publicoptionleft_menu", "reportlist");
        mv.addObject("menu", "public_option");
        mv.addObject("childmenu", "thematicAnalysis");
        mv.setViewName("publicoption/thematicAnalysis");
        return mv;
    }

    /**
     * 内容解读页面
     * @param session
     * @param mv
     * @return
     */
    @GetMapping(value = "/unscrambleContent")
    public ModelAndView unscrambleContent(HttpSession session, ModelAndView mv) {
        JSONArray data=new JSONArray();
        User user=(User)session.getAttribute("User");
        List<PublicoptionEntity> list =
        publicOptionService.getpublicoptionreportlist(user.getUser_id(), "");
        for (PublicoptionEntity publicoption : list) {
            String jsonString = JSON.toJSONString(publicoption);
```

```java
            JSONObject obj = JSON.parseObject(jsonString);
            String backAnalysisStr =
            publicOptionService.getUnscrambleContentById(publicoption.getId());
            if(backAnalysisStr==null || "".equals(backAnalysisStr)) {
                backAnalysisStr="{}";
            }
            obj.put("unscrambleContent", JSON.parseObject(backAnalysisStr));
            data.add(obj);
        }
        mv.addObject("data", data.toJSONString());
        mv.addObject("publicoptionleft_menu", "reportlist");
        mv.addObject("menu", "public_option");
        mv.addObject("childmenu", "unscrambleContent");
        mv.setViewName("publicoption/unscrambleContent");
        return mv;
    }

    /**
     * 司法舆情分析研判对象页面
     * @param session
     * @param mv
     * @return
     */
    @GetMapping(value = "/popular_feelings_analys")
    public ModelAndView popular_feelings_analys(HttpSession session, ModelAndView mv) {
        JSONArray data=new JSONArray();
        User user=(User)session.getAttribute("User");
        List<PublicoptionEntity> list =
        publicOptionService.getpublicoptionreportlist(user.getUser_id(), "");
        for (PublicoptionEntity publicoption : list) {
            String jsonString = JSON.toJSONString(publicoption);
            JSONObject obj = JSON.parseObject(jsonString);
            data.add(obj);
        }
        mv.addObject("data", data.toJSONString());
        mv.addObject("publicoptionleft_menu", "reportlist");
        mv.addObject("menu", "public_option");
        mv.addObject("childmenu", "popular_feelings_analys");
        v.setViewName("publicoption/popular_feelings_analys");
        return mv;
    }
}
```

为节省本书篇幅，本项目的基本功能介绍完毕。有关本项目的其他功能，请读者查看本项目源码和开源文档。

9.9 测试运行

数据监测页面的执行结果如图9-8所示。

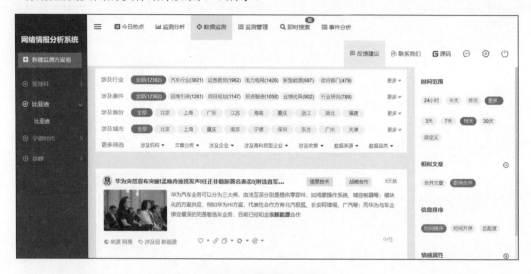

图9-8 数据监测页面

文章详情页面的执行结果如图9-9所示。

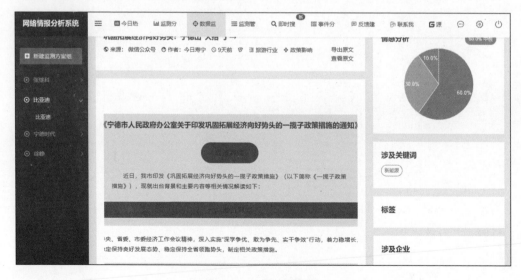

图9-9 文章详情页面

监测分析页面的执行结果如图 9-10 所示。

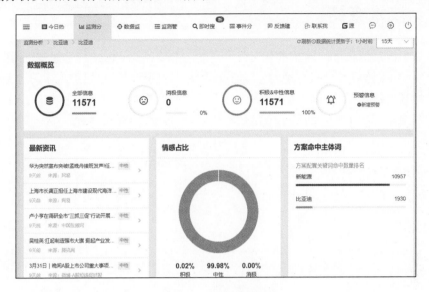

图 9-10　监测分析页面

事件分析页面的执行结果如图 9-11 所示。

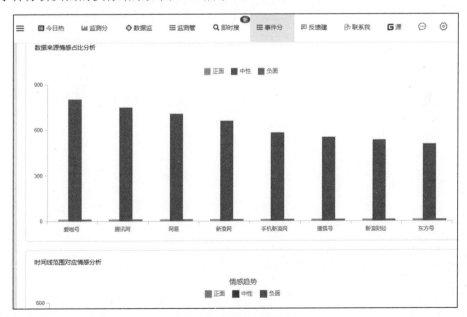

图 9-11　事件分析页面

9.10 技术支持

　　本项目由南京涌亿思信息技术有限公司开发，本项目的开源地址登录 gitee 搜索关键字"yuqing"。如果读者对项目有疑问，或者在学习中遇到问题，可以加入学习大家庭中，大家庭的地址在开源地址页面。另外，和本项目相关的后台管理系统、网络爬虫系统也已经开源，详细信息请登录南京涌亿思信息技术有限公司开发的官网查看。